珍稀濒危植物复壮与保育技术

党晓宏　高　永　蒙仲举　虞　毅　主编

科学出版社

北　京

内 容 简 介

本书以珍稀濒危植物保育为主题,介绍了珍稀濒危植物沙冬青群落衰退特征,采用热成像技术结合生物学常规观测方法,研发出沙冬青衰退非损伤诊断技术,对其生长状态进行了评价分级。通过课题组多年的研究,总结出了沙冬青、霸王平茬复壮和扦插育苗技术、四合木平茬技术,发布了沙冬青平茬技术规程,揭示了平茬对沙冬青和霸王生长、生理特性、抗逆性及土壤环境的影响,分析了西鄂尔多斯地区主要珍稀濒危植物灌丛固碳能力及其应对全球气候变暖的固碳潜力。本书是课题组成员多年来所取得的相关研究结果的系统总结,对于提高珍稀濒危植物的保护和拯救水平,为我国北方干旱地区生物多样性的保护和植物资源的开发利用提供了实践指导与理论依据,同时也为同类地区其他珍稀濒危物种的保护提供一定的参考,对实现《中国生物多样性保护战略与行动计划(2010～2030 年)》具有参考意义。

本书可供从事荒漠化防治、水土保持、林业、生物多样性保护等方面研究的科技工作者,以及从事相关领域工作的人员参考,也可供高等院校相关专业的师生参考。

图书在版编目(CIP)数据

珍稀濒危植物复壮与保育技术 / 党晓宏等主编. —北京:科学出版社,2019.1

ISBN 978-7-03-059838-7

Ⅰ. ①珍… Ⅱ. ①党… Ⅲ. ①珍稀植物－濒危植物－植物保护－研究－中国 Ⅳ. ①Q948.52

中国版本图书馆CIP数据核字(2018)第276067号

责任编辑:张会格 刘 晶 / 责任校对:严 娜
责任印制:张 伟 / 封面设计:刘新新

科 学 出 版 社 出版

北京东黄城根北街 16 号
邮政编码:100717
http://www.sciencep.com

北京九州迅驰传媒文化有限公司 印刷
科学出版社发行 各地新华书店经销

*

2019年1月第 一 版 开本:720×1000 1/16
2021年1月第二次印刷 印张:17
字数:343 000

定价:128.00 元

(如有印装质量问题,我社负责调换)

前　言

近年来，由于气候条件恶化和人为活动干扰，我国土地荒漠化情况不容乐观，荒漠化问题已逐步成为制约我国经济发展的重要问题之一。由荒漠化引起的土地退化、植被群落衰退等生态环境问题也不断显现，从而导致整个生态系统生态环境恶化，物种生存条件受到威胁。珍稀濒危植物沙冬青、霸王和四合木自然生境恶劣，加之其繁殖方式单一，分布面积和种群数量日趋减少，生存现状岌岌可危。鉴于此，本课题组基于热成像技术对沙冬青生长衰退等级进行了非损伤性诊断，依托沙冬青、霸王和四合木的平茬复壮、扦插繁育技术对沙冬青群落稳定性进行调控，从人工复壮和保护繁育两个方面对珍稀濒危植物进行保护，增加其植被盖度，增强群落稳定性，提高其防风固沙效益。该研究的实施，使当地及周边农牧民意识到保护珍稀濒危植物和改善生态环境的重要性，增强了当地农牧民保护生态环境的意识，有利于自然资源保护的可持续发展。因此，开展珍稀濒危植物衰退诊断、探索其保育技术及推广红外热成像技术在拯救濒危植物方面的应用，对持续发挥其应有的生态效益，保障干旱和半干旱地区生态安全具有重大意义。

本书以珍稀濒危植物复壮与保育为主题，全书共分为 7 章。第 1 章主要从珍稀濒危植物保护的重要性与珍稀濒危植物保护现状两个方面进行了系统性介绍；第 2 章对沙冬青群落衰退特征进行了阐述，通过采用热成像红外技术对沙冬青进行非损伤诊断，提出了沙冬青的衰退等级划分标准；第 3 章以野外实验研究为基础，从留茬高度、茬口涂抹油漆等方式总结了沙冬青平茬技术，同时研究了优选平茬方式下沙冬青的生长与生理特性、抗旱性、种群结构和土壤环境的影响方面进行了分析；第 4 章从霸王的留茬高度、平茬枝条基径、茬口是否涂抹油漆等处理方式筛选出霸王平茬优化技术，同时研究了平茬对霸王生长特性、生理生化特性、土壤"肥岛"的影响及人工灌溉对霸王复壮的影响；第 5 章从不同留茬高度下四合木的生长指标、生理指标、水分利用效率等指标筛选出四合木平茬最佳方式，同时研究了平茬四合木对人工模拟小强度降雨的响应；第 6 章从土壤基质、外源激素、插条参数、沙藏处理等方面，介绍了上述因素对霸王扦插成活率及生长特性的影响；第 7 章研究了西鄂尔多斯地区 5 种主要珍稀濒危植物生物量分配格局并建立预测模型，从灌丛各器官含碳率、生态系统碳储量、光合固碳能力、土壤碳排放等方面分析了荒漠灌丛生态系统的"碳汇"与"碳源"问题。

在本书写作过程中，编写人员进行了大量的资料整理和分析工作，对于本书的顺利完成至关重要。参加撰写的有内蒙古农业大学、国际竹藤中心、内蒙古财经大学、内蒙古水利科学研究院、内蒙古林业科学研究院、水利部牧区水利科学研究所、内蒙古森林资源资产评估管理中心、包头市达茂联合旗气象局等单位的17人。各章节分工如下：前言，党晓宏；第1章，党晓宏、蒙仲举；第2章，党晓宏、高永、吴昊；第3章，党晓宏、董雪、高君亮、刘阳；第4章，党晓宏、高永、韩彦隆、张瀚文、王珊；第5章，党晓宏、虞毅、袁立敏、刘静、黄海广、刘博、吕新丰、李锦荣、李晓燕、张超；第6章，党晓宏、潘霞、唐国栋、王祯仪、王瑞东；第7章，党晓宏、高永、刘阳、吴昊。本书由党晓宏统稿，由高永担任主审。

　　本书由下列课题共同资助：国家林业局林业公益行业科研专项"珍稀濒危植物沙冬青衰退诊断及保育技术研究(201304305)"，国家林业局引进国际先进林业科学技术项目"人工调控荒漠灌丛生态空间构型技术引进(2015-4-22)"，内蒙古农业大学高层次人才引进科研启动项目(NDYB2016-08)。

　　平茬复壮是珍稀濒危植物保育技术的一项突破，可促进植株的新一轮生长，同时平茬的灌木地上部分可有效解决我国干旱、半干旱地区动物饲料短缺问题。此外，平茬复壮可以避免由于灌丛衰退引发病虫害发生，可增强植被的防风固沙作用。扦插育苗是无性繁殖的一种，可较好地保存母体的优良基因，较难生根的珍稀濒危植物扦插繁育对保护珍稀濒危植物的种质资源、扩大种群具有重要意义。著者殷切希望本书的出版，能够引起相关人士对该领域的更多关注和支持，并希望对从事植物多样性保护乃至荒漠化防治方面的学者及工作人员有所裨益。

　　本书在撰写过程中参考和引用了国内外有关书籍和文献，特此感谢。本书的出版承蒙科学出版社的大力支持，编辑人员为此付出了辛勤的劳动，在此表示诚挚的感谢。

　　由于编者水平有限，书中若存在不足之处，敬请读者批评指正。

著　者

2018 年 4 月 25 日

目　　录

1　绪　　论

1.1　珍稀濒危植物保育重要性

珍稀濒危物种保护是一个全球性问题，生境恶劣的干旱、半干旱地区珍稀濒危物种具有更重要的保护价值。我国北方干旱地区植被稀少，植物群落作为生态系统最重要且基础的生产者角色，以及构成自然栖地最根本要素，有着比动物族群更为重要的生态地位，特别是以珍稀濒危植物为建群种，甚至是唯一植物种的群落。

西鄂尔多斯国家级自然保护区地理位置特殊，西邻黄河，隔河遥望乌兰布和沙漠，东靠鄂尔多斯高原，地处暖温带大陆性季风气候区，具有高原寒暑剧变特点，昼夜温差大，气候干燥，日照时间长，太阳辐射强，风沙大，生态环境极其脆弱，边缘效应十分明显。

保护区与能源基地——乌海市、棋盘井镇、蒙西镇相邻，城市、工矿企业在一定区域已形成了包围圈。换言之，城市、工矿企业是破坏了这里的珍稀植物群落而兴建起来的，目前还在逐渐向外扩张，威胁着保护区及周边地区的珍稀动植物资源。自然的影响及人为的破坏，使许多珍贵的资源正在加速丧失，而一些珍稀物种的自身更新能力很差，对这一地区的植物资源起到了直接的破坏作用。例如，沙冬青 (*Ammopiptanthus mongolicus*) 为第三纪古老荒漠区系的子遗种，其数量稀少，且生境狭小，是我国干旱区最重要的珍稀濒危植物之一，濒临灭绝，在《中国珍稀濒危保护植物名录》中被列为国家三级珍稀濒危保护植物。沙冬青在我国集中分布区不多，主要在西鄂尔多斯国家级自然保护区内，是这里的建群种和优势种，在荒漠生态系统中意义重大，对当地生态景观的维持和水土保持有着不容忽视的作用。另外，由于长期在严酷、恶劣的自然生境中繁衍进化，沙冬青保存有耐（适）干旱、耐（适）贫瘠等特殊的抗逆基因，是人类开展遗传工程研究的宝贵基因库，在林木及作物改良、药物提取开发等方面具有不可估量的潜在价值。同时，其对研究亚洲中部荒漠，特别是研究我国荒漠植物区系的起源，以及与地中海植物区系的联系也具有重要的科学研究价值。

四合木 (*Tetraena mongolica*)，又名"油柴"，由于其易燃，过去曾一度为这一地区居民生活用柴，并且大量用于土炼焦。开矿、修路对四合木的破坏是最直接的，矿井抽出的废水和洗煤水所到之处四合木全部死亡，取而代之的是成片的盐爪爪 (*kalidium foliatum*)。保护区的西部，由于四合木赖以生存的环境逐渐变为沙丘，其群系已开始被白刺灌丛所取代。

霸王 (*Zygophyllum xanthoxylum*) 是蒺藜科 (Zygophyllaceae) 霸王属 (*Zygophyllum L.*) 的沙生灌木，又名霸王柴，为荒漠地区特有植物种。霸王在新疆的分布最多，内蒙古次之。霸王属于荒漠古老的残遗植物，常分布在干旱荒漠地区。霸王具有较高的营养价值，可作为家畜饲料，具有在干旱荒漠区推广种植的价值。由于霸王根系的特性，使其具有很好的抗寒、抗旱、耐贫瘠、适应性强等特性，对我国西北荒漠地区的环境改善有着重要的作用。现存的霸王群落大多处于生长衰退期，且受破坏的程度较高，生物量较低，但仍发挥着固沙防风的作用。

绵刺 (*Potaninia mongolica*)，喜生于沙质荒漠，无沙或厚沙的土壤均会使群落退化。在保护区的西侧，当覆沙厚度超过 30 cm 时，绵刺群落常被短脚锦鸡儿群落所替代；当形成大沙丘后，则被白刺群落替代。由于近代沙漠化的不断加剧，现在保护区内绵刺群落的面积极小，并且还在继续减少。

本地区大片的沙冬青群落已被一个个白刺堆隔开，且白刺群落仍有逐渐扩大的趋势。近年来，危害沙冬青、四合木等珍稀濒危植物的沙冬青木虱、红缘天牛、木蠹蛾等虫害正在逐渐扩大危害面积，导致沙冬青、四合木大面积衰退。

由于自然界的干旱、沙化、病虫害，以及人为的污染与破坏，保护区内许多珍稀濒危植物物种正在加速丧失，使得保护区本身的抗干扰能力降低，而保护区内的植被一旦遭到破坏，相对稳定的生态系统将会随之受损消失，造成严重的水土流失、风蚀沙化，这将对保护区周边及内蒙古高原的生态安全造成严重的威胁。如不及时采取有效措施，保护区内千百年来历经沧桑巨变仍保存完好的古老孑遗珍稀植物将面临灭绝的可能。为此，开展珍稀濒危植物种质资源保护，探索快速繁育、更新复壮的方法已成为当务之急，对挽救这些珍稀濒危植物具有重要的意义。

1.2　珍稀濒危植物研究现状

物种的消亡已成为世界各国关注的重大问题，濒危植物的保护也已成为世界性的战略问题。20 世纪 70 年代初期，国际上逐渐开始对珍稀濒危植物的保护进行各种研究。1984 年国务院环境保护委员会颁布了第一批《中国珍稀濒危保护植物名录》，人们才开始意识到保护濒危植物的迫切性和必要性。1996 年 9 月 30 日，我国第一部专门保护野生植物的行政法规《中华人民共和国野生植物保护条例》颁布；1999 年 8 月 4 日，《国家重点保护野生植物名录 (第一批)》由国务院正式批准，这是我国野生植物保护工作的一个里程碑。该名录由国家林业局和农业部共同组织制定，共列植物 13 类、419 种，可见国家对濒危植物的保护是相当重视的。

国内外学者对各珍稀濒危植物的保护性研究主要进行了组织培养、育种等多方面的探讨，不同的植物适应不同的保护措施，前人对珍稀濒危植物研究所得经验，为本次研究的顺利进行提供了技术指导。对本保护区内一些珍稀濒危植物未涉及的方面，作者开展了新的研究，以利于其生长繁育。

1.2.1 四合木繁育、更新、复壮研究现状

四合木，蒙名"诺朔嘎纳"，蒺藜科 (Zygophyllaceae) 四合木属 (*Tetraena Maxim.*) 强旱生肉质叶小灌木，是中国特有的子遗单种属植物。双数羽状复叶，对生或簇生于短枝上，小叶 2 枚，肉质，倒披针型，长 3～8 mm，顶端圆钝，具突尖，基部楔形，全缘，黄绿色，两面密被不规则的丁字毛，无柄；托叶膜质。花 1～2 朵着生于短枝上；萼片 4，卵形或椭圆形，长约 3 mm，宽约 2.5 mm，被不规则的丁字毛，宿存；花瓣 4，白色具爪，瓣片椭圆形或近圆形，长约 2 mm，宽约 1.5 mm，爪长约 1.5 mm；雄蕊 8，排成 2 轮，外轮 4 个较短，内轮 4 个较长，花丝近基部有白色薄膜状附属物，具花盘；子房上位，4 深裂，被毛，4 室，花柱单一，丝状，着生子房近基部。果常下垂，具 4 个不开裂的分果瓣，分果瓣长 6～8 mm，宽 3～4 mm；种子镰状披针形，表面密被褐色颗粒。四合木高可达 90 cm，根系发达，根冠比小于 0.5；生长季长时间无降水时叶会大量脱落，秋季降水后未脱落的叶片会重新返青恢复生长；花期集中在 6～7 月，果期 7～10 月。四合木虽为直根系植物，主根粗壮，但侧根亦很发达，数量较多。种子萌发后，地下生长速度为地上生长速度的 10～14 倍。根皮较厚，可保证在土壤干旱时不失水，同时可防止土壤表层沙粒高温灼伤根部。

目前，已有众多的学者对四合木的繁育更新、虫害防治开展了研究，取得了大量的研究成果，概括起来主要有播种育苗、扦插育苗等方面，但是对于四合木的平茬复壮研究目前少见报道。

1.2.1.1 播种育苗

关于四合木种子萌发及育苗试验，国内已经有很多学者开展了大量的研究，取得了相当可观的研究成果。吴树彪和屠骊珠 (1990) 报道，四合木种子成熟时，胚发育完全，由胚根、胚轴、胚芽及两片子叶组成，胚乳随胚的发育而逐渐解体，因此，成熟种子无胚乳，只在种皮周缘有宿存细胞对种子起保护作用。四合木种子无休眠期，无须任何特殊处理即可萌发，且萌发速度快，6～8 天即可完成，总萌发率可达 50%～70%，但其发芽率和发芽势均随储藏时间的增长而明显降低，种子品质亦逐渐变差；种子萌发需要适宜的温度，但对光照不敏感，其中 20～30℃ 利于种子发芽，25℃ 为最适温度。吴素琴等 (1994) 的测定结果表明：四合木种子细小，平均千粒重 1.11 g；种子吸水速度快，吸水量大，平均饱和吸水率达 98.5%，接近种子本身的质量；四合木种子在 25℃ 恒温条件下的发芽率、发芽指数、活力

指数、高活力指数最高，高温对种子活力有降低作用。刘生龙等(1995)和季蒙等(1996)进行四合木育苗试验时也发现，四合木种子质地松软，较易吸水膨胀，吸水 12 h 后膨胀即能播种发芽。

张颖娟等(1997)对四合木有性繁殖能力进行了观测，发现四合木开花结实植株仅占11%左右，结实率22.8%，说明四合木种群有性繁殖能力在衰退。刘颖茹和杨持(2001)研究发现，四合木自身分泌物对其种子萌发及幼苗存活的影响主要表现在导致其根部腐烂；四合木种子活力较高，且不随时间的推移和地点的转换而发生改变，其种子不需要后熟和春化作用当年即可发芽，这可能使土壤中四合木种子库贫乏，进而导致物种处于濒危状态。王迎春等(2000)的研究表明，四合木的繁育系统包括有性生殖和无性生殖两种形式，在有性生殖过程中又具有自交和异交相结合的交配系统，且异交比例(50%)高于自交比例(15%)，并有花多少的生殖特点。王峰和杨持(2003)通过在四合木保护区进行的补种对比试验说明四合木种子在适当的水分条件和资源空间下，从萌发到成苗没有内因的阻碍，可能是某些生态因子的不协调或生存环境中的干扰阻碍四合木幼苗的定居，也可能只有在老龄个体死亡后有空余的资源空间时，幼苗才能补充更新，导致种群中更新苗较少的现状。

徐庆等(2000)对四合木种群的生殖值和生殖分配进行了分析，发现其生殖值受环境因子的选择压力及种群存活率控制，在生境条件较差的群落中，种群生殖值较高，且生殖分配与生殖阶段有关；四合木种群初次结实年龄为 4 年，果实的空间分布为树冠上部>中部>下部，平均单株果实的数量及重量分布随年龄变化呈单峰型曲线，而结籽率、花果转移率与年龄的关系呈双峰型曲线。张云飞等(2003)探讨了四合木种群的大小结构与繁殖特性的关系，表明四合木的冠幅与其果实量和种子量呈正相关关系，但这种关系在种群间存在差异。综上所述，四合木种子活力较高，可为其物种保存及人工育苗繁育提供种质基础。另外，在对四合木进行就地保护时人为制造空斑、补充水分，为其种子萌发、成苗创造资源空间将有助于四合木的更新。

1.2.1.2　扦插育苗

目前，关于四合木扦插技术的报道相对较少。贾玉华等(2006)首次对四合木扦插繁殖技术进行了研究，结果表明：在生长季对四合木带叶枝条进行扦插，插穗能够生根；以同一浓度不同种类的生长激素处理插穗，生根质量依次为 ABT1>NAA>GGR6>ABT2>清水，而且 500 mg·L^{-1} 作为 ABT1 最佳浓度可应用于育苗实践；留叶量为 3/4 时，插穗的各项生根指标都较高，生根质量指数也最大；插穗长度对生根能力影响不大；插穗带有侧枝时，其生根质量较不带侧枝高；8 月更适合四合木的扦插繁殖。周志刚等(2009)以四合木硬枝和嫩枝为材料，研究了插穗长度与龄级、留叶量、着生部位、着生方位、下切口形状和外源激素处理等对扦插生根的影响及生根特性，结果表明：生长健壮的 2~3 年生、长 10~15 cm 的插穗生根效果好。插穗多保留叶片对生根有利，枝条上部制成的插穗生根率高，将插穗基部剪成光滑斜切面生根效果好，采穗方向对插穗的生根影响不大。硬枝速蘸 500 mg·L^{-1} 的 IAA 激素进行扦插的生根率最高可达 96.7%；嫩枝速蘸 500 mg·L^{-1} 的 NAA 激素进行扦插的生根率最高可达 83.3%。四合木扦插以愈伤组织生根为主，少数插穗兼有愈伤组织生根和皮部生根。硬枝扦插在插后第 18 天、嫩枝扦插在插后第 15 天达到最大生根率。

1.2.1.3　组织培养

目前，国内只有何丽君与慈忠玲进行了四合木组织培养的研究。何丽君和慈忠玲(2001)通过离体培养试验，对不同激素进行配比，找到了有利于四合木愈伤组织生长的最佳培养基为 MS+2, 4-D 0.5 mg·L^{-1}+6-BA 0.1 mg·L^{-1}，体细胞胚胎发生最佳培养基为 MS+2, 4-D 0.1 mg·L^{-1}+6-BA 0.125 mg·L^{-1}。在这一条件下培养有利于四合木愈伤组织生长、发育并产生试管苗。何丽君和慈忠玲(2001)将四合木外植体诱导产生的愈伤组织进行细胞悬浮培养，在 MS 培养基附加 2, 4-D 0.1 mg·L^{-1}、6-BA 0.25 mg·L^{-1}、水解酪蛋白 500 mg·L^{-1} 的液体培养基中培养，经 120～150 r·min^{-1} 摇床振荡分散建立细胞悬浮系，直到体细胞胚胎产生后转至无激素的固体培养基中产生再生植株，表明在四合木悬浮培养条件下可以得到胚状体，并形成试管苗。

1.2.1.4　四合木虫害防治

王建伟等(2009)发现在四合木长势好的环境中，害虫危害轻。红缘天牛和槐绿虎天牛的幼虫倾向于危害直径为 0.5～1.6 cm 的四合木枝条，且集中分布在地上 7 cm 以下的枝条内。李升和刘强(2009)的研究结果表明：红缘天牛和槐绿虎天牛对四合木的危害率有所差异，整体看来，槐绿虎天牛危害率要远大于红缘天牛。这可能与槐绿虎天牛成虫活动更加隐蔽、适应能力强，既可以危害健康株，又可以在被害株上多次多代重复寄生有关。红缘天牛则偏好危害病弱株，被槐绿虎天牛危害后的植株为红缘天牛提供了更好的寄生条件。赵伟和刘强(2010)对中国特有植物四合木植株上昆虫群落进行调查和多样性特征分析，共采得四合木上昆虫标本 1935 号，隶属于 8 目 42 个科 136 种，包括同翅目、膜翅目、半翅目、鞘翅目、双翅目、缨翅目、直翅目和脉翅目的种类。同翅目昆虫在数量上占有绝对的优势，达 67.96%；膜翅目昆虫丰富度最高，有 59 种，优势类群是叶蝉，常见类群包括小蜂、粒脉蜡蝉、天牛、蚂蚁、皮蠹、蚜虫和盲蝽等。调查所得昆虫群落中植食性昆虫有 59 种共 1610 只，丰富度和个体数量在群落中占有绝对的优势。其中尤以吸食类昆虫最多，寄生性天敌昆虫在群落中多样性最大，多为膜翅目种类。针对这一现状，作者采用灌层喷雾法结合病枝解剖的方法用于荒漠灌木昆虫群落及多样性研究，效果较理想。

1.2.2 霸王繁育、更新、复壮研究现状

霸王(*Zygophyllum xanthoxylum*)，蒙名"胡迪日"，蒺藜科(Zygophyllaceae)霸王属(*Zygophyllum*)超旱生灌木，为落叶灌木，高70～150 cm；枝舒展，皮淡灰色，小枝先端刺状；叶在老枝上簇生、嫩枝上对生，肉质，椭圆状条形或长匙形，顶端圆，基部渐狭；花瓣4，黄白色，倒卵形或近圆形，顶端圆；蒴果通常具3宽翅，偶见有4翅或5翅，宽椭圆形或近圆形，不开裂，长1.8～3.5 cm，宽1.7～3.2 cm，通常具3室。在干旱荒漠区，霸王存在营养繁殖和种子繁殖两种方式。

目前关于霸王的繁育更新主要集中在播种育苗方面，扦插育苗研究与组织培养及病虫害防治研究比较少，关于霸王的平茬复壮研究未见报道。

1.2.2.1 播种育苗

霸王种子的千粒重为15 g左右，在湿润年份可产生大量实生苗。霸王种子的果翅(果皮衍生)成熟时与种子不易分离。曾彦军等(2004)在实验室研究了霸王种子萌发对干旱胁迫和播深的响应,结果表明:模拟干旱条件下,霸王种子从–0.6 MPa开始显著降低;种子萌发的最低渗透势阈值为–1.5 MPa。轻度干旱可促进初生根生长,重度干旱胁迫抑制初生根生长。霸王种子达到最大出苗率的播深为0～2 cm。在适宜条件下,霸王种子萌发的最低需水量为90%,初始萌发时间为48 h,种子发芽势高达87%,萌发整齐。郑淑霞(2004)在霸王容器播种育苗试验中发现,霸王为子叶出土型,出苗高峰期为播后12～18天;霸王在苗期生长高峰时,每天最高生长速度达1.06 cm。此外,霸王容器播种育苗应把握的关键环节为苗期水分管理和病虫害防治。

季蒙等(1996)通过引种培育发现,霸王种子发芽容易而且迅速,浸种24 h后播种,3～4天即可发芽,干播种子出苗时间为10～16天,如果土温较高,发芽更快。曾彦军等在自然条件下进行了土壤温度、水分、播深及覆沙地境对霸王种子萌发与幼苗生长的效应研究,认为自然条件下霸王发芽率最高的播深处理在覆沙小区为2 cm、未覆沙小区为1 cm,可见覆沙有利于霸王种子萌发和幼苗的生长。杨文智通过对霸王种子培育,成功地取得了容器苗并详细地阐述了育苗当中的注意事项,以及新生苗木的病虫害防治办法。杨鑫光等(2006)研究了霸王苗期水分胁迫对霸王叶水势和生物量的影响,以及干旱胁迫对幼苗期霸王的生理响应。

李毅等(2008)认为霸王种子在25℃恒温和15～25℃变温条件下萌发状况好,种子活力高;光照强弱对种子萌发没有明显差异;霸王种子萌发时的需水量为种子重的8～9倍;霸王种子发芽用纸床较好。柴发盛和雷云丹(2008)采用不同的基质进行了霸王播种育苗研究,结果表明霸王容器育苗较理想的基质为 60%泥炭

+40%珍珠岩,其次为80%泥炭+20%珍珠岩和80%泥炭+20%原土。张智俊等(2009)对去掉果翅的霸王种子在容器内进行了点播试验,结果表明,霸王种子播种后7天内开始发芽,而且出苗率与成活率均较高,等苗木长到15 cm即可以移栽。余进德等(2009)对经过4种处理(具果翅种子;手工剥去果翅的种子;将果翅与种子剥离后,再一起放入培养皿中;用解剖针刺破包裹种子部位的果翅)后的霸王种子置入20℃培养箱中进行发芽试验,结果表明,果翅可显著抑制种子的萌发,具翅种子萌发率为0,去除果翅后萌发率达91%,果翅刺破后萌发率为40%,果翅+种子萌发率为88%。

1.2.2.2 扦插育苗

季蒙等(1996)在塑料棚内以河沙为基质,采用GGR1#及ABT6#生根粉,以50 ppm(1 ppm=1×10^{-6},下同)、100 ppm、150 ppm、200 ppm、300 ppm等5种浓度处理半木质化嫩枝,清水处理作为对照,结果只有GGR1#50 ppm和100 ppm两个处理生根,生根率分别为3.1%和1.7%,水浸和其他处理均未生根。生根部位为愈合组织,生根数量为2~5条,最长根14 cm,平均根长6.5 cm。由此可以看出,霸王扦插育苗难度较大,为了获取较高的成活率,还需进一步开展研究。

1.2.2.3 组织培养

张志勇和胡相伟(2007)通过三个步骤(芽诱导培养基—继代增殖培养基—生根培养基)成功培育出了霸王实生苗,而且炼苗后成活率高达85%。张改娜等采用酶解法分离霸王原生质体,比较了霸王子叶和愈伤组织游离原生质体的产量和活力,以及不同渗透压和起始密度对原生质体分裂频率的影响。结果表明,采用酶解法游离霸王愈伤组织,可获得高活力和高分裂频率的霸王原生质体。

1.2.2.4 病虫害防治

郑淑霞(2004)认为在温室内高温高湿的环境下,霸王苗期易感染猝倒病,症状为幼苗绿色的幼茎变为深灰褐色,最后整个植株因感染病菌而死亡。为防止猝倒病大面积发生,播后1个月,每隔1周喷1200~1400倍液的代森锌或多菌灵1次,对苗木进行消毒处理。在温室内危害霸王苗的主要害虫为蛴螬,防治方法是用800~1000倍液的辛硫磷灌根灭虫。

1.2.3 沙冬青繁育、更新、复壮研究现状

沙冬青(*Ammopiptanthus mongolicus*(Maxim.)Cheng f.),蒙名"萌合—哈日嘎纳",豆科(Leguminosae)蝶形花亚科(Papilionatae)沙冬青属(*Ammopiptanthus* Cheng f.),超旱生常绿灌木,高1.5~2 m,多分枝,树皮黄色。枝粗壮,灰黄色

或黄绿色，幼枝密被灰白色平伏绢毛，掌状三出复叶，少有单叶。叶两面被银灰色毡毛。总状花序顶生，具花 8～10 朵，苞片卵形，花萼钟状，稍革质。花冠黄色，长约 2 cm。荚果扁平，矩圆形，长 5～8 cm、宽 1.6～2 cm，无毛，顶端有短尖，含种子 2～5 颗。种子球状肾形，直径约 7 mm，花期 4～5 月，果期 5～6 月。据报道，沙冬青有隔年结实现象，结实量大，种子成熟期早而短，耐储藏，发芽力可保持 5～6 年。

沙冬青的抗逆能力极强，但是人工栽培却极为困难，在保护和开发利用沙冬青的研究中，探索沙冬青的最佳繁殖栽培技术一直是人们关注的焦点。目前关于沙冬青繁育更新的研究主要集中在播种育苗方面，另外也有学者进行了组织培养与病虫害防治研究。扦插育苗与平茬更新复壮方面的研究，目前还没有报道。

1.2.3.1　播种育苗

沙冬青种胚外包被坚硬的种皮，成为阻碍沙冬青萌发的障碍，使沙冬青种子处于被迫休眠状态。当沙冬青种子吸收适当的水分、温度和氧气后，即开始萌动。根据王烨和尹林克(1991)对种子萌发过程中吸胀、萌动和发芽 3 个阶段胚的变化情况的研究发现，沙冬青种子吸胀率随水温升高而增加。常温下，30%左右的种子可以在 2 天内吸胀；而水温增加到 30℃左右时，60%～70%的种子即可在 2 天内吸胀，吸胀种子自第 3 天起开始萌动。沙冬青种子在浸入清水中的条件下，也可以萌动发根，表明在萌动过程中，清水中的氧气可以满足种子酶的活动及胚部细胞早期新陈代谢的需要。沙冬青属于子叶出土型植物，种子萌发后，下胚轴迅速延长，初期弯曲呈弧状，子叶出土后逐渐伸直，种皮留土或随子叶出土脱落。整个萌发过程需 5～7 天。

高志海和刘生龙(1995)认为，沙冬青种子有很高的硬实率，98%浓硫酸拌种腐蚀种皮 30 min，能有效打破种子的休眠。另外，试验发现，在 27～28℃温箱中浸种 6 h，3 天后逐渐开始出芽，1 周左右出芽过程结束，出芽率为 70%。目前有 2 种适用于沙冬青容器育苗的营养土方案：一种是采用 70%的山坡草皮熟土加入厩肥 20%、过磷酸钙 3%、硫酸亚铁 0.5%、锯末或蛭石 6.5%，用 0.5%高锰酸钾溶液喷洒消毒，混合搅拌均匀后装入容器袋内；另外一种是采用山坡上的表土，以容量为 0.20 kg 的容器加 200∶2∶1∶20 比例的菌根剂∶过磷酸钙∶复合肥∶锯末均匀混合，喷洒 0.5%的高锰酸钾溶液或用 5%的锌硫磷进行土壤消毒。容器育苗一般采用高 15 cm、直径 6.5 cm 有底薄膜容器袋。将装好营养土的容器杯依次放在做好的苗床上，杯体高低要一致，摆好以后要呈平面。播种之前容器中灌足底水，播种深度一般在 2 cm 左右，每穴播 2～3 粒，播种后在容器上面撒上一层细沙，厚度为 1～1.5 cm，并用稻草覆盖。另外，根据育苗季节的不同，还需要采取保暖和遮阴措施。

王烨和尹林克(1991)对沙冬青种子萌发期和出苗期的耐盐能力进行试验，发现蒙古沙冬青的耐盐性较新疆沙冬青强。蒙古沙冬青种子正常萌发(发芽率60%)时的NaCl溶液浓度为1.2%以下，苗期植株的耐盐性较高，在0.9%的盐浓度下生长不受影响。新疆沙冬青种子正常萌发的NaCl浓度为0.75%以下，幼苗耐盐性较差，盐浓度在低于1.0%范围内，幼苗长势随盐浓度的增大而明显下降。大田作床播种育苗选择在地势平坦、通风、光照充足的台田地，深翻土20~30 cm后进行整地。以药、土比例1:200的锌硫磷毒土撒在点播种子的沙面上预防虫害，在整地做床的同时施足底肥及复合肥，提前1天灌足底水后开始播种。高志海和刘生龙(1995)认为，保水力较好的沙壤土是矮沙冬青理想的育苗土壤，且播种后合适的覆土厚度是2~3 cm，太薄或太厚都不利于出苗。播种后应加强苗期管理，注意观察天气变化、土壤墒情和苗木的出苗情况，及时给苗木补水。当苗木的出土量达到80%左右，逐渐撤去上面的覆盖物，在干旱的条件下炼苗；为避免造成苗木出土后与杂草争水、争肥，应及时锄草；当苗木长出两片叶子时，应进行叶面与根外追肥，叶面追肥采用喷雾器喷洒奥谱尔液体肥料，根部追肥应用喷雾器及根注器施抗旱造林粉或ABT生根粉，追肥一般在苗木出土15天后进行。

1.2.3.2 组织培养

蒋志荣等(1996)研究了蒙古沙冬青的组织培养，认为吲哚丁酸对沙冬青组织的生根有促进作用，且以0.2 mg·L^{-1}吲哚丁酸为最佳浓度；活性炭对沙冬青生根有抑制作用；改良后的1/3 MS培养基优于1/4 MS培养基。培养基中激动素配合使用吲哚丁酸可促进芽的生长，再加赤霉素效果更显著。

1.2.3.3 虫害防治

沙冬青的叶和嫩枝中含有生物碱、黄花木素、拟黄花木素等，性温有毒，绵羊、山羊偶尔采食其花后则呈醉状，采食过多可致死，所以牲畜、虫子少有啃食，其枝叶还可以制成杀虫剂。蒙古沙冬青荚果成熟时少有虫蛀或无虫蛀，果皮开裂，少数种子脱落。新疆沙冬青虽然结果率较高，但在种子成熟前往往易遭受虫害，因此需要采取一定的措施。为此，王雄等对蒙古沙冬青虫害及防治措施进行了初步的研究。

综观众多关于珍稀濒危植物繁育更新的研究成果，可以看出人工繁育技术的运用是实现珍稀濒危植物种群繁育、更新与扩大的重要途径。

2 沙冬青群落退化特征及其非损伤诊断技术

2.1 研究区概况

西鄂尔多斯国家级自然保护区地处内蒙古西北地区，该区域地表植被稀疏、覆盖度低，脆弱的生境导致其抗干扰和恢复能力较差，但这一地区却是亚洲中部荒漠区古老特有植物分布最为集中和丰富的聚集地，也是我国珍稀濒危动植物保护的重点地区之一，存在不少我国特有的古老孑遗植物。同时鄂尔多斯高原的地貌类型多样，有大面积的沙漠及湿地，植物种丰富多样，而且存在很多非地带性植被，并在当地占据很大面积，对当地的生物多样性起到重要作用，所以这里是学者研究亚洲干旱区地质历史变化及生物多样性的焦点地区。我国1984 年公布的《中国珍稀濒危保护植物名录》收录了 16 种荒漠植物种，分布在内蒙古地区的有 11 种，其中不乏内蒙古地区特有种，多为荒漠建群种或优势种，集中分布于西鄂尔多斯及阿拉善荒漠中。其中，沙冬青、半日花(*Helianthemum ordosicum*)、四合木、绵刺多分布于西鄂尔多斯地区，上述植物均为珍贵的荒漠孑遗种，是第三纪古老荒漠区系残余成分，因长期生活在复杂的恶劣环境中并繁衍进化，它们的存在对荒漠植物乃至整个西鄂尔多斯荒漠地区的植物生态系统具有重大意义。开展对这些荒漠珍稀濒危植物的保护与研究，对研究亚洲中部荒漠，特别是研究我国荒漠植物区系的起源及与地中海植物区系的联系具有重要的科研价值。

从 20 世纪开始，受全球变化的影响，该地区气温逐年升高，加之该地区多风沙、少降水，且降水分布不均匀的气候特点，以及现代工业发展造成的环境污染和人为放牧、开垦、樵采等行为的影响，该地区的自然条件不断恶化，生存于此地的珍稀濒危植物自然生境受损严重，致使濒危植物的数量和种类开始大量减少，生存现状严峻，部分植物种甚至处于濒危灭绝的不可逆境地。沙冬青群落同样未能幸免。近年来，西鄂尔多斯地区沙冬青群落开始退化，部分地区沙冬青种群枯死，自然更新难以跟进。鉴于这一珍稀濒危植物在西鄂尔多斯地区的防风固沙和绿化生态价值、科研价值，以及各种因素使其退化甚至濒临灭绝的现状，及时探明沙冬青退化规律及原因并对衰退沙冬青群落进行人工调控和挽救保护的重要性不言而喻。

通过对西鄂尔多斯国家级自然保护区不同退化沙冬青群落进行调查研究，探明沙冬青群落退化过程中群落结构和数量特征的变化，分析各退化过程中群落物种组成、数量特征、群落物种多样性、群落相似系数、沙冬青种群结构及各退化阶段土壤理化性质的变化，为合理保护沙冬青，以及对沙冬青群落进行人工调控提供科学依据。

1) 地理位置

西鄂尔多斯国家级自然保护区西邻黄河，隔河遥望乌兰布和沙漠，东靠鄂尔多斯高原，以贺兰山-阿尔巴斯山-狼山构成的三角核心区为中心，东西长 86 km，南北宽 105 km，总占地面积 47.20 万 hm^2，其中核心区面积 11.13 万 hm^2，缓冲区面积 5.35 万 hm^2，试验区面积 29.03 万 hm^2。行政区划横跨 4 个盟(市)，包括：鄂尔多斯市的鄂托克旗棋盘井和蒙西镇、杭锦旗巴拉贡镇，乌海市的乌达区，巴彦淖尔市的磴口县和阿拉善盟阿拉善左旗。地理坐标为 106°44′59.7″～107°43′50″E，39°13′35″～40°10′50″N，海拔为 1000～2100 m。西鄂尔多斯国家级自然保护区在鄂托克旗境内有 4 个核心区：占地面积 1.85 万 hm^2 的伊克布拉格草原化荒漠生态系统核心区，占地面积 0.8 万 hm^2 的棋盘井半日花核心区，占地面积 1.29 万 hm^2 的蒙西珍稀植物群落核心区，占地面积 3.8 万 hm^2 的阿尔巴斯植被过渡带核心区。本研究试验区位于西鄂尔多斯国家级自然保护区境内的伊克布拉格草原化荒漠生态系统试验区的伊克布拉格嘎查境内，西侧紧邻京藏高速和 G110 高速乌海段，行政区划隶属于内蒙古自治区鄂尔多斯市鄂托克旗，与乌海市、杭锦旗巴拉贡镇相连。

2) 地质地貌

西鄂尔多斯国家级自然保护区远离海洋，深居欧亚内陆，重重山脉、高原阻挡，同时又位居内蒙古境内黄河"几"字弯南部，与乌兰布和沙漠隔河相望，导致这里的地貌类型既有鄂尔多斯高原的石质山体、因河谷发育起来的残山丘岭、黄河冲刷的洪积平原，又有内蒙古特有的波状高荒漠草原地貌，同时由于隔河的乌兰布和沙漠在强劲风力作用下形成的起伏沙丘，导致鄂尔多斯高原总体地形特点为北高南低、东高西低，其中以桌子山为最高点，主峰海拔 2149 m，而黄河及都斯图河岸处有部分河谷阶地为该区域的最低点，海拔 1060 m。保护区内的山体主要有南北走向的、以前震旦系片麻岩和古生代石灰岩组成的桌子山、岗德格尔山和千里山等。保护区的基本地貌类型为波状高原和低山丘陵，主要位于自然保护区的东部，约占保护区面积的 56.36%。而中山和高山主要分布在自然保护区的西侧，还有分布在最西侧的山间谷地和黄河与山麓间形成的冲积-洪积扇，海拔为 1080～1170 m，而该区域的地质结构主要为震旦系片麻岩、变质岩、石英岩、泥质页岩、底砾岩，以及寒武、奥陶系的薄层、中层、厚层石灰岩、页岩、石英砂岩和白云岩等。保护区地表多为因风化而剥离的岩石块、砾石及由风化岩石发育产生的土壤极薄的土壤母质，其中山顶或者丘陵顶部多为裸露的岩体或者半风化的残积物，山坡上多为残留坡积物，而在坡底和山谷中由于水力侵蚀冲刷下来的冲积物，土壤层较厚；在黄河与山麓间的山前冲积-洪积扇主要是地表径流携带的上游来自中低山和丘陵区的冲积物，其冲积-洪积扇的扇顶主要由粒径较粗的石块、砾石组成，而扇缘为分选性较好的细粒土壤母质。保护区的自然地理景观以草原化荒漠和荒漠化草原为主(图 2-1)。

图 2-1　伊克布拉格荒漠草原试验区地貌
A.四合木群落；B.沙冬青、霸王群落；C.红砂群落；D.半日花群落

3)气候特征

由于受第三纪古地中海亚热带地中海型气候的影响，位于中纬度地区的西鄂尔多斯国家级自然保护区具有高原寒暑分明、昼夜温差大(日均温差 12.8～13.3℃)、气候干燥少雨、日照时数长及风大沙多的暖温带大陆性季风气候特征。同时，由于保护区分布范围广，且受地形、地势影响颇多，导致保护区内也存在小气候特点不同。但总体而言，西鄂尔多斯国家级自然保护区内年平均气温 7.8～8.1℃，年极端高温 39.4℃，年极端低温–32.6℃。其中最热月 7 月为雨热同期，平均气温 29.0℃；最冷月 1 月，平均气温–17.0℃。年日照时数 3047～3227 h，≥10℃的积

温 3157～3272℃，无霜期 158～160 天，年太阳总辐射量为 55.9 kcal·cm^{-2}，光热资源充足；自然保护区内年降水量 162～272 mm（主要分布在夏季 6～8 月，约占全年降水量的 64%），年潜在蒸发量 2470～3481 mm（约为降水量的 9.1～20 倍），年均相对湿度为 43%（其中 8 月相对湿度最大为 52%）；自然保护区内年均风速 3.1～4.7 m·s^{-1}，最大风速 28 m·s^{-1}，其主风向为西北风，主要发生在冬季和早春，而春、夏、秋季（4～11 月）主要为东南风。风沙日数 41～67 天，最长达 80 天，其中沙暴日数历年平均为 23～26 天，最长可达 50 天。正是以上气候条件特征导致植物返青期在 4 月上、中旬，枯草期在 11 月后，植物生长季总日照时数约为全年总日照时数的 50% 以上，有利于植物的生长和成熟。

4）植被特征

据统计，西鄂尔多斯国家级自然保护区内现有植物种类共计 335 种，隶属 65 科 191 属，以荒漠草原向荒漠地带过度的半灌木丛、灌丛及草本等地带性植物为主。其中，被子植物 329 种，蕨类植物 4 种，裸子植物 2 种。该区域分布着特有的古老孑遗种 72 种，占总植物种类的 21.79%；有国家珍稀濒危保护植物 7 种，分别为半日花、四合木、沙冬青、革苞菊（*Tugarinovia mongolica*）、蒙古扁桃（*Amygdalus mongolica*）、胡杨（*Populus euphratica*）、绵刺。其中，四合木和半日花等植物的珍稀濒危程度尤为突出，被誉为植物界的"活化石"和"大熊猫"，对研究亚洲中部荒漠，特别是研究我国荒漠植物区系的起源，以及与地中海植物区系的联系具有重要的价值。在上述 7 种国家级珍稀濒危保护植物中，四合木、沙冬青、半日花、革苞菊和绵刺被列入《中国生物多样性保护行动计划》。列入内蒙古自治区珍稀濒危植物名录的共计 13 种，除上述 7 种植物外，还有内蒙野丁香（*Leptodermis ordosica*）、贺兰山黄芪（*Astragalus hoantchy*）、大花雀儿豆（*Chesneya macrantha*）、长叶红砂（*Reaumuria trigyna*）、阿拉善黄芩（*Astragalus alaschanus*）、白龙穿彩（*Panzeria alashanica*）、香青兰（*Dracocephalum moldavica*）等。在西鄂尔多斯地区干旱荒漠灌木群落中，不同植物对土壤的利用程度不同，分层分别利用，土壤资源竞争较小。各主要保护植被与当地常见植被共同构成了保护区内的植被组成，且经过长期的自然选择，生存能力较强，对当地的生态环境起到重要的保护作用。

5）水文

西鄂尔多斯国家级自然保护区内的水源主要以保护区西侧的黄河水及夏季天然降水形成的季节性洪水为地表水源，其中在保护区西部有几条均汇自于桌子山和千里山的季节性山洪沟，在夏季天然降水形成的地表径流汇聚在山洪沟内最终注入黄河。保护区内的地下水资源整体上分布不均衡：在以桌子山和千里山形成的山体前侧的山前冲积-洪积阶地分布有较丰富的地下水，地下水埋深 10～60 m，一般出水量>100 t·h^{-1}，水质良好，矿化度 1 g·L^{-1}左右；而在保护区的东侧主要分布着辽阔的干草原，该区域地下水埋深一般>15 m，一些特殊地段地下水深达 100 m。但由于伊克布拉格荒漠草原研究区距山体较远，地下水补给不充分，所以植物主要水分以大气降水为主。

6) 土壤

西鄂尔多斯国家级自然保护区的地带性土壤为棕钙土、灰漠土，非地带性土壤为风沙土等，土壤较为贫瘠，土壤肥力较低。保护区内由于地貌形态各异，因而造成的土壤类型也呈多样性，与这三种类型土壤相对应的地面植被景观为干草原、荒漠草原及荒漠植被；而非地带性的土壤还有草甸土、沼泽土及盐土等土壤类型。由于自然保护区的西北部分除有些山区外，绝大部分地貌类型均为高原，导致区域内土壤垂直结构地带性不明显。以区域内最高点的桌子山为例，其土壤垂直结构主要为：海拔>2000 m 的区域分布有一些淡栗钙土，而海拔<2000 m 的区域则主要为灰漠土。

(1) 栗钙土。分布在桌子山顶部的栗钙土剖面主要有腐殖质层、钙积层及母质层，其剖面垂直结构各层间分化明显，层次清晰。该区域表层土壤厚度为0~40 cm，其对应的植被类型是多年生旱生草本、灌木。

(2) 棕钙土。该区域与乌兰布和沙漠隔河相望，这种荒漠区东部高温干旱的特殊气候条件下形成一种荒漠土壤类型——棕钙土。棕钙土的形成过程中，微生物的作用非常微弱，而在高温干旱的气候下形成的一层风化壳是荒漠地区土壤形成过程的主导因素。棕钙土剖面土层厚度一般为80~150 cm，其由 20 cm 左右的浅棕色和棕色的腐殖质层、分布在20~100 cm 的较为坚硬的灰白色钙积层和母质层组成。这种类型的土壤地表多砂砾化，部分地段被流动风沙土覆盖，土壤贫瘠且呈强碱性，在保护区内主要有两部分：一部分是在桌子山与岗德格尔山之间的洪积台地上及残山丘陵上，地表对应生长着四合木群落；另一部分分布在自然保护区的东部、南部的高平原及低丘陵上，地面植被主要为荒漠草原和草原化荒漠。

(3) 灰漠土。在长期的强烈风蚀作用下，地表质地粗糙、表层特征不明显、地表粗粒化明显，部分地区被风积沙覆盖，土层一般在 40~150 cm。灰漠土主要分布在自然保护区南部及北部的山前冲积-洪积阶地上，地面有大面积砂砾质灰漠土，主要生长着半日花群系。

(4) 风沙土。风沙土主要来自乌兰布和沙漠的风积沙，其垂直剖面层次分化不明显，土壤贫瘠、地表无明显腐殖质层。自然保护区南邻毛乌素沙地、北靠乌兰布和沙漠，在这里形成了许多固定、半固定沙地及平缓沙地，其对应的地面植被以白刺、沙冬青、霸王及沙蒿等沙生、旱生灌丛为主。

7) 社会经济概况

(1) 人口及产业结构。自然保护区所辖范围包括阿尔巴斯苏木、新召苏木、碱柜乡、公卡汉乡、蒙西镇和棋盘井镇区域范围内的 30 多个自然村落及居民点,大约 10 万人口,其中大部分人口主要集中在蒙西镇和棋盘井镇从事煤炭化工生产等工作;保护区拥有草场面积 50.76 万 hm²,这里大部分为从事畜牧业生产的牧民;此外就是在黄河沿岸分布的少量以种植业为主的农民。

(2) 政治、经济和文化。乌兰镇是鄂托克旗旗政府所在地,同时也是政治、经济、文化和社会活动的中心。近些年来随着经济的发展,产业结构逐渐趋于稳定,通过退牧还草、退耕还林等生态工程的实施,乌兰镇的农、牧、林经济得到全面提高,加之周边煤炭、水泥、天然气、天然碱等矿产资源的探采,带动了鄂托克旗社会经济的全面发展,将乌兰镇建设成了"四位一体"的草原新城。在新区建设了文化娱乐广场、森林生态公园、民族赛马场,在新区的东面建设了生态移民新区,北侧建设了气势磅礴的乌兰敖包群。

(3) 工业。自然保护区内有占地面积 2.67 万 hm² 的棋盘井镇和占地面积 1.45 万 hm² 蒙西镇工业园区。在这两个地区,大中型企业多达 100 余家,安置社会剩余劳动力 10 万人,仅 2005 年 10 月两镇的工业园区工业总产值已达到 56.5 亿元。

(4) 交通。在研究区内,东北—西南方向贯穿着 G6 丹拉高速乌海段、110 国道,以及研究区西侧的包兰铁路都为试验区的交通提供了便利条件。但同时也恰恰是道路的修通,给自然保护区珍稀濒危植物的生存、生长带来极为不利的影响。

(5) 旅游资源。①自然保护区分布在荒漠化草原向草原化荒漠的过渡区,保护区由东向西依次分布着草甸草原、典型草原、荒漠草原和荒漠等多类型生态景观,同时保护区内还分布着古地中海子遗种——四合木、沙冬青、绵刺、革包菊和半日花等多种古老植物,还有胡杨、蒙古扁桃、长叶红砂、内蒙古野丁香等珍贵植物,本身就成了一个集生态旅游、科教、科研为一体的生态游乐园;②海拔 2149 m 的鄂尔多斯高原顶峰——乌仁都西山(汉译为铁砧子),山势西侧平缓、东侧陡峭,因其顶部平如桌子而又得名桌子山。站在山顶俯瞰西坡,乌海三区、黄河、包兰铁路尽收眼底;东坡生长着密集的长青松柏树,周围群峰竞秀、怪石迥异,具有绚丽的自然风光;③黄河流淌在西鄂尔多斯国家级自然保护区西侧,其中有 50 km 的黄河沿保护区西北部边缘过境,隔河相望便是广袤无垠的乌兰布和沙漠东北缘,沿岸便是以黄河水为主要水源的后套灌区,也是华莱士、葵花、西瓜等的种植区域。这就形成了"大漠-黄河-绿洲"独特的自然景观,加上便利的交通条件,在此发展沙漠探险观光、黄河水上娱乐的绿色生态旅游,有很大潜力。

2.2　沙冬青退化阶段划分

2.2.1　沙冬青退化阶段划分依据

对西鄂尔多斯国家级自然保护区沙冬青群落进行实地考察,根据样地内植被生长状况,以沙冬青的枯枝率作为群落退化阶段的划分依据(图2-2,表2-1)。

图 2-2　不同退化阶段群落样地照片
A.未退化;B.轻度退化;C.中度退化;D.重度退化

表 2-1　退化阶段划分及样地基本情况

退化阶段	经度	纬度	海拔/m	枯枝率/%	沙地类型
未退化	E 106°54′12.3″	N 40°04′16.3″	1182	0	固定沙地
轻度退化	E 106°53′41.8″	N 40°04′28.2″	1173	0~30	固定沙地
中度退化	E 106°52′26.1″	N 40°04′37.8″	1209	30~60	半固定沙地
重度退化	E 106°56′46.0″	N 40°04′03.9″	1203	60~90	半固定沙地

2.2.2 植被调查与指标测定

在不同退化阶段群落内各布设 6 个 20 m×20 m 的灌木样方,调查样方内各个灌丛的种类、株数、株高、冠幅、基径、盖度、枯枝率,采用标准株法获取灌丛层地上生物量,并对样方内所有沙冬青灌丛进行全株定位;在每个灌丛样方内根据斑块均匀程度各布设 3~6 个 2 m×2 m 的草本样方,调查样方内各个草本植物的种类、高度、数量、盖度,采取直接收割法,获取地上生物量。

指标测定:

(1)重要值:统计各样地植物密度、盖度及频度后,按照以下公式计算。

$$重要值=(相对密度+相对频度+相对盖度)/3$$

(2)群落物种多样性。选用 Shannon-Wiener 多样性指数、Simpson 多样性指数、Pielou 均匀度指数,相应的计算公式如下:

Shannon-Wiener 多样性指数:

$$H = \sum_{i=1}^{s} P_i \ln P_i$$

式中,H 为 Shannon-Wiener 多样性指数;P_i 为第 i 个种的相对多度。

Simpson 多样性指数:

$$D = 1 - \sum_{i=1}^{s} P_i^2$$

式中,D 为 Simpson 多样性指数;P_i 为种的个体数占群落中总个体数的比例。

Pielou 均匀度指数:

$$J_{sw} = \left(-\sum_{i=1}^{s} P_i \ln P_i \right) / \ln S$$

式中,J_{sw} 为 Pielou 均匀度指数;S 为物种丰富度;P_i 为第 i 个种的相对多度。

(3)群落相似系数:

$$C_j = \frac{a}{a+b+c}$$

式中，C_j 为群落相似系数，a 为群落 A 和 B 共有的物种数；b 为群落 B 有但群落 A 没有的物种数；c 为群落 A 有但群落 B 没有的物种数。

2.2.3 沙冬青群落物种组成

表 2-2 统计了沙冬青群落不同退化阶段群落中所有出现物种的科、属、种组成情况。不同沙冬青群落退化阶段的不同科植物的变化不同，群落结构也随之发生变化。未退化阶段的群落中共有 12 种植物，灌木和草本各占 6 种，隶属 8 科 11 属，其中豆科、百合科、禾本科、蒺藜科各有 2 种植物，分别占该退化阶段的 16.67%；其余科均为 1 种植物，分别占该退化阶段物种数的 8.33%。轻度退化阶段共有 11 种植物，灌木 6 种、草本 5 种，隶属 8 科 11 属，豆科植物最多，有 3 种植物，占该退化阶段物种数的 27.27%；百合科有两种植物有 2 种，占该退化阶段物种数的 18.18%；其余科均只有 1 种植物。中度退化阶段共有 10 种植物，灌木 5 种、草本 5 种，隶属 6 科 10 属，豆科、藜科、菊科、蒺藜科分别有 2 种植物，分别占该退化阶段物种数的 20%；百合科和蔷薇科都仅有 1 种植物，分别占该退化阶段物种数的 10%。重度退化阶段共有 15 种植物，灌木 7 种、草本 8 种，隶属 8 科 15 种，其中藜科、菊科和蒺藜科各占 3 种植物，分别占该退化阶段物种数的 20%，豆科有 2 种植物占 13.33%，其他科均仅有 1 种植物。

表 2-2 不同退化阶段沙冬青群落植被物种调查表

退化阶段	种名	拉丁学名	层次	科	属	重要值
未退化	沙冬青	*Ammopiptanthus mongolicus*	灌木	豆科	沙冬青属	2.4
	霸王	*Sarcozygium xanthoxylon*	灌木	蒺藜科	霸王属	1.9
	红砂	*Reaumuria soongorica*	灌木	柽柳科	红砂属	0.2
	猫头刺	*Oxytropis aciphylla*	灌木	豆科	棘豆属	0.2
	戈壁天门冬	*Asparagus gobicus*	灌木	百合科	天门冬属	0.1
	绵刺	*Potaninia mongolica*	灌木	蔷薇科	绵刺属	1.1
	蒙古韭	*Allium mongolicum*	草本	百合科	葱属	0.2
	骆驼蓬	*Peganum harmala*	草本	蒺藜科	骆驼蓬属	0.2
	猪毛蒿	*Artemisia scoparia*	草本	菊科	蒿属	0.3
	戈壁针茅	*Stipa tianschanica*	草本	禾本科	针茅属	0.1
	克氏针茅	*Stipa krylovii*	草本	禾本科	针茅属	0.1
	蒙古虫实	*Corispermum mongolicum*	草本	藜科	虫实属	0.2

续表

退化阶段	种名	拉丁学名	层次	科	属	重要值
轻度退化	沙冬青	*Ammopiptanthus mongolicus*	灌木	豆科	沙冬青属	2.3
	霸王	*Sarcozygium xanthoxylon*	灌木	蒺藜科	霸王属	1.7
	猫头刺	*Oxytropis aciphylla*	灌木	豆科	棘豆属	0.6
	绵刺	*Potaninia mongolica*	灌木	蔷薇科	绵刺属	0.2
	戈壁天门冬	*Asparagus gobicus*	灌木	百合科	天门冬属	0.2
	黄花红砂	*Reaumuria trigyna*	灌木	柽柳科	红砂属	0.7
	砂蓝刺头	*Echinops gmelini*	草木	菊科	蓝刺头属	0.1
	糙叶黄耆	*Astragalus scaberrimus*	草本	豆科	黄芪耆	0.3
	糙隐子草	*Cleistogenes squarrosa*	草本	禾本科	隐子草属	0.1
	蒙古韭	*Allium mongolicum*	草本	百合科	葱属	0.2
	细叶猪毛菜	*Salsola ruthenica*	草本	藜科	猪毛菜属	0.1
中度退化	沙冬青	*Ammopiptanthus mongolicus*	灌木	豆科	沙冬青属	2.1
	霸王	*Sarcozygium xanthoxylon*	灌木	蒺藜科	霸王属	1.4
	四合木	*Tetraena mongolica*	灌木	蒺藜科	四合木属	0.2
	合头草	*Sympegma regelii*	灌木	藜科	合头草属	0.1
	绵刺	*Potaninia mongolica*	灌木	蔷薇科	绵刺属	0.1
	砂蓝刺头	*Echinops gmelini*	草本	菊科	蓝刺头属	0.5
	白沙蒿	*Artemisia spherocephala*	草本	菊科	蒿属	0.4
	蒙古韭	*Allium mongolicum*	草本	百合科	葱属	0.4
	糙叶黄耆	*Astragalus scaberrimus*	草本	豆科	黄芪属	0.1
	沙蓬	*AgriophpHyllum squarrosum*	草本	藜科	沙蓬属	0.5
重度退化	沙冬青	*Ammopiptanthus mongolicus*	灌木	豆科	沙冬青属	2.1
	霸王	*Sarcozygium xanthoxylon*	灌木	蒺藜科	霸王属	1.6
	四合木	*Tetraena mongolica*	灌木	蒺藜科	四合木属	0.3
	白刺	*Nitraria tangutorum*	灌木	蒺藜科	白刺属	0.6
	猫头刺	*Oxytropis aciphylla*	灌木	豆科	棘豆属	0.4
	红砂	*Reaumuria soongorica*	灌木	柽柳科	红砂属	0.2
	绵刺	*Potaninia mongolica*	灌木	蔷薇科	绵刺属	1.7
	漏芦	*Stemmacantha uniflora*	草本	菊科	漏芦属	0.1
	柔毛蒿	*Artemisia pubescens*	草本	菊科	蒿属	0.1
	蒙古韭	*Allium mongolicum*	草本	百合科	葱属	0.4
	糙隐子草	*Cleistogenes squarrosa*	草本	禾本科	隐子草属	0.2
	砂蓝刺头	*Echinops gmelini*	草本	菊科	蓝刺头属	0.6
	沙蓬	*AgriophpHyllum squarrosum*	草本	藜科	沙蓬属	0.5
	蒙古虫实	*Corispermum mongolicum*	草本	藜科	虫实属	0.3
	雾冰藜	*Bassia dasyphylla*	草本	藜科	雾冰藜属	0.1

不同退化阶段的所有样方中共出现了 25 种植物，群落物种的组成较为简单，有灌木 10 种、草本 15 种，隶属 8 科 21 属，其中菊科植物和蒺藜科植物最多，各占 5 种。豆科、百合科、蒺藜科、菊科、蔷薇科和藜科出现在整个退化过程中，未退化阶段豆科、百合科、禾本科具有优势；随着退化的加剧，禾本科、豆科植物开始减少，藜科、菊科和蒺藜科植物开始增加，尤其在重度退化阶段这 3 科的植物种最多。

2.2.4 沙冬青群落生活型组成

对沙冬青群落不同退化阶段所出现的植物进行生活型分类得到生活型谱。由表 2-3 可知，在沙冬青群落未退化的时候，其地上芽植物的数量最多(占群落物种总数的 41.67%)，地上芽次之(占 33.33%)，而一年生的植物种最少(仅占8.33%)；轻度退化阶段，地上芽植物种居于首位占总数的 36.36%，其次是地面芽植物种数占 27.27%，而高位芽与一年生植物种数相等，占总植物种数的18.18%；中度退化阶段高位芽与一年生植物种数相等，占总植物种数的 30.00%，地上芽植物和地面芽植物比例开始减少，两者均占总数的 20.00%；重度退化阶段高位芽、地面芽和一年生植物种数所占比例相当均为 26.67%，地上芽的比例最少为 20.00%。

表 2-3 不同退化阶段沙冬青群落生活型谱

退化阶段		生活型				
		高位芽	地上芽	地面芽	隐芽	一年生
未退化	种类数/种	2	4	5	0	1
	百分比/%	16.17	33.33	41.67	0	8.33
轻度退化	种类数/种	2	4	3	0	2
	百分比/%	18.18	36.36	27.27	0	18.18
中度退化	种类数/种	3	2	2	0	3
	百分比/%	30.00	20.00	20.00	0	30.00
重度退化	种类数/种	4	3	4	0	4
	百分比/%	26.67	20.00	26.67	0	26.67

在沙冬青群落退化过程中，高位芽植物种数的比例随着退化程度的加剧呈先增大后减小的趋势，而高位芽植物种数则一直在增加；地上芽植物种数的比例随着退化程度的加剧先减小后增大，而植物种数则先增大后减小；地面芽植物种数的比例和数量均随着退化程度的加剧先减小后增大；而一年生植物种数的比例随着退化的加剧先增大后减小，但是植物种数则一直在增加；在整个退化过程中，样方内未出现隐芽植物。

2.2.5 沙冬青群落盖度变化

从图 2-3 中可以看出，不同退化阶段沙冬青群落间地表盖度存在差异。其中，未退化阶段的盖度较其他不同退化阶段差异较大。未退化阶段沙冬青群落的总盖度最大为 16.25%，其次是轻度退化阶段(8.49%)，重度退化阶段(8.09%)和中度退化阶段(7.65%)；灌木层盖度则随着退化程度加剧而呈减小的变化趋势，即未退化＞轻度退化＞中度退化＞重度退化阶段；建群种沙冬青种群的盖度亦随着退化程度的增加开始逐渐减少；而草本层盖度则随着退化的进行呈现逐渐增加的变化趋势。

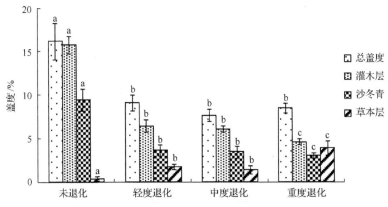

图 2-3　不同退化阶段沙冬青群落盖度变化
不同字母表示相同层次间的多重比较结果($P<0.05$)，下同

在不同的退化阶段，各退化群落均表现为灌木层的植被盖度大于草本层的植被盖度；而在重度退化阶段，草本层的盖度大于沙冬青种群的盖度，群落严重退化，大量沙冬青枯亡，存活的沙冬青多为枯枝败叶，同时地表多存在流沙，大量的一年生草本和沙蓬等固沙先锋植物开始生长。

2.2.6 沙冬青群落地上生物量变化

生物量可以狭义地反映某一生态系统的生产力，从图 2-4 中可以看出，不同退化阶段沙冬青群落地上部分存在差异。

不同退化阶段沙冬青群落的总生物量呈现随着群落退化程度的加剧而减少的趋势，未退化阶段沙冬青群落的总地上生物量最高(为 53.34 $g \cdot m^{-2}$)，其次是轻度退化和中度退化阶段，而重度退化阶段的总地上生物量最少(为 33.02 $g \cdot m^{-2}$)；可以看出在沙冬青群落中，灌木层是生物量的主要贡献者，不同退化阶段灌木层地上生物量亦随着退化程度的加剧而减小，呈未退化＞轻度退化＞中度退化＞重度退化的趋势；建群种沙冬青种群的生物量亦随着退化程度的加剧开始逐渐减少；而草本层地上生物量则随着退化程度的加剧呈现逐渐增加的趋势。

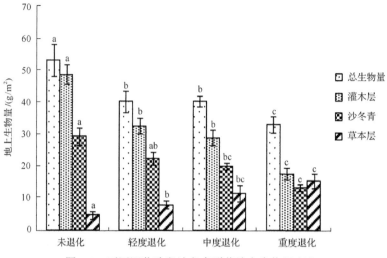

图 2-4　不同退化阶段沙冬青群落地上生物量变化

在不同的退化阶段，各退化群落均表现为灌木层的植被地上生物量大于草本层的地上生物量。除重度退化阶段外，各退化阶段的沙冬青种群地上生物量均大于草本层的地上生物量；而在重度退化阶段，草本层的地上生物量大于沙冬青种群的地上生物量，重度退化阶段沙冬青种群严重退化，大量沙冬青枯亡，而一年生草本的大量生长使得草本层的地上生物量大于沙冬青种群。

2.2.7　沙冬青群落物种多样性指数

由图 2-5 可以看出，不同退化阶段沙冬青群落的 Shannon-Wiener 多样性指数的大小顺序呈重度退化＞轻度退化＞中度退化＞未退化阶段的变化趋势。重度退化与轻度退化阶段的 Shannon-Wiener 多样性指数相对较高，未退化和中度退化阶段的 Shannon-Wiener 多样性指数相对较低。

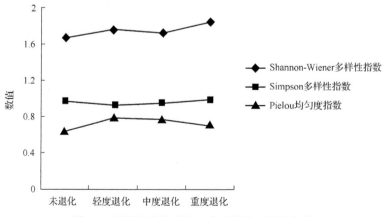

图 2-5　不同退化阶段沙冬青群落的多样性指数

不同退化阶段沙冬青群落的 Simpson 多样性指数由大到小为：重度退化＞中度退化＞未退化＞轻度退化，重度退化阶段的 Simpson 指数最大，中度退化阶段与未退化阶段差异不大，其次是轻度退化阶段。

不同退化阶段沙冬青群落的 Pielou 均匀度指数不同，其大小顺序为：轻度退化＞中度退化＞重度退化＞未退化阶段。其中，轻度退化群落的 Pielou 均匀度指数最高，其次是中度退化阶段，未退化与重度退化阶段的 Pielou 均匀度指数较低。

2.2.8 沙冬青群落相似性

相似性指数(C_j)的变动范围是 0～1。相似性一般划分为 6 级：1 级完全不相似，C_j 值为 0.00；2 级极不相似，C_j 值为 0.01～0.25；3 级轻度相似，C_j 值为 0.26～0.50；4 级中度相似，C_j 值为 0.51～0.75；5 级极相似，C_j 值为 0.76～0.99；6 级完全相似，C_j 值为 1.00。

通过对不同退化阶段沙冬青群落相似性系数计算，可从表 2-4 中得知，未退化阶段与轻度退化阶段的相似性系数最高，其次是重度退化阶段，而与中度退化阶段相似性系数最低，属于极不相似的级别；轻度退化阶段与中度退化阶段的相似系数最高，其次是重度退化阶段；中度退化阶段与轻度退化和重度退化的相似性系数接近；而重度退化与未退化阶段、轻度退化和中度退化阶段的相似性系数依次增大。除了未退化阶段和中度退化阶段的相似性系数为极不相似级别外，其他各群落均属于轻度相似。总体来说，相近的两个退化阶段的相似性系数要大于不相近阶段的相似性系数。

表 2-4　不同退化阶段沙冬青群落相似性指数

退化阶段	未退化	轻度退化	中度退化	重度退化
未退化	1			
轻度退化	0.353	1		
中度退化	0.222	0.40	1	
重度退化	0.350	0.368	0.389	1

2.2.9 沙冬青群落土壤特性

1) 土壤样品采集

从不同退化阶段群落内的衰退沙冬青灌丛的冠幅 4 个方向边缘下采集土样，取样深度为 0～10 cm、10～20 cm、20～40 cm、46～60 cm、60～80 cm 共 5 层(80 cm 往下土层的土壤质地改变，坚硬难挖取)。测定化学性质的土样，经混合后装入已标号的塑封袋中并排气密封好，带回实验室阴干、研磨后供土壤化学性质测定，共测定主壤碱解氮、速效磷、速效钾、有机质、pH、电导率 6 个指标；测试土壤物理性质的土样，严格按照环刀体积取土，并迅速装进已知重量并标号的铝盒内，现场称重后用防水胶带将铝盒接口处粘合压实，带回实验室测定土壤含水率、容重、机械组成等指标。

2) 土壤理化性质测定

①碱解氮——碱解扩散法；②速效磷——NaHCO₃ 浸提钼锑抗比色法；③速效钾——火焰光度法；④有机质——重铬酸钾容量法；⑤电导率——电导法；⑥土壤 pH——酸度计电位法；⑦土壤含水量——烘干法；⑧土壤容重——环刀法。⑨土壤储水量：

$$W = 0.1 \times R \times V \times H$$

式中，W 为土壤储水量(mm)；R 为土壤含水量(%)；V 为土壤容重(g·cm^{-3})；H 为土层深度(cm)。⑩土壤孔隙度：土壤孔隙度(%)=(1−容重/比重)×100；比重=2.65。⑪土壤机械组成：将土样去杂质并阴干后，过 2 mm 直径的土壤筛，使用激光粒度仪 MASTERSIZE 2000 对土壤颗粒进行分析，以美国制土壤粒径分级标准对其进行划分(表 2-5)。

表 2-5　美国制土壤粒径分级标准划分　　　　　　　(单位：μm)

黏粒	粉粒	极细砂	细砂	中砂	粗砂	极粗砂
0~2	2~50	50~100	100~250	250~500	500~1000	1000~2000

2.2.9.1　土壤化学特性

由表 2-6 可知，不同退化阶段沙冬青灌丛 0~80 cm 平均土壤速效养分的含量随着退化程度的加剧呈先减少后逐步增加的变化趋势，重度退化阶段土壤速效养分的含量最高，其中重度退化阶段土壤碱解氮含量比未退化、轻度退化和中度退化阶段分别高出 85.07%、126.03% 和 78.9%，土壤速效磷的含量分别高出 28.57%、47.15% 和 56.68%，土壤速效钾的含量则分别高出 55.18%、101.25%、138.76%。土壤有机质含量则呈现出轻度退化＞中度退化＞未退化＞重度退化阶段，重度退化阶段土壤有机质的含量分别比未退化、轻度退化和中度退化阶段减少了 31.45%、43.38% 和 43.23%。土壤电导率则呈现出随着退化程度的加剧而增加的变化趋势，在重度退化阶段达到最大，土壤 pH 随着退化程度的加剧呈现先升高再下降的趋势，平均 pH 为 8.85~9.05，呈碱性和强碱性土。电导率及土壤 pH 在各退化阶段的差异不显著。

表 2-6   不同退化阶段土壤(0~80cm)养分含量

	碱解氮/(mg·kg⁻¹)	速效磷/(mg·kg⁻¹)	速效钾/(mg·kg⁻¹)	有机质/(g·kg⁻¹)	电导率/(mS·cm⁻¹)	pH
未退化	16.28±7.31^b	3.01±1.58^b	59.19±49.99^{ab}	3.18±0.62^c	0.056±0.02^a	8.85±0.24^a
轻度退化	13.33±2.42^b	2.63±1.64^c	45.64±39.24^{ab}	3.85±0.92^a	0.062±0.01^a	9.05±0.17^a
中度退化	16.84±4.52^b	2.47±1.37^c	38.47±35.19^{ab}	3.84±1.31^{ab}	0.061±0.01^a	9.02±0.21^a
重度退化	30.13±6.46^a	3.87±1.66^a	91.85±21.76^a	2.18±0.80^{bc}	0.076±0.02^a	8.90±0.10^a

注：不同字母表示同一指标在不同退化阶段的多重比较结果($P<0.05$)。

1)不同退化阶段土壤剖面碱解氮含量变化

氮是一切生命的构成元素，也是植物生长发育的必需元素之一，土壤氮素对土壤肥力有较大意义。土壤氮素与植物生物量的积累和土壤有机质分解强度有关，同时土壤风蚀程度、植被状况、水热环境因子等都会对其产生影响。其中，土壤碱解氮易被植物吸收但也易淋溶，它可以较好地指示土壤氮素供应状况与释放速率。

由图 2-6 可知，不同退化阶段的沙冬青灌丛下土壤碱解氮，在 0~10 cm 呈现未退化＞重度退化＞中度退化＞轻度退化阶段的变化趋势，但是在 10~80 cm 土层间，重度退化阶段土壤碱解氮含量始终高于其他三个退化阶段的含量，除了 20~40 cm 土层间中度退化阶段土壤碱解氮含量与未退化和中度退化阶段呈显著差异外，在 10~80 cm 土层，未退化、轻度退化和中度退化阶段土壤碱解氮在各个土层间的差异不显著。

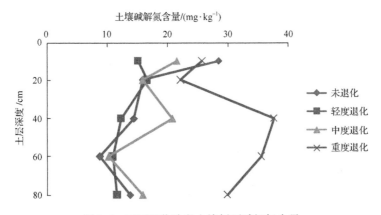

图 2-6   不同退化阶段土壤剖面碱解氮含量

从碱解氮的垂直分布来说，未退化和轻度退化阶段的土壤碱解氮基本随着土层的加深而减少，在 60~80 cm 略有上升；而中度退化和重度退化阶段，土壤碱解氮含量则随着土层加深呈现先减少后增加再减少的变化趋势。

2)不同退化阶段土壤剖面速效磷含量变化

磷是参与植物生理过程的重要元素，植物所吸收利用的磷全部来自速效磷。

速效磷既参与构成植物体内重要有机化合物，又参与植物体内的生理过程，对植物的一系列生命活动起着重要的作用。适量的磷能提高植物的抗旱、抗寒等特性，并通过对根瘤菌的作用直接或间接影响植物对氮素的利用，在干旱缺水的地区对植物尤为重要。土壤磷的缺失，会导致植被发育生长缓慢甚至停滞。此外，不同植被群落在不同的演替阶段对土壤速效磷量的要求也是不同的。适度范围内土壤速效磷含量越高，表明土壤的供磷能力越强。

由图 2-7 可以看出，不同退化阶段群落内土壤速效磷在表层差异不大。在10～20 cm 土层中，重度退化＞未退化＞中度退化＞轻度退化阶段；在 20～40 cm 土层中，重度退化和未退化阶段的土壤速效磷含量较高；40～60 cm 土层中，除轻度退化阶段外，其余各退化阶段之间的含量差异不大；而在 60～80 cm 土层中，重度退化阶段的土壤速效磷含量比其他各退化阶段有显著的增加。总体而言，重度退化阶段土壤速效磷在各个土层间的含量比其他退化阶段较多。

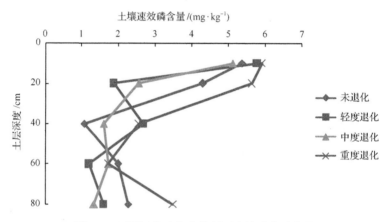

图 2-7　不同退化阶段土壤剖面速效磷含量变化

从各群落间土壤速效磷的垂直分布来看，除轻度退化阶段外，其他不同退化阶段的土壤速效磷含量均随土层加深呈先降低再升高的趋势，但是各退化阶段间土壤速效磷含量的变化拐点在垂直深度上出现不同。而轻度退化阶段土壤速效磷含量随着土层加深的变化较为复杂。

3) 不同退化阶段土壤剖面速效钾含量变化

钾作为一般植物体内分布较多的元素，是植物生长发育所必需的元素之一，影响植物的一系列生命活动。从植物水分代谢与钾离子关系来说，钾离子是主要的渗透物质，调节植物与水分关系的平衡，干旱条件下对植物自身的水分关系影响显著。此外，钾素可提高植物水分利用效率与抗逆性，能促进植物对氮的吸收利用和蛋白质的合成。

一般而言，植物体从土壤中吸收的是水溶性钾与交换性钾。土壤中的速效钾是土壤速效养分的一部分，包含水溶性钾与交换性钾，其在土壤中含量的多少可以直接反映出土壤对钾的供应能力。

由图 2-8 中可知，除表层 0～20 cm 土层外，不同退化阶段沙冬青灌丛下各层土壤速效钾整体呈现重度退化＞未退化＞轻度退化＞中度退化阶段。轻度退化和中度退化阶段土壤速效钾在 0～20 cm 土层的含量差异不明显，在 20～80 cm 土层差异显著，而未退化与重度退化阶段在各土层间的土壤速效钾含量，均与其他退化阶段速效钾呈显著差异。

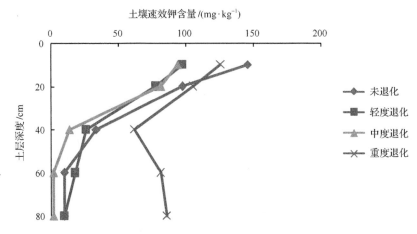

图 2-8　不同退化阶段土壤剖面速效钾含量变化

未退化、轻度退化和中度退化阶段土壤速效钾在垂直分布上呈现随土层深度的增加而减少的变化趋势，60～80 cm 土层土壤速效钾含量最少，同一退化阶段不同土层间土壤速效钾含量差异较显著，而重度退化阶段的土壤速效钾垂直分布呈现先降低后升高的变化趋势。

4) 不同退化阶段土壤剖面有机质含量变化

土壤有机质包括各种动植物残体、微生物及其生命活动的各种有机产物，对土壤的形成及其理化性质的改善有决定性作用，是组成土壤固相的重要部分和土壤肥力的基础物质，能够给植物提供多种营养成分。土壤有机质是土壤测试中重要的基础分析项目。

如图 2-9 所示，不同退化阶段沙冬青灌丛下各层土壤有机质含量变化较为复杂，在整个退化过程中，轻度退化和中度退化沙冬青灌丛下 0～60 cm 土层土壤有机质含量始终高于未退化和重度退化沙冬青灌丛下土壤有机质含量。而重度退化阶段下土壤有机质含量在 0～60 cm 土层中始终低于其他退化阶段。在 60～80 cm 土层中，则表现为未退化及重度退化阶段的土壤有机质含量大于轻度退化和中度退化阶段。

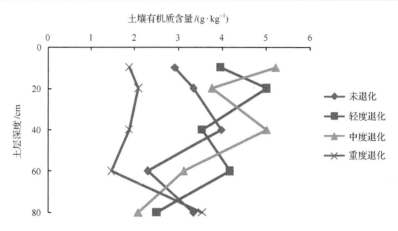

图 2-9　不同退化阶段土壤剖面有机质含量变化

　　未退化与轻度退化阶段的土壤有机质含量垂直分布随着土层的加深呈现先增加后减少再增加的变化趋势，但各土层之间有机质含量的差异并不显著，中度退化阶段土壤有机质的含量随着土层的加深呈先增加再减少再增加再减少的变化趋势，各土层间的差异亦不显著，而重度退化阶段土壤有机质含量在 0～60 cm 土层差异不大，在 60～80 cm 土层则开始显著增加。

　　5) 不同退化阶段土壤剖面 pH 变化

　　土壤酸碱度 (pH) 可反映土壤的熟化，亦能影响土壤微生物及土壤肥力，从而影响地面植被。不同植物具有各自适宜的酸碱度范围，超出范围就会对植株的生长产生影响。同时研究认为，适度降低根系周边土壤 pH，可增加土壤中的养分有效性并促进物质转化与活化，对植物的生长发育有积极影响。

　　由图 2-10 可知，在 0～40 cm 土层中始终呈现轻度退化和中度退化阶段土壤 pH 显著大于未退化和重度退化阶段，且重度退化阶段的 pH 高于未退化阶段，但差

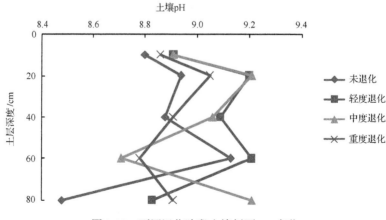

图 2-10　不同退化阶段土壤剖面 pH 变化

异并不显著。在 40～80 cm 土层中，土壤 pH 并未体现出一定的规律性，未退化和轻度退化阶段在 40～60 cm 土层的 pH 大于中度退化和重度退化阶段，而在 60～80 cm 土层中，中度退化阶段土壤 pH 最大，未退化阶段的土壤 pH 最小。

研究区内不同退化阶段沙冬青灌丛土壤 pH 垂直变化规律各异，未退化和轻度退化阶段土壤 pH 随着土层的加深大致呈先增加后减少的趋势，而中度退化和重度退化阶段土壤 pH 随着土层的加深呈先增大后减小再增大的趋势。

6）不同退化阶段土壤剖面电导率变化

土壤的电导率可在一定程度上反映土壤的含盐量。不同退化阶段沙冬青灌丛各层土壤电导率变化如图 2-11 所示，在 0～10 cm 土层不同退化阶段的沙冬青灌丛土壤电导率随着退化程度加深而增加，重度退化阶段的土壤电导率最大，达 0.11。在 10～80 cm 土层，各个退化阶段的土壤电导率在相同土层间的差异并不显著。

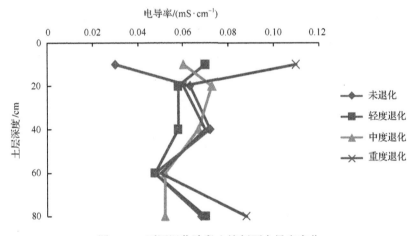

图 2-11　不同退化阶段土壤剖面电导率变化

在土壤电导率的垂直分布上，未退化阶段呈现先升高再降低再升高的变化趋势，轻度退化和中度退化阶段的土层电导率在垂直方向虽然有变化，但是差异并不显著；而在重度退化阶段，土壤电导率在垂直方向呈先减少后增加的变化趋势。

2.2.9.2　土壤物理性质变化

由表 2-7 可知，不同退化群落土壤 0～80 cm 土层的平均土壤含水率、土壤储水量均随着退化的进行表现为先减小后增大，呈未退化＞轻度退化＞重度退化＞中度退化阶段的趋势，未退化阶段的土壤含水率分别比轻度退化、中度退化和重度退化阶段高出 9.11%、52.83%、25.66%，土壤储水量则分别高出 12.02%、

74.08%、45.59%。

表 2-7　不同退化阶段土壤(0～80 cm)物理性质

	含水率/%	土壤储水量/mm	土壤容重/(g·cm⁻³)	土壤孔隙度/%
未退化	4.31±0.59^c	13.70±4.54^b	1.61±0.05^b	34.78±2.73^c
轻度退化	3.95±0.85^b	12.23±4.59^b	1.58±0.04^b	36.49±1.95^{bc}
中度退化	2.82±0.99^a	7.87±3.31^a	1.56±0.04^b	38.14±1.97^{ab}
重度退化	3.43±0.79^b	9.41±3.37^a	1.47±0.01^a	40.91±0.82^a

注：不同字母表示同一指标在不同退化阶段的多重比较结果($P<0.05$)。

0～80 cm 土层土壤容重呈未退化＞轻度退化＞中度退化＞重度退化阶段的趋势，未退化阶段土壤容重分别比轻度、中度和重度退化阶段高出 1.89%、3.11%和 9.52%；土壤孔隙度则随着退化的加剧逐渐增大，呈重度退化＞中度退化＞轻度退化＞未退化阶段的趋势，重度退化阶段的土壤孔隙度分别比未退化、轻度退化和中度退化阶段高出 17.63%、12.11%和 7.26%。

1) 不同退化阶段土壤含水率垂直变化

由图 2-12 可知，不同退化阶段沙冬青群落灌丛下，0～10 cm 土层重度退化阶段土壤含水率显著高于其他三个退化阶段，而在 10～20 cm 土层四个退化阶段的土壤含水率无明显差异；在 20～80 cm 土层间，中度退化和重度退化阶段的土壤含水率低于未退化和轻度退化阶段。

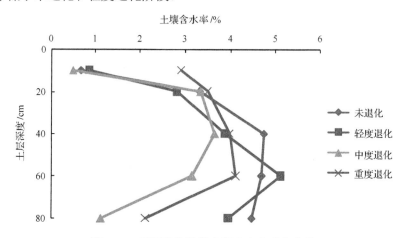

图 2-12　不同退化阶段土壤含水率垂直变化

从不同退化阶段土壤水分的垂直分布来看，未退化阶段的沙冬青灌丛土壤含水率变化趋势为随土层加深而逐渐升高，在 20～40 cm 土层达到最大值后随土层的加深而降低；轻度退化和中度退化阶段沙冬青灌丛的土壤含水率变化趋势表现为随土层深度的增加逐渐升高，分别在 40～60 cm、20～40 cm 土层达到最大值后随土层加深而降低；重度退化阶段的沙冬青灌丛的土壤含水率呈随土层加深逐渐升高的变化趋势，40～60 cm 土层达到最大值后随土层加深而降低。

2) 不同退化阶段土壤储水量垂直变化

土壤储水量是指自然状况下一定土层厚度的土壤能够容纳的实际含水量，以土层深度表示。如图 2-13 所示，不同退化阶段沙冬青群落的表层土(0～10 cm)呈现重度退化阶段土壤储水量大于其他退化阶段；10 cm～20 cm 土层各个退化阶段的土壤储水量之间差异不大；从 20 cm 土层以下，未退化阶段和轻度退化阶段土壤储水量大于重度退化和中度退化阶段，并且随着土层的加深，其相互之间差异越显著。

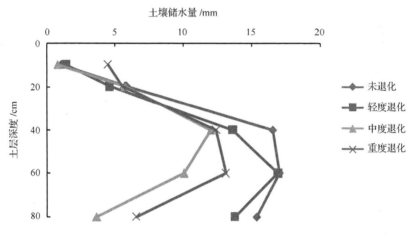

图 2-13　不同退化阶段土壤储水量垂直变化

从土壤储水量的垂直分布来看，不同退化阶段的土壤储水量均呈现随着土层深度的加深先增大后减少的变化趋势，其中未退化、轻度退化和重度退化阶段的土壤储水量峰值出现在 40～60 cm 土层中，而中度退化阶段的土壤储水量峰值出现在 20～40 cm 土层中。

3) 不同退化阶段土壤容重垂直变化

如图 2-14 所示，不同退化阶段沙冬青群落土壤容重在表层土(0～10 cm)呈轻度退化＞中度退化＞未退化＞重度退化阶段；在 10～20 cm 土层呈未退化＞中度退化＞轻度退化＞重度退化阶段的趋势；从 20 cm 土层开始，未退化和轻度退化阶段的土壤容重均大于中度和重度退化阶段，其中重度退化阶段土壤容重在各个土层均显著低于其他三个退化阶段，而中度退化阶段土壤容重从较深层土壤(20～80 cm)开始低于未退化和轻度退化阶段。

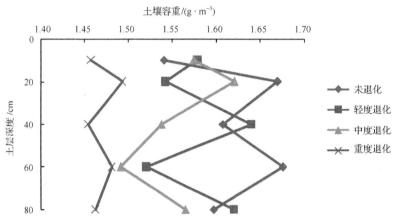

图 2-14　不同退化阶段土壤容重垂直变化

从土壤容重垂直规律看,退化阶段土壤容重均呈现先减少后增加再减少的变化规律,但各个退化阶段的土壤容重的高峰值和低峰值出现的土层并不一致。其中,重度退化阶段的土壤容重在各个土层之间的差异并不显著,维持在 $1.45 \sim 1.50 \ \text{g/cm}^3$。

4)不同退化阶段土壤孔隙度垂直变化

如图 2-15 所示,不同退化阶段下土壤孔隙度在表层土(0~10 cm)呈现重度退化>未退化>中度退化段>轻度退化阶段;10~20 cm 土层呈现重度退化>轻度退化>中度退化>未退化阶段,0~20 cm 土层的土壤孔隙度并没有明显的规律性。而在 20~80 cm 土层中,中度退化和重度退化阶段的土壤孔隙度始终大于未退化和轻度退化阶段的土壤孔隙度。

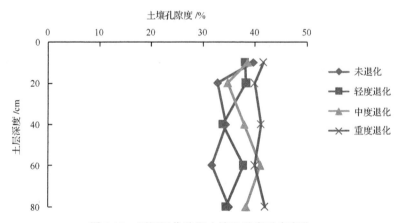

图 2-15　不同退化阶段土壤孔隙度垂直变化

从土壤孔隙度的垂直规律来看,未退化阶段的土壤孔隙度随土层的加深呈先减小后增大的趋势,但 10~60 cm 土层间孔隙度差异不显著;轻度退化和中度退化阶段的土壤孔隙度均随着土层的加深呈先减小后增大的变化趋势；重度退化阶段的土壤孔隙度在各层间差异不显著，但始终高于其他退化阶段。

5) 不同退化阶段土壤机械组成变化

由表 2-8 可以看出，从表层 0～10 cm 的颗粒体积分数来看，不同退化阶段的表层土都由砂粒组成，黏粒和粉粒不存在于表层土中。研究区属于西部荒漠干旱区，常年多大风，细粒物质容易受到吹蚀而脱离表层土。在 10～60 cm 的土层中，未退化阶段和轻度退化阶段的黏粒和粉粒比例在各土层中开始增加，未退化阶段的土壤黏粒在 10～60 cm 土层平均约占 0.3%，粉粒约占 10% 左右；轻度退化阶段的土壤黏粒在 10～60 cm 土层中平均约占 0.23%，粉粒约占 18.3%；而中度退化和重度退化阶段在 10～60 cm 土层土壤中仅含有极少的粉粒，分别占 0.26% 和 0.08%。在 60～80 cm 土层中，未退化和轻度退化阶段的黏粒、粉粒所占比例仍维持在其他土层的所占比例，而中度退化和重度退化阶段土壤粉粒比例在该层开始大量增加。

表 2-8　不同退化阶段土壤颗粒体积分数　　　　　（单位：%）

退化阶段	土层	黏粒	粉粒	砂粒				
				极细砂	细砂	中砂	粗砂	极粗砂
未退化	A	0	0	0	48.42±8.15	50.4±11.4	1.18±0.21	0
	B	0.12±0.08	8.59±4.30	21.22±4.73	59.57±6.39	10.47±6.29	0.03±0.01	0
	C	0.35±0.024	13.18±3.57	20.28±0.05	57.22±4.04	8.97±1.27	0	0
	D	0.25±0.06	8.3±0.23	19.53±3.71	64.77±7.83	7.15±2.31	0	0
	E	0.05±0.013	11.55±5.47	23.1±0.02	59.52±7.56	5.78±0.45	0	0
轻度退化	A	0	0	0	53.16±3.07	46.84±15.18	0	0
	B	0.15±0.04	13.04±5.56	20.73±6.59	56.46±17.69	9.59±3.27	0.02±0.02	0
	C	0.25±0.03	21.09±7.96	22.39±0.24	50.05±15.18	6.22±3.11	0	0
	D	0.28±0.14	20.75±3.75	22.15±11.02	50.84±10.16	5.99±1.32	0	0
	E	0.31±0.15	18.45±9.23	19.9±9.95	53.7±4.01	7.64±3.25	0	0
中度退化	A	0	0	20.22±0.33	78.76±5.31	1.03±0.19	0	0
	B	0	0	0	64.65±6.29	35.35±13.83	0	0
	C	0	0.26±0.07	21.82±9.05	68.64±20.72	9.28±1.95	0	0
	D	0	0	0.09±0.04	59.32±15.21	40.04±5.15	0.55±0.06	0
	E	0.7±0.13	42.93±15.65	16.18±7.62	31.23±9.17	8.95±1.75	0	0
重度退化	A	0	0	14.25±4.15	81.56±6.1	4.18±1.24	0	0
	B	0	0	3.5±1.14	96.49±12.25	0.01	0	0
	C	0	0	13.53±6.3	78.60±21.23	7.88±3.94	0	0
	D	0	0.08±0.05	17.03±2.36	51.39±2.67	8.51±1.16	16.53±6.25	6.17±1.56
	E	1.59±0.79	30.95±8.48	22.7±5.06	20.02±7.37	4.37±1.85	7.73±1.98	6.78±1.75

注：0～10 cm 为 A 层，10～20 cm 为 B 层，20～40 cm 为 C 层，40～60 cm 为 D 层，60～80 cm 为 E 层。

从不同退化阶段土壤砂粒组成来看，除易受吹蚀不稳定的表层土(0～10 cm)外，未退化和轻度退化阶段各土层的砂粒组成呈细砂＞极细砂＞中砂的趋势，细砂占 50%～65%，极细砂占 20%～23%，中砂占 5%～10%；而中度退化和重度退化阶段砂粒组成比例略为复杂，中度退化阶段各层砂粒含量比例不一致，除表层土外，在 10～60 cm 土层中细砂占绝对优势比例为 60%～80%，中砂在 10～60 cm 土层中平均约占 30%，极细砂只分布在 20～40 cm 土层中，而在 60～80 cm 土层中由于土壤中粉粒部分开始大量增加，各种砂粒所占比例开始相应减少；重度退化阶段的土壤颗粒体积分数与中度退化阶段较为相似，除去易受吹蚀、不稳定的表层土 0～10 cm 外，10～60 cm 土层中细砂在各层的分布达到了绝对优势，平均约占 76%，其次是极细砂和中砂，分别平均约占 11%和 4%左右，而在 60～80 cm 土层中土壤中粉粒部分开始大量增加，各种细砂和中砂所占比例开始相应减少，极细砂有所增加。

6) 不同退化阶段土壤理化性质主成分分析

植物群落退化与土壤理化性质之间的关系是复杂的，探明哪些因子在群落退化过程中占主导位置，有利于我们更清楚地了解土壤与植物群落之间的相互关系，从而为日后进行植被恢复提供可靠的参考依据。

从表 2-9 中可以看出不同退化阶段土壤理化性质的特征值和贡献率。前两个主成分贡献率分别为 64.58%和 30.24%。

表 2-9　不同退化阶段土壤理化性质特征值和贡献率

主成分	特征值(λ_q)	贡献率/%	累积贡献率/%
1	6.46	64.58	64.575
2	3.02	30.24	94.818
3	0.52	5.18	
4	0.00	0.00	
5	0.00	0.00	
6	0.00	0.00	
7	0.00	0.00	
8	0.00	0.00	
9	0.00	0.00	
10	0.00	0.00	

由表 2-10 可知，不同退化阶段沙冬青群落土壤理化性质的主成分可以表示为
第一主成分：$F_1=0.995X_1+0.906X_2+0.903X_3-0.905X_4+0.940X_5-0.953X_9$；
第二主成分：$F_2=-0.904X_7+0.857X_8$。

其中，土壤速效养分、土壤有机质、土壤 pH 和土壤容重为第一主成分，土壤含水率和土壤储水量为第二主成分。

表 2-10 不同退化阶段土壤理化性质的主成分载荷

指标	成分	
	1	2
碱解氮(X_1)	0.995	0.050
速效磷(X_2)	0.906	0.421
速效钾(X_3)	0.903	0.425
有机质(X_4)	−0.905	−0.417
土壤 pH(X_5)	0.940	−0.182
电导率(X_6)	−0.389	−0.785
土壤含水率(X_7)	−0.304	0.904
土壤储水量(X_8)	−0.445	0.857
容重(X_9)	−0.953	0.274
孔隙度(X_{10})	0.882	−0.464

将数据进行 min~max 标准化后，带入 F_1、F_2 式中得出主成分值，由表 2-11 可以看出，第一主成分的排序为重度退化＞未退化＞中度退化＞轻度退化阶段；第二主成分的排序为未退化＞轻度退化＞重度退化＞中度退化阶段。

表 2-11 不同阶段土壤理化性质主成分值

退化阶段	第一主成分	排序	第二主成分	排序
未退化	0.1	2	1	1
轻度退化	0.00	4	0.75	2
中度退化	0.02	3	0.00	4
重度退化	1	1	0.34	3

沙冬青群落退化特征可总结如下。

(1)不同退化阶段的所有样方中共出现了 25 种植物，群落物种的组成较为简单，有灌木 10 种、草本 15 种，隶属 8 科 21 属。不同退化阶段沙冬青群落的物种组成、物种数量及物种多样性发生改变，随着退化程度的加剧，植物种数开始增加，生物多样性指数增大，一年生植物种数所占比例升高，同时灌丛的地上生物量及盖度减小，而草本的地上生物量及盖度开始增大，相邻退化阶段的群落系数较大，植物种在各个退化阶段发生着更替。

(2)西鄂尔多斯地区的沙冬青种群缺乏幼苗，自然更新缓慢，仅在重度退化阶段才开始有幼苗的更新。未退化、轻度退化、中度退化阶段沙冬青种群的 Cassie 指标和 Green 指数都小于 0，而重度退化阶段上述两个指标均大于 0；未退化阶段、轻度退化阶段和中度退化阶段沙冬青种群的扩散系数 c 和扩散性指数 I_m 均小于 1，重度退化阶段这两指标均大于 1，沙冬青种群在未退化、轻度退化和中度退化阶段呈均匀分布，而重度退化阶段中沙冬青种群呈集群分布。沙冬青种群的聚集程度表现为重度退化＞轻度退化＞中度退化＞未退化阶段，该地区沙冬青种群可能是由于种群老化而开始衰退，并在退化到一定程度的时候开始自我更新。

(3) 重度退化阶段土壤碱解氮含量比未退化、轻度退化和中度退化阶段分别高出 85.68%、126% 和 78.9%，土壤速效磷含量分别高出 28.5%、47.14% 和 56.67%，土壤速效钾含量分别高出 55.18%、101.24%、128.76%；重度退化阶段土壤有机质含量分别比未退化、轻度退化和中度退化阶段减少了 31.44%、43.37% 和 43.22%。主成分分析显示，植物群落退化对土壤养分有很大的影响。

(4) 未退化阶段的土壤含水率比轻度退化、中度退化和重度退化阶段分别高出 9.11%、52.83%、25.66%，土壤储水量则分别高出 12.02%、74.08%、45.59%，主成分分析显示土壤水分可能是引起群落退化的原因之一。

2.3　沙冬青衰退等级非损伤诊断技术

珍稀濒危物种的保护是一个全球性问题，是生物多样性保护的重要内容。沙冬青是中国北方干旱区最重要的珍稀濒危植物之一，也是中国北方乃至亚洲中部荒漠区唯一常绿阔叶灌木，属第三纪古老植物区系的孑遗，对研究亚洲中部荒漠植被的起源和形成具有较重要的科学价值。此外，由于长期在严酷、恶劣的自然生境中繁衍进化，其保存了耐(适)干旱、耐(适)贫瘠等特殊的抗逆基因，是一种优良的固沙植物，在中国珍稀濒危植物名录中被列为国家三级珍稀濒危保护植物。沙冬青的天然分布具有极强的地域性，目前，全球范围内仅我国西北部、俄罗斯和蒙古有少量分布。

由于其分布范围狭小，生境严酷，天然更新能力差，加之遭受人类活动的破坏，导致出现了不同程度的衰退，生存现状岌岌可危，必须采取有效的措施对其进行繁育和保护。然而，在保护过程中，正确诊断沙冬青植株的生长状态和衰退程度，从而采取相应的人工措施促进其复壮是首先要解决的问题。目前传统调查植株生长状态及评价植物衰退状况的方法大多是测定光合速率、蒸腾速率等生理指标，以及调查生物量和生长势等生长指标，但这些方法比较繁琐耗时，大量的试验或操作不当还会导致植株叶片受到损伤，同时存在以样点代表总体的严重不足。因次，亟需一种快速方便、准确可靠的非接触式无损伤诊断技术。

利用红外成像技术提取表面温度是一项获取生物环境信息的可靠技术，已被广泛应用于植物生理学、植物生态生理学、环境监测和农业领域。早在 20 世纪 80 年代初期，该项技术已经广泛应用于工业、农业、环境保护和科学研究。在植物学方面，该技术被用来研究植物叶片气孔运动、光合特性，最近也被用来研究植物抗旱性、盐胁迫、气孔突变、植物基因类型。

正常情况下，植物的表面温度通过蒸腾失水来维持相对的稳定性，一旦遇到外界胁迫(如干旱等)的影响，就会导致气孔行为发生改变，从而直接反映在一些生理指标(如气孔导度、蒸腾强度等)的改变上。而蒸腾强度的改变通常会改变叶片表面热量损失的程度，继而反映在植物表面温度的改变上，即植物表面温度会随着蒸发蒸腾作用、光合作用及环境因素的改变而变化。尽管受很多外界条件的影响，但蒸腾强度常被用来反馈植物水分状态、气孔关闭和蒸腾衰减。基于这一原理，不少专家学者已将其作为一种水分和环境胁迫的监测指标。

本节拟在利用红外热成像技术的基础上，通过野外现地获取图像、室内运用ENVI 软件提取植被冠层表面温度，同时将其代入"三温模型"理论中计算植被蒸腾扩散系数，进而探索不同衰退程度的沙冬青植被蒸腾扩散系数与其光合参数之间的相关关系，以期为沙冬青衰退程度诊断提供一种快速、准确且无损伤的技术，以此来提高保育水平。

2.3.1　沙冬青衰退等级的划分

2014 年 9 月 26 日和 27 日在自然保护区境内伊克布拉格草原化荒漠生态系统沙冬青群落核心区内进行沙冬青衰退等级划分试验。根据自然条件及沙冬青的实际生长状况，以不同衰退状况、立地条件基本一致及利于连续观测为前提，选择地势平缓区域，设置 50 m×50 m 样地 1 个，样地内灌木盖度达到75%以上，且分布较为集中连片。结合沙冬青灌丛的生长势、新生枝条数量及叶片大小和厚度，依据灌丛枯枝率，可将样地内的沙冬青灌丛分为以下等级：①未衰退群落(枯枝率为 0)；②轻度衰退群落(枯枝率为 0～30%)；③中度衰退群落(枯枝率为 30%～60%)；④重度衰退群落(枯枝率为 60%～90%)。在上述分类的不同衰退等级群落中，采用热红外成像仪拍照法对每个样地中连续拍摄 15～20 个重复，在室内采用ENVI4.8 软件进行温度提取。同时，借助 LI-COR6400 仪器野外实地同步观测沙冬青叶片光合生理生态指标，采用"三温模型"计算不同衰退等级沙冬青灌丛层植被蒸腾扩散系数，并建立数学模型来判定灌丛的衰退程度(表 2-12)。

表 2-12　不同衰退等级样区沙冬青灌丛生长指标

	未衰退灌丛		轻度衰退灌丛		中度衰退灌丛		重度衰退灌丛	
	株高/cm	冠幅/cm^2	株高/cm	冠幅/cm^2	株高/cm	冠幅/cm^2	株高/cm	冠幅/cm^2
均值	152.24	234.65	140.8	203.83	120.55	181.62	137.08	219.42
最大值	176.51	270.5	165.89	250.06	158.34	216.57	158.41	267.49
最小值	95.06	203.64	120.37	187.44	83.27	141.03	90.89	160.57
标准差	8.94	15.93	4.55	10.95	16.16	20.04	12.26	23.64

2.3.2　植被表面温度的获取

1)热红外图像采集

热红外数据观测仪器采用美国公司生产的热成像仪。该仪器的探测器参数为320×240 焦平面阵列，25 μm 间距，无制冷。视场角 23°×17°(水平×垂直)，空间分辨率为 1.3 mrad，光谱波段为 8～14 μm。温度测量范围为–20℃～600℃，分辨率为 0.05℃。相机屏显操作模式为完全热红外光、完全可见光或热红外光-可见光组合图像。在观测日晴朗无云的天气里，选择具有代表性的未衰退、轻度衰退、中度衰退、重度衰退沙冬青各 15～20 株，站在 2 m 高的人字梯上往下拍摄，使得镜头垂直于植被冠层，连续观测 2 天，测量时间点为 9:00、11:00、13:00、15:00、17:00，步长 2 h。采取轮流测定的方法，即相邻的两次测定按相反顺序进行，以消除测定时间上的误差。

将与植物叶片颜色相同的绿色卡纸裁剪成叶片形状，做成一个没有蒸腾的参考叶片，并将参考叶片固定于冠层上部，以避免被其他叶片遮阴。参考叶片安装的倾斜角度、方位等尽量与观测的植物叶片保持一致(图 2-16)。

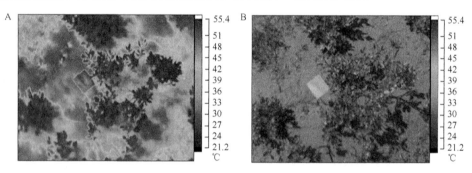

图 2-16　沙冬青冠层的热红外图像(A)和彩色可见光图像(B)

2)热红外图像提取

将采集的热红外图像，在室内利用 ENVI4.8 软件，提取感兴趣区域(指树冠，尤其是参与光合蒸发作用的树叶而非地面或天空及模拟叶片部分)对应的所有像元温度，随后进行一定的统计分析，取其平均值，最终获取目标区域的温度信息数据。

2.3.3　生理生态指标的测定

1)叶片温度的计算

根据三温模型公式：

$$T = R_n - R_{np} \frac{T_c - T_a}{T_p - T_a}$$

式中，T 是蒸腾速率($MJ \cdot m^{-1} \cdot d^{-1}$)；$R_n$ 和 R_{np} 是冠层和没有蒸腾的参考冠层的净辐射($MJ \cdot m^{-1} \cdot d^{-1}$)；$T_c$ 是冠层温度；T_p 是没有蒸腾的参考冠层温度(本研究中为了模拟瞬间温度参考的叶片，采用白卡纸涂上与不同衰退等级叶片颜色尽量相近的颜色来表示没有蒸腾的参考灌丛的瞬时温度)；T_a 是气温(温度单位是℃)。

2) 叶片光合参数的测定

在热红外图像采集的样本区，采集红外图像的同时，另一组试验人员利用便携式光合测定系统(LI-COR6400, USA)测定不同株龄沙冬青叶片的光合生理指标。测定时，选取植株中上部 3 个方向的生长健康完整且大小相似的叶片，保持自然着生角度和方向不变，每 2 h 测量 1 次，每片叶重复测试 3 次，每个株龄测定 3 株，连续测定 2 天。测定指标包括：叶片气孔导度(G_s, mol $H_2O \cdot m^{-2} \cdot s^{-1}$)、蒸腾速率($T_r$, mmol $H_2O \cdot m^{-2} \cdot s^{-1}$)和净光合速率($P_n$, μmol $CO_2 \cdot m^{-2} \cdot s^{-1}$)，最后导出 G_s、T_r 和 P_n 数据，用于统计分析。植物叶面积测定采用图像扫描技术。

3) 冠层植被蒸腾扩散系数的计算

根据植被蒸腾扩散系数公式：

$$h_{at} = \frac{T_c - T_a}{T_p - T_a}$$

式中，h_{at} 是植被蒸腾扩散系数；T_a 是气温(温度单位是℃)；T_p 是没有蒸腾的参考冠层温度(本研究中为了模拟瞬间温度参考的叶片，采用白卡纸涂上与不同衰退等级叶片颜色尽量相近的颜色来表示没有蒸腾的参考灌丛的瞬时温度)；T_c 是冠层温度。

通过对方程的理论分析，可以得出植物健康指数的取值范围为 $h_{at} \leqslant 1$。该范围把蒸腾速率明显界定在最小蒸腾速率(0)到最大蒸腾速率(潜在蒸腾速率)之间。当 $T_c = T_p$ 时，h_{at} 取最大值($h_{at} = 1$)，对应的植被蒸腾量有最小值(蒸腾量=0)，该极限值受土壤和植物水分供给的限制；相反，当 h_{at} 取最小值时，相应的植被蒸腾量有最大值(潜在蒸腾量)，该极限值取决于可获得的用于蒸腾的能量(太阳辐射等)和水汽传输速度(水汽压梯度等)，即受蒸腾耗能的供给状况(大气条件)的限制。当植被无水分亏缺或不受环境胁迫时，蒸腾扩散系数有最小值；当植被受到最大水分亏缺或环境胁迫时，蒸腾扩散系数有最大值。

2.3.4 不同衰退等级沙冬青生理生态特征

2.3.4.1 沙冬青灌丛叶片温度的变化

试验于 2014 年 9 月 26 日和 27 日两天进行，这两日天气晴朗，无风。从图 2-17 可以看出，一天之内，T_p、T_a、T_c 变化规律一致，均是随着时间的推移呈现"单峰"曲线特征，且在一天当中，T_a、T_p及沙冬青叶片温度均在 13:00 达到峰值。图 2-17A 为 26 日不同衰退等级沙冬青灌丛叶片温度的变化，可以发现沙冬青灌丛叶片温度均高于该时刻的气温 T_a，这表明沙冬青叶片具有吸收太阳热量的作用。随着沙冬青灌丛由未衰退至重度衰退，沙冬青灌丛衰退越严重，同一时刻叶片的温度越高，且均低于 T_p；沙冬青衰退程度越低，其叶片温度与大气温度 T_a 越接近，与对照卡片温度 T_p 温差越大。其中，未衰退沙冬青叶片温度与大气温度 T_a 最接近，仅比大气温度 T_a 平均高出 1.32℃，而轻度衰退、中度衰退及重度衰退沙冬青灌丛叶片温度平均比大气温度分布高出 2.06℃、2.84℃、3.96℃。

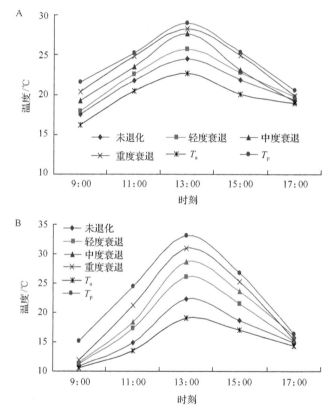

图 2-17 不同衰退等级沙冬青灌丛 T_c、T_a、T_p 变化曲线

A、B 分别是 9 月 26 日和 9 月 27 日

2.3.4.2 沙冬青灌丛植被蒸腾扩散系数的变化

植被蒸腾扩散系数(h_{at})是评价植被的水分状况和植被环境质量的重要指标之一。植被蒸腾扩散系数越低，表明植被的水分状况越好，植被的蒸腾量越高，植被水分亏缺越少，生长越旺盛；反之，植被蒸腾扩散系数越高，表明植被的

水分状况越差，植被的蒸腾量越低，植被水分亏缺越严重，生命力越差，衰退也越严重。

从图 2-18 可以看出，9 月 26 日和 27 日不同衰退等级沙冬青灌丛植被蒸腾系数（h_{at}）日变化规律均表现出先降低后升高的趋势，且均在 13:00 达到最低值。从图 2-18A 可以看出，不同衰退等级沙冬青灌丛植被蒸腾系数在各时刻均存在不同差异，在 13:00 差异最为明显，h_{at} 的大小顺序表现为未衰退（0.28）<轻度衰退（0.32）<中度衰退（0.49）<重度衰退（0.60）；而在 9:00 和 17:00，不同衰退等级沙冬青灌丛植被蒸腾系数间的差异最小。9 月 26 日不同衰退等级沙冬青灌丛日均植被蒸腾系数表现为未衰退<轻度衰退<中度衰退<重度衰退，其均值分别为 0.486、0.528、0.616 和 0.670。经差异性分析表明，未衰退沙冬青灌丛植被蒸腾系数与轻度衰退差异性不显著（$P>0.05$），而轻度衰退和中度衰退沙冬青灌丛植被蒸腾系数差异性达到了显著水平（$P<0.05$）。

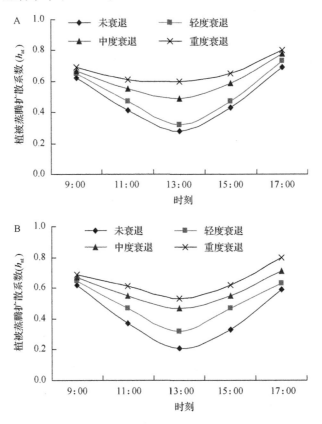

图 2-18　不同衰退等级沙冬青灌丛植被蒸腾扩散系数 h_{at} 变化曲线

从图 2-18B 可以看出，9 月 27 日沙冬青灌丛植被蒸腾量增加，表现为灌丛植被蒸腾系数较 9 月 26 日整体有所降低。不同衰退等级沙冬青灌丛植被蒸腾系数表现出来的日动态变化规律与 9 月 26 日一致，均在 13:00 达到最低值。9 月 27 日不同衰退等级沙冬青灌丛日均植被蒸腾系数表现为未衰退(0.424)<轻度衰退(0.478)<中度衰退(0.590)<重度衰退(0.650)。经差异性分析表明，未衰退沙冬青灌丛植被蒸腾系数与轻度衰退差异性依然不显著($P>0.05$)，而轻度衰退与中度衰退和重度衰退均达到显著水平($P<0.05$)和极显著水平($P<0.01$)。

2.3.4.3　沙冬青灌丛叶片蒸腾速率的变化

蒸腾作用能够降低植株叶片的表面温度。一般情况下，植物蒸腾作用越强，植物叶片表面温度也就越低；反之，植物蒸腾作用越弱，植物叶片表面温度也相对较高。图 2-19A 和 B 分别是在 9 月 26 日和 9 月 27 日测定的不同衰退等级沙冬青灌丛叶片不同时刻的叶片蒸腾速率 T_r。

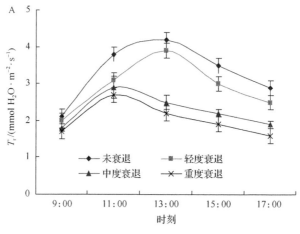

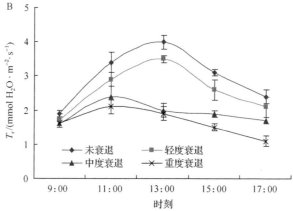

图 2-19　不同衰退等级沙冬青灌丛叶片蒸腾速率变化曲线

A、B 分别是 9 月 26 日和 9 月 27 日

如图 2-19A 所示,不同衰退等级的沙冬青灌丛叶片蒸腾速率 T_r 日变化为"单峰"曲线,且总体表现为未衰退＞轻度衰退＞中度衰退＞重度衰退,但在 9:00 时,不同衰退等级沙冬青叶片的蒸腾速率间差异性不显著($P < 0.05$)。未衰退和轻度衰退沙冬青灌丛植株的蒸腾速率在 13:00 前后达到最大值,分别约为 4.2 mmol $H_2O \cdot m^{-2} \cdot s^{-1}$、3.9 mmol $H_2O \cdot m^{-2} \cdot s^{-1}$,而中度衰退和重度衰退沙冬青灌丛叶片蒸腾速率在午时 11:00 达到峰值,其值分别为 2.9 mmol $H_2O \cdot m^{-2} \cdot s^{-1}$ 和 2.7 mmol $H_2O \cdot m^{-2} \cdot s^{-1}$。在 11:00,未衰退沙冬青灌丛叶片蒸腾速率显著高于轻度衰退、中度衰退和重度衰退沙冬青灌丛($P < 0.05$),而轻度衰退、中度衰退和重度衰退沙冬青灌丛叶片蒸腾速率间差异不显著($P > 0.05$);从 11:00 以后,未衰退和轻度衰退沙冬青灌丛叶片蒸腾速率间差异不显著($P > 0.05$),却显著高于中度衰退和重度衰退沙冬青灌丛($P < 0.05$)。9 月 26 日,未衰退、轻度衰退、中度衰退和重度衰退沙冬青植物叶片平均蒸腾速率分别为 3.3 mmol $H_2O \cdot m^{-2} \cdot s^{-1}$、2.9 mmol $H_2O \cdot m^{-2} \cdot s^{-1}$、2.26 mmol $H_2O \cdot m^{-2} \cdot s^{-1}$ 和 2.02 mmol $H_2O \cdot m^{-2} \cdot s^{-1}$。

如图 2-19B 所示,在 9:00 时,不同衰退等级沙冬青叶片的蒸腾速率间差异性不显著($P < 0.05$)。未衰退和轻度衰退沙冬青灌丛叶片蒸腾速率在 9:00 以后显著高于中度衰退和重度衰退沙冬青灌丛。未衰退和轻度衰退沙冬青灌丛叶片蒸腾速率在 13:00 分别达到峰值,其蒸腾速率分别为 4.0 mmol $H_2O \cdot m^{-2} \cdot s^{-1}$ 和 3.5 mmol $H_2O \cdot m^{-2} \cdot s^{-1}$,而中度衰退和重度衰退沙冬青灌丛叶片蒸腾速率均在 11:00 达到峰值,其蒸腾速率分别为 2.4 mmol $H_2O \cdot m^{-2} \cdot s^{-1}$ 和 2.1 mmol $H_2O \cdot m^{-2} \cdot s^{-1}$。9 月 27 日,不同衰退等级沙冬青灌丛叶片日均蒸腾速率分别为未衰退 2.96 mmol $H_2O \cdot m^{-2} \cdot s^{-1}$、轻度衰退 2.56 mmol $H_2O \cdot m^{-2} \cdot s^{-1}$、中度衰退 1.92 mmol $H_2O \cdot m^{-2} \cdot s^{-1}$ 和重度衰退 1.64 mmol $H_2O \cdot m^{-2} \cdot s^{-1}$。

2.3.4.4 沙冬青灌丛叶片气孔导度的变化

气孔限制是引起光合速率下降的主要因素之一。植物叶片气孔导度越强,叶片光合速率越大;反之,植物叶片气孔导度越弱,叶片光合速率越低。

如图 2-20A 所示,不同衰退等级沙冬青灌丛叶片气孔导度 G_s 的日变化呈现"单峰"曲线特征,且表现为未衰退＞轻度衰退＞中度衰退＞重度衰退,均在 11:00 达到峰值,分别为 0.168 mol $H_2O \cdot m^{-2} \cdot s^{-1}$、0.148 mol $H_2O \cdot m^{-2} \cdot s^{-1}$、0.128 mol $H_2O \cdot m^{-2} \cdot s^{-1}$ 和 0.082 mol $H_2O \cdot m^{-2} \cdot s^{-1}$。其中,在 9:00 时,不同衰退等级沙冬青灌丛叶片气孔导度间差异不显著($P > 0.05$)。在 9:00 以后,重度衰退沙冬青灌丛叶片气孔导度显著低于其他衰退等级沙冬青灌丛。重度衰退沙冬青灌丛叶片气孔导度分别较未衰退、轻度衰退和重度衰退降低了 51.19%、44.59% 和 35.94%。

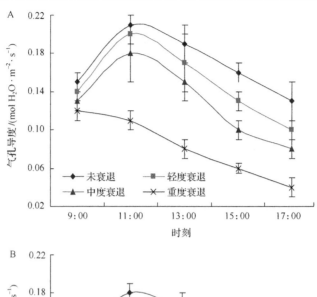

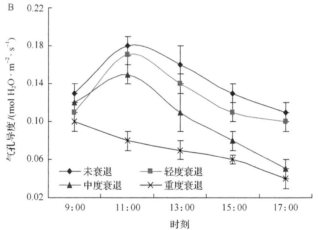

图 2-20　不同衰退等级沙冬青灌丛叶片气孔导度变化曲线

A、B 分别是 9 月 26 日和 9 月 27 日

如图 2-20B 所示，在 9 月 27 日，除了重度衰退沙冬青灌丛叶片气孔导度的日动态变化呈现持续降低的趋势外，未衰退、轻度衰退和中度衰退沙冬青灌丛叶片气孔导度均呈现"单峰"曲线，同样在 9:00，不同衰退等级沙冬青灌丛叶片气孔导度间差异不显著（$P>0.05$）。在 17:00，未衰退和轻度衰退沙冬青灌丛叶片气孔导度间差异不显著（$P>0.05$），却显著高于中度衰退和重度衰退沙冬青灌丛，而中度衰退和重度衰退沙冬青灌丛叶片气孔导度间差异也同样不显著（$P>0.05$）。不同衰退等级沙冬青灌丛叶片平均气孔导度分别为未衰退 0.142 mol $H_2O \cdot m^{-2} \cdot s^{-1}$、轻度衰退 0.126 mol $H_2O \cdot m^{-2} \cdot s^{-1}$、中度衰退 0.102 mol $H_2O \cdot m^{-2} \cdot s^{-1}$ 和重度衰退 0.070 mol $H_2O \cdot m^{-2} \cdot s^{-1}$。

2.3.4.5 沙冬青灌丛叶片净光合速率的变化

植物生物量的累积实际上就是光合作用同化产物的增加，所以净光合速率的大小可以反映沙冬青灌丛叶片的生命活力和衰退的程度。

如图 2-21A 所示，除了重度衰退沙冬青灌丛叶片净光合速率 P_n 呈现持续降低外，未衰退、轻度衰退和中度衰退沙冬青灌丛叶片净光合速率均呈现"单峰"曲线，且净光合速率显著高于重度衰退沙冬青灌丛($P<0.05$)。而未衰退和轻度衰退沙冬青灌丛净光合速率在 9 月 26 日各时刻中差异均不显著($P>0.05$)，表明在轻度衰退条件下沙冬青灌丛叶片净光合速率受影响不明显，而在中度衰退以后沙冬青灌丛叶片净光合速率显著降低。不同衰退等级沙冬青灌丛叶片净光合速率分别为未衰退 16.7 μmol $CO_2 \cdot m^{-2} \cdot s^{-1}$、轻度衰退 16.2 μmol $CO_2 \cdot m^{-2} \cdot s^{-1}$、中度衰退 14.04 μmol $CO_2 \cdot m^{-2} \cdot s^{-1}$ 和重度衰退 9.8 μmol $CO_2 \cdot m^{-2} \cdot s^{-1}$。

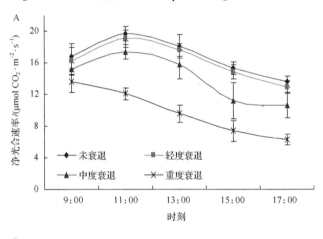

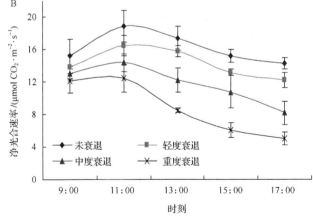

图 2-21 不同衰退等级沙冬青灌丛叶片净光合速率变化曲线

A、B 分别是 9 月 26 日和 9 月 27 日

从图 2-21B 可以看出，不同衰退等级沙冬青灌丛叶片净光合速率 P_n 在 9 月 27 日均呈现"单峰"曲线特征。在每一时刻叶片净光合速率均表现出未衰退＞轻度衰退＞中度衰退＞重度衰退，只是在 9:00，不同衰退等级沙冬青灌丛叶片净光合速率间差异性不显著($P > 0.05$)。9 月 27 日，不同衰退等级沙冬青灌丛叶片平均净光合速率分别为未衰退 16.20 $\mu mol\ CO_2 \cdot m^{-2} \cdot s^{-1}$、轻度衰退 14.34 $\mu mol\ CO_2 \cdot m^{-2} \cdot s^{-1}$、中度衰退 11.76 $\mu mol\ CO_2 \cdot m^{-2} \cdot s^{-1}$ 和重度衰退 8.84 $\mu mol\ CO_2 \cdot m^{-2} \cdot s^{-1}$。

2.3.5 沙冬青蒸腾扩散系数与光合参数回归模型

将不同衰退等级的沙冬青蒸腾扩散系数 h_{at} 与单叶蒸腾速率(T_r)、气孔导度(G_s)、净光合速率(P_n)分别进行相关分析，建立并选择最优回归模型。

由表 2-13 可知，基于相关指数 R^2 最大、标准误最小及 $P < 0.01$ 原则，选择 h_{at} 与 T_r、G_s、P_n 的最优方程。不同株龄的植株，植被蒸腾扩散系数与其对应的光合参数之间，满足对数回归方程 $Y = a - b\ln x$，式中，Y 为光合参数 P_n、G_s 和 T_r；x 为植被蒸腾扩散系数 h_{at}；a、b 为常数。

表 2-13 不同衰退等级沙冬青光合参数(T_r、G_s、P_n)随蒸腾扩散系数(h_{at})变化回归分析模型

不同衰退等级	模型方程	R^2	模型序号
未衰退	$T_r = 1.153 - 2.095\ln(h_{at})$	0.801^{**}	1
	$G_s = 0.069 - 0.133\ln(h_{at})$	0.824^{**}	2
	$P_n = 6.846 - 9.526\ln(h_{at})$	0.811^{**}	3
轻度衰退	$T_r = 0.692 - 1.850\ln(h_{at})$	0.873^{**}	4
	$G_s = 0.156 - 2.554\ln(h_{at})$	0.774^{**}	5
	$P_n = 5.489 - 3.824\ln(h_{at})$	0.832^{**}	6
中度衰退	$T_r = 3.488 - 2.150\ln(h_{at})$	0.780^{**}	7
	$G_s = 0.380 - 0.134\ln(h_{at})$	0.722^{**}	8
	$P_n = 8.356 - 1.466\ln(h_{at})$	0.680^{**}	9
重度衰退	$T_r = 5.820 - 1.325\ln(h_{at})$	0.823^{**}	10
	$G_s = 1.254 - 0.370\ln(h_{at})$	0.728^{**}	11
	$P_n = 3.557 - 12.190\ln(h_{at})$	0.803^{**}	12

**表示 0.01 极显著检验水平。

表 2-14 为 h_{at} 与 T_r、G_s、P_n 分别进行两变量相关分析结果。由表可见，相关系数均为 $P < 0.01$，差异极显著。结果表明，h_{at} 变量分别与 T_r、G_s、P_n 间存在着极显著的负相关关系，即 h_{at} 均随 P_n、G_s 和 T_r 的增大而减小，具有较好的拟合值，表明 h_{at} 与 P_n、G_s 和 T_r 能同步反映出植物的生长状态。

表 2-14 不同株龄的沙冬青蒸腾扩散系数与光合参数的相关关系

不同衰退等级	光合参数		
	T_r	G_s	P_n
未衰退 h_{at}	-0.835^{**}	-0.862^{**}	-0.887^{**}
轻度衰退 h_{at}	-0.868^{**}	-0.770^{**}	-0.712^{**}
中度衰退 h_{at}	-0.827^{**}	-0.779^{**}	-0.864^{**}
重度衰退 h_{at}	-0.859^{**}	-0.802^{**}	-0.795^{**}

**表示 0.01 极显著检验水平。

小　结

(1)同一天内，不同衰退程度的沙冬青植被蒸腾扩散系数总体表现为重度衰退＞中度衰退＞轻度衰退＞未衰退。根据蒸腾扩散系数的日均值，将未衰退、轻度、中度衰退和重度衰退沙冬青植株的衰退等级初步划分为＜0.50、0.50～0.65、＞0.65。

(2)与 h_{at} 的日变化表现相反，不同衰退等级的沙冬青光合参数的日变化总体表现为未衰退＞轻度衰退＞中度衰退＞重度衰退，即植被蒸腾扩散系数 h_{at} 值越高，P_n、G_s 和 T_r 值相应越低。

(3)未衰退、轻度衰退、中度衰退、重度衰退的沙冬青植被蒸腾扩散系数与叶片蒸腾速率(T_r)、气孔导度(G_s)、净光合速率(P_n)均呈极显著负相关关系，表明 h_{at} 与 P_n、G_s 和 T_r 能同步反映出植物的生长状态。通过建立 h_{at} 与光合参数的回归模型 $Y=a-b\ln x$(式中，Y 为光合参数 P_n、G_s 和 T_r；x 为植被蒸腾扩散系数 h_{at}；a、b 为常数)，为进一步利用 h_{at} 诊断植物衰退程度提供了可靠依据。

3 沙冬青平茬复壮技术

内蒙古自治区幅员辽阔，自然条件复杂多样，森林、草原和荒漠广泛分布，植物资源丰富多彩，其中有不少植物种类是我国特有或其他地区已灭绝的古老孑遗植物。1984 年国家公布的《中国珍稀濒危保护植物名录》(第一册)中收录的 389 种保护植物中荒漠种类有 16 种，其中内蒙古有 11 种，部分还是内蒙古地区特有种，它们集中分布于阿拉善及西鄂尔多斯的荒漠地区。这 11 种荒漠珍稀濒危植物多为荒漠建群种或优势种，在保护区中主要的 4 个属(绵刺属、沙冬青属、四合木属、半日花属)均为第三纪古老荒漠区系的残余成分，在荒漠植物中意义重大，长期在严酷、恶劣自然生境中繁衍进化，保存了特殊的抗逆基因，这些基因亟待保护和利用，是人类开展遗传工程研究的宝贵基因库。这些荒漠珍稀濒危植物的保护与研究，对研究亚洲中部荒漠，特别是我国荒漠植物区系的起源及与地中海植物区系的联系具有重要的科研价值。20 世纪以来，由于受气候因素(风沙大、降雨少、蒸发强、气温高且呈逐年上升趋势)和人为因素(过度放牧、开垦、樵采、开矿等)的影响，这些珍稀濒危植物的自然生境受到严重破坏，最严重的地段甚至出现了许多不可逆转的变化，使得濒危植物的数量急剧减少，生存现状岌岌可危，处于濒危灭绝的境地。

位于内蒙古西部的西鄂尔多斯地区，生态系统非常脆弱，但却是我国重要的保护多种珍稀濒危植物的地区之一。在恶劣干旱的自然条件下，生长多年的沙冬青地上部分逐渐衰老干枯，新枝的萌发能力逐渐减弱，因此探索沙冬青的最佳繁殖栽培技术一直是人们关注的焦点。目前关于沙冬青繁育更新的研究主要集中在播种育苗方面，而在平茬更新复壮方面目前还鲜有报道。大多数植物具有"顶端优势"的生物学特性。冬季，根部积累的养分达到最大量，经过"平茬"的刺激作用，其根颈部上端第一个不定芽，在根部积累的大量养分供应下，生长旺盛，少病虫危害，苗木主干不仅长得高，而且通直粗壮，优质化程度大大提高，生长速度和苗木的通直性都超过用常规繁育苗木技术同期培育的苗木。鉴于这些珍稀濒危植物的科学研究价值、在荒漠地区自然生态平衡中的重要作用，以及由于受多种因素综合影响已处于濒临灭绝状况的实际情况，开展珍稀濒危植物种质资源保护，探索快速繁育、更新复壮的方法已成为当务之急，对挽救这些珍稀濒危植物具有重要的意义。本章通过研究沙冬青老林复壮和平茬技术，对西鄂尔多斯国家级自然保护区的沙冬青灌丛进行平茬，使得老化、干枯、多病、濒临死亡的沙冬青灌丛得到更新恢复，增强生态防护效能，进一步做好沙冬青的保护工作，对提高半干旱荒漠草原地区沙冬青的生态利用和沙区保护有重要意义。

3.1 留茬高度对沙冬青生长特性的影响

3.1.1 样地设置与平茬

1) 样地设置

根据试验区(蒙西镇)的自然条件及植被的实际生长状况,以利于灌丛生长为前提,进行平茬地块的选择:灌木盖度达到60%以上,且分布较为集中连片;地势平缓,无较大沙丘。由于试验区风沙危害较为严重,为防止造成风蚀沙化,进行隔带平茬,留设防护带。样带的走向与主害风方向垂直,每个平茬带宽20 m,带间距(即为防护带)40 m。茬口要平滑,无劈茬裂口,对平茬示范区实施封围,严禁人为破坏及牲畜啃食、践踏破坏。种群结构动态调查采用典型抽样法。根据代表性和典型性原则,选择立地条件和优势植物种类一致的地段,设置面积10 m× 10 m 的5块样方进行跟踪调查。

2) 平茬试验

2011 年 3 月初,在试验区进行沙冬青的手工平茬试验,同一灌丛采取相同的平茬高度,进行整丛同一个高度的平茬,平茬高度分别为–3 cm(地下)、0 cm(齐地面)、3 cm、5 cm、10 cm、15 cm,同时以未平茬作为对照,用手工完成10组重复;同一灌丛采取不同平茬高度进行,–3 cm(地下)、0 cm(齐地面)、3 cm、5 cm、10 cm、15 cm,以新生根际萌生枝作为对照,6 种处理各平茬3~5枝,由手工平茬完成10组重复;同一灌丛不同基径,划分为4个径级,每个径级平茬3~5枝,采用手工平茬5 cm,进行 10 组重复;同一灌丛采用手工平茬5 cm,一半涂油漆,另一半不涂,进行 10 组重复。

3.1.2 生长特性指标测定

为了对比平茬复壮效果,在平茬前后需测定以下指标:

(1)地径:每丛中选取 3~5 枝最粗的枝,取均值作为灌丛地径;基径即是萌生枝条的直径;

(2)株高:选取每丛中最高一株测定自然高度;一级分枝长度指绝对长度;

(3)冠幅:对灌丛进行东西和南北两个方向的冠幅测定;

(4)分枝数:全部数出单丛分枝数;

(5)生物量:每块样地内选择标准丛(由平均地径、平均高、平均冠幅、平均分枝数确定)3 丛,整株砍掉,测定生物量,再从中选出标准枝 3~5 枝,测定生物量。之后带回实验室在烘箱中用 80℃烘至恒重测定干重,推算单丛生物量、单位面积总生物量。根据每木检尺结果选择生长指标参数接近平均值的小格子样方，将小格子内的植株全部刈割并分为活枝、死枝和叶三部分分别进行称重。

单丛生物量=(标准枝干重/标准枝鲜重)×丛鲜重

单位面积总生物量=单丛生物量×灌丛密度

灌丛的株高、冠幅、枝长采用精确度为 0.1 cm 的盒尺测量；灌丛的基径用精确度为 0.01 mm 游标卡尺贴地面测量。生物量采用台秤进行称重。

(6)观测物候期。

3.1.3　不同留茬高度沙冬青高度生长对比

沙冬青生长旺盛季一般是从 5 月开始，因此不管平茬与否，5~9 月都是沙冬青丛高快速生长时期，因此在每年的 10 月中旬，测量灌丛高度，作为当年植株平茬后丛高的生长量。不同留茬高度下，沙冬青丛高生长变化如图 3-1 所示。

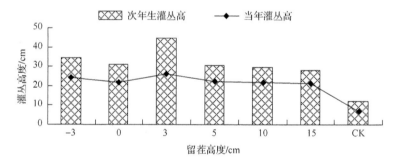

图 3-1　不同留茬高度的灌丛高度

从图 3-1 可以看出，经平茬处理的沙冬青丛高生长较快。采用不同留茬高度进行平茬的植株，当年丛高生长差异性不显著，但次年丛高生长高度具有差异。尤其采用留茬高度 3 cm 处理的次年生灌丛高与其他处理之间存在显著的差异，第二年生长季末灌丛生长高度 44.5 cm，而在留茬 15 cm 处理下，丛高生长比其他 5 种平茬处理生长较慢，但丛高也达到 28.3 cm。6 个处理下丛高每年生长高度都极显著大于未平茬沙冬青灌丛年生长高度的增量，这说明平茬能够促进沙冬青高生长，有助于提高单位面积沙冬青的生物量。

3.1.4　不同留茬高度沙冬青新枝数量对比

在该研究区，沙冬青萌动一般从 4 月开始，因而分别在 2011 年、2012 年 9 月底对 2011 年 3 月下旬进行的平茬试验进行了两次一级分枝数量的统计，分枝数量结果见表 3-1。

表 3-1 不同平茬高度沙冬青枝条平均新枝量统计

时间	平茬处理						未平茬 (CK)
	−3 cm	0 cm	3 cm	5 cm	10 cm	15 cm	
2011 年 9 月	27.3	25.5	37.4	23.3	28.3	23.5	6.3
2012 年 9 月	42.4	48.5	62.3	44.5	40.0	37.5	10.5

由表 3-1 可知,经过平茬后,不同留茬高度下的沙冬青萌发枝条的数量均比未平茬的高,平均高了 5 倍左右。以 2011 年 9 月的数据为例,留茬高度 3 cm 的沙冬青当年萌发的新生枝条数最多,均值为 37.4 条,是对照的 5.9 倍;留茬高度 15 cm 处理下的新枝条数量最少,仅为 23.5 条,但也是对照的 3.7 倍,各处理之间都远高于未平茬的新生枝条数量。从表 3-1 可以看出,各处理间当年生新枝量明显比第二年新萌生的枝条数量多,且经平茬处理的沙冬青萌蘖丛当年生萌发量显著高于第二年萌发量。截至 2012 年 9 月,不同的留茬高度处理下,沙冬青新生一级分枝总量的大小关系为:留茬高度 3 cm>留茬高度 0 cm>留茬高度 5 cm>留茬高度−3 cm>留茬高度 10 cm>留茬高度 15 cm>CK。因此,表 3-1 说明,平茬沙冬青的留茬高度为 3 cm,其萌条数量最多。

3.1.5 不同留茬高度沙冬青生长量对比

对比不同留茬高度的沙冬青生长量,共监测 2 个指标:新枝长度和新枝基径。经方差分析可知,平茬当年生长季末各处理之间差异不显著,经过一个冬季,通过平茬区水分和养分的积累,2012 年 9 月不同留茬高度沙冬青的生长量表现出显著的差异性。平茬后同一年份的新生枝条长度均比未平茬的新生枝条长,留茬高度 3 cm 的沙冬青灌丛萌生的一级分枝经过两年的生长,萌蘖枝长度已达 45.9 cm,比对照增加了 33.2 cm,最短的分枝长度出现在留茬高度为 15 cm 时,其分枝平均长度为 23.6 cm,比对照增加了 10.9 cm。而且,不同留茬高度下,留茬高度 3 cm 的新生枝条长度在各处理间是最长的,留茬高度 0 cm 的新生枝条长度为 38.2 cm,且经方差分析与留茬高度 3 cm 处理下的新枝长度差异性不显著。经过 2 年的恢复生长,不同留茬高度下的新枝长度大小关系为:留茬高度 3 cm>留茬高度 0 cm>留茬高度−3 cm>留茬高度 5 cm>留茬高度 10 cm>留茬高度 15 cm>CK。

不同留茬高度对新枝基径的影响存在显著的差异,从图 3-2 中可以得出,不同留茬高度下的新枝基径均比未平茬的新枝基径粗。平茬后经过 2 年的生长,留茬高度为 3 cm 时的新枝基径已达 9.98 mm。其变化规律与新枝长度的变化趋势相似,均为留茬高度 3 cm 处理下的沙冬青新枝长度最长、基径最粗,而且随着留茬高度的增加,新枝基径逐渐减小,这可能是由于茬口过高,水分流失严重,影响其恢复生长的能力,造成灌丛生长缓慢,甚至有干枯死亡的趋势。经方差分析,留茬高度 0 cm 和留茬高度 3 cm 处理后的沙冬青生长量与其他处理间存在较大的差异，但两者之间的差异不显著。因此，留茬高度不易过高，0～3 cm 是最适合的留茬高度，且是在机械平茬实际操作过程中较容易把握的高度。

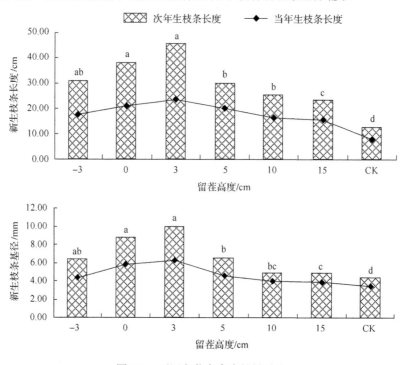

图 3-2　不同留茬高度生长量对比

3.1.6　同一灌丛不同留茬高度对生长的影响

1）新生一级分枝数量的年变化

平茬后，经过 2 年的恢复生长，留茬高度–3 cm、0 cm、3 cm、5 cm、10 cm 和 15 cm 的沙冬青萌蘖一级分枝数分别是 10.4 条、12.5 条、11.3 条、6.5 条、5.5 条和 7.5 条。经方差分析，各处理间无显著的差异，且远远低于相同留茬高度下整丛平茬的沙冬青新萌生的枝条数量。这主要是进行同一灌丛平茬的茬桩萌蘖的面积大，可生产更多的萌蘖芽(表 3-2)。

表 3-2　同一灌丛不同平茬高度沙冬青枝条平均新枝量统计

时间	平茬处理					
	–3 cm	0 cm	3 cm	5 cm	10 cm	15 cm
2011 年 9 月	7.3	5.5	7.4	4.3	4.3	4.5
2012 年 9 月	10.4	12.5	11.3	6.5	5.5	7.5

2) 新生一级分枝生长量的年变化

由图 3-3 可知，就平均萌条长度而言，留茬高度 3 cm 处理的沙冬青当年生枝条长度为 12.4 cm，次年生枝长度为 21.5 cm，可见当年新枝生长的长度大于第二年枝条新增量，但两者无显著差异。不同留茬高度处理间与 CK 新枝生长长度差异也不明显。经过 2 年的恢复生长，同一灌丛不同留茬高度下的新枝生长长度大小关系为：留茬高度 3 cm＞留茬高度 0 cm＞留茬高度 5 cm＞留茬高度 10 cm＞留茬高度 15 cm＞留茬高度–3 cm＞CK。就萌条平均基径而言，不同留茬高度处理间，沙冬青当年生枝条基径、次年生枝条基径均低于对照，且经方差分析，与对照的差异性较显著，但不同处理间差异性不大。这可能由于部分刈割使植株受到伤害，枝条水分流失，影响了个体内部营养物质的积累，造成恢复生长缓慢，恢复能力下降。

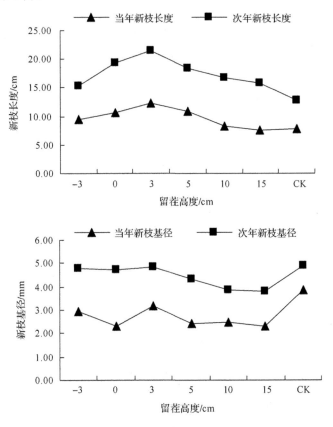

图 3-3 不同留茬高度萌生枝条年变化

为了减小不同灌丛因植株个体差异、立地条件，以及水分、光照等条件的不同，进行同一灌丛不同留茬高度的平茬，再次验证了沙冬青适宜的平茬高度为 0～

3 cm。但是平茬后，由于平茬沙冬青植株局部受到损伤，恢复能力明显低于整丛全部砍掉的沙冬青，因此在沙冬青平茬复壮过程中，应对同一灌丛进行全部平茬或者及时剪掉干枯枝，有利于其恢复生长及更新复壮。

3.2　平茬枝条粗度对沙冬青生长特性的影响

3.2.1　平茬沙冬青次年生枝条生长状况

选择立地条件和生长状况良好的沙冬青，同一沙冬青灌丛母枝基径区间划分为四个等级，分别为：A(20.02～25.26 mm)、B(15.09～19.95 mm)、C(10.23～14.85 mm)、D(4.89～9.98 mm)。留茬高度均为 5 cm，以 2012 年 9 月的数据作对比。

由表 3-3 可知，径级范围在 4.89～25.26 mm 内平茬，同一灌丛不同平茬粗度对萌条数量、长度、基径都有一定影响。其中，平茬粗度在 B 径级范围内，平茬后经过 2 年的生长萌条数最多，萌条的最大长度可达 30.5 cm，最大基径为6.55 mm，平均新萌条数为原茬口数的 3 倍，最多可萌生 16.0 条新枝；平茬粗度在 A 径级范围内的平均枝条数次之，萌条的最大长度和基径都超过了经 B 处理后萌生的枝条，但两种处理间差异不显著；母枝基径 D 范围内平茬萌条数量最少，部分甚至无新萌生的枝条，这可能由于母枝太细，积累的水分和营养物质较少，阻碍了萌条的生长发育。

表 3-3　不同平茬粗度二年生枝条生长统计

母枝径区间/mm	平均枝条数/个	最多枝条数/个	枝条平均直径/mm	枝条基部最大直径/mm	枝条平均长度/cm	枝条最大长度/cm
A	9.3	13.0	5.32	6.80	26.3	31.5
B	12.5	16.0	5.48	6.55	28.3	30.5
C	5.3	7.0	3.04	3.22	15.3	22.5
D	3.3	5.0	2.54	2.98	13.3	20.5

3.2.2　不同平茬粗度对萌蘖枝条长度的影响

由图 3-4 可知，平茬母枝基径为 B 时，萌生枝条恢复生长能力最强。与其他处理相比，2011 年 9 月底，经 B 处理后平均萌蘖枝条长度为 12.5 cm，略低于平茬粗度在 A 范围内的萌生枝条长度(19.0 cm)，但 2012 年 9 月经 B 处理后的萌蘖枝长度为 28.3 cm，增长了 15.8 cm，新增量比当年新枝生长长度有所提高，这可能与 2012 年降雨量及经过一个冬季植株个体内物质积累有关，并且平均枝条长度超过了经 A 处理的。母枝基径为 D 平茬后，当年萌蘖枝条长度最小仅为 6.9 cm，次年增长为 13.3 cm，萌条生长长度仅是平茬粗度在 B 径级范围的 46.8%；平茬母枝基径在 C 的范围内时，次年生枝条长度为 15.3 cm，且生长缓慢。经方差分析，径级范围 A、B 两种处理间差异不大，但与 C、D 相比有较大的差异。

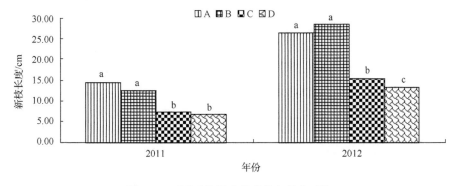

图 3-4 不同平茬粗度萌蘖枝条长度对比

3.2.3 不同平茬粗度对萌蘖枝条基径的影响

由图 3-5 可知，随时间的增加，各母枝基径区间萌蘖新枝基部平均径粗逐渐增大。平茬母枝基径为 B 时，萌生枝条基径增长速度最快，与其他处理相比，2011 年 9 月底平均萌蘖枝条基径为 3.04 mm，次年 9 月萌条枝基径为 5.48 mm，仍保持在各处理间的最大值。与 B 相比，母枝基径范围为 D 时，平茬后，当年萌蘖枝条基径仅为 1.67 mm，基径粗度是 B 的 55.0%，次年增长为 2.54 mm，基径粗度为 B 的 46.4%，显然平茬的母枝基径越细，新生枝条恢复生长的能力越差。因此，不应该对年幼的沙冬青进行平茬，严重影响其恢复生长的速度，甚至造成植株死亡。经方差分析，径级范围 A、B 两种处理间差异不大，但与 C、D 相比有较大的差异，此结果与平茬粗度对萌枝长度的影响表现出了相同的规律。

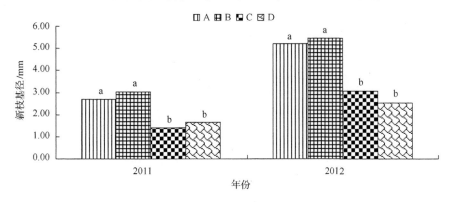

图 3-5 不同平茬粗度萌蘖枝条基径对比

通过观察平茬沙冬青枝条 2 年的恢复生长过程，从不同平茬粗度对沙冬青萌蘖枝条数、萌枝平均长度、萌枝平均基径的结果分析可以得出一个共同的结论：平茬粗度影响植株更新复壮的效果，沙冬青萌生枝条随着平茬母枝基径的减小，其生长状况有明显减弱趋势，平茬粗度越小，根部养分越少，平茬后可供萌条的养分也相对越少，萌条长势下降。因此，对年幼的植株平茬容易造成个体恢复生长缓慢甚至死亡。如以萌蘖条数、萌蘖枝条生长量为评价指标，应以 B（15.09～19.95 mm）母株地径范围进行平茬效果最好。

3.3　茬口涂抹油漆处理对沙冬青生长特性的影响

沙冬青采取留茬高度 5cm 整丛平茬，然后进行一半涂抹油漆、另一半未涂抹油漆的处理，2012 年 9 月底统计萌条数、萌条长度、萌条基径，结果见表 3-4。从表中可以看出，平茬后，涂油漆与未涂抹油漆处理的茬口，经过 2 年的恢复生长，萌条各指标间有一定差别，但差别很小，说明涂抹油漆与未涂抹油漆处理茬口，对沙冬青平茬更新复壮效果影响不明显。

表 3-4　涂抹油漆与未涂抹油漆二年生枝条生长统计

茬口处理方式	平均枝条数/个	最多枝条数/个	枝条基部平均直径/mm	枝条基部最大直径/mm	枝条平均长度/cm	枝条最大长度/cm
涂抹油漆	30.6	45.0	5.96	6.89	27.6	33.5
未涂抹油漆	38.3	42.0	5.69	6.85	25.5	30.5

图 3-6 为沙冬青平茬后，涂抹油漆与未涂抹油漆处理茬口，萌生枝条生长柱状图。由图 3-6 可以看出，同一生长环境条件下沙冬青平茬茬口涂抹油漆与未涂抹油漆处理的新生枝条年生长图呈现出不同的增长速率。2011 年涂抹油漆与未涂抹油漆两种处理间，萌生枝条平均长度分别 10.6 cm、10.0 cm，两者无显著差异，但经两种处理后，2012 年萌生枝条平均长度分别为 27.6 cm、25.5 cm，第二年的增长量分别比第一年高出 6.4 cm、5.5 cm。对不同年份生长季末萌条生长长度进行方差分析表明，涂抹油漆与未涂抹油漆处理的萌生枝长度没有明显差异，但第一年与第二年的枝条生长速率存在差异。这说明，涂抹油漆与未涂抹油漆处理对沙冬青第一年萌蘖新枝生长没有影响，经过第二年的生长后，两种处理已表现出一定的差异性。在沙冬青整个恢复生长过程中，对茬口进行涂抹油漆处理，起到保水、物质积累作用，更有利于个体后期的恢复生长。

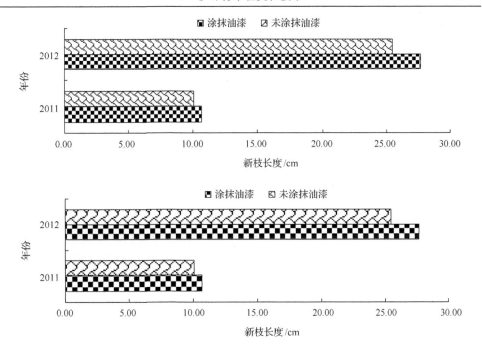

图 3-6 涂抹油漆与未涂抹油漆处理萌条长度对比

从图 3-7 中可以看出，与当年生枝条基径相比，次年生萌条基径新增量并没有表现出明显的增粗趋势，整个观测时期各处理间，萌条基径都保持在一个稳定的增长速率。到 2012 年 9 月底，涂抹油漆与未涂抹油漆处理萌条基径分别达到 5.96 mm、5.69 mm，基本一致。经方差分析，两种处理对萌生枝基径没有显著差异。

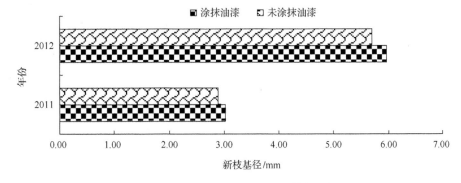

图 3-7 涂抹油漆与未涂抹油漆处理萌条基径对比

分析可知，同一灌丛沙冬青在相同的留茬高度下进行平茬，涂抹油漆处理茬口的效果优于未涂抹油漆，沙冬青新生萌蘖枝条的平均枝条基径和平均枝条长度大于不涂抹油漆的沙冬青萌条。分析原因：平茬后进行涂油漆处理的作用机制是平茬后的枝条茬口裸露在空气中，通过涂油漆可以保护茬口，避免与空气微生物的接触，有效防止茬口处发生腐烂，并且可以减少植物枝条的水分蒸发，起到保水的作用，与此同时，也可以防止病虫害的侵害。从总体上看，涂抹油漆处理还是对沙冬青平茬后萌条长度、基径的生长有一定的促进作用。涂抹油漆处理可以增加萌条的长度和粗度，从而增加了营养物质的积累，使萌枝更加健康粗壮，有利于平茬后沙冬青后期的恢复生长。

3.4　平茬对沙冬青生长与生理特性的影响

2009 年 10 中旬在西鄂尔多斯国家级自然保护区对天然沙冬青进行贴地面整株刈割平茬，经过 3 年萌蘖生长，进行生理特性指标测定，地上生物量已完全恢复甚至超过未平茬(平茬前)的沙冬青，为平茬技术在珍稀濒危物种沙冬青上的广泛应用提供了科学理论支撑。

3.4.1　平茬对沙冬青光合特性及水势的影响

利用美国 LI-COR 公司生产的 LI-6400 便携式光合作用测定系统，选择天气晴朗的 2012 年 7 月 19～21 日为观测日期，这三天的气象条件相差不大。在平茬与未平茬沙冬青阳面中上部选择有代表性的枝条 4～6 个，用胶布在两头将所选的枝条均匀固定在一个平面上，将新生叶片做好标记，活体测定，每次测定部位要求相同，重复 5 次。日变化从 7：00 开始，到 19：00 结束，每隔 2 h 观测 1 次，相邻的两次测定按照相反的顺序进行，以消除各处理间在测定时间上的误差。在测定植物光合指标的同时，用英国生产的 SKPM1400 便携式数显植物压力室测定叶水势。中午时刻采集沙冬青叶片，密封带回实验室，用精确度 0.0001 g 天平称其鲜重，然后将样品浸入蒸馏水中数小时，使其吸水达到饱和状态，取出吸干叶表面的水分，85℃下烘干称干重。

3.4.2　平茬对沙冬青生理生化特性的影响

(1)叶片水势(WPB)、光合速率(P_n)、蒸腾速率(T_r)、气孔导度(G_s)、胞间 CO_2 浓度(C_i)、光合有效辐射(PAR)、相对空气温度(RH)、气温(T_a)等。水分利用效率(WUE)即评价植物利用水的效率的指标，通过 P_n/T_r 的比值计算出来；沙冬青叶面积测定采用方格法。以平茬与未平茬沙冬青各个时段所有样本的平均值反映不同处理间各个时段的光合生理指标，从而掌握这些指标在平茬与未平茬处理间的差异及其日变化。

(2)叶片相对含水量：将实验用的称量瓶洗净后，放在 105℃的烘箱中烘干，并称取每个称量瓶的重量。摘取不同处理后的植株叶片放入称量瓶中，盖好瓶盖后称重，称量精度为 0.0001 g。记录该读数，将其减去称量瓶的重量后所得的读数即为叶片的鲜重 W_f；然后将该样品浸入到蒸馏水中，使其吸水至饱和后取出，用滤纸将其表面的水分吸干后及时称重，直至恒重，记录数据，即为该叶片的饱和鲜重 W_t；最后，再将叶片放入称量瓶中，将称量瓶放入烘箱中，温度设置为105℃，烘 4 h 后取出，称量此时的称量瓶与叶片的总重量，用该数值减去称量瓶的重量后即为叶片的干重 W_d。

植物叶片相对含水量=（鲜重 W_f－干重 W_d）/（饱和重 W_t－干重 W_d）×100%

（3）丙二醛（MDA）含量，采用硫代巴比妥酸（TBA）法测定。吸取酶液 2 mL加入硫代巴比妥（TBA）溶液 2 mL，沸水浴加热 15 min（呈粉红色），快速冷却，4000 r·min^{-1} 离心 5 min。分别在 450 nm、532 nm 和 600 nm 处测定光密度值。计算公式如下：

$$MDA 含量（\mu mol/g）=CV/W$$

式中，C 由公式 $C（\mu mol/L）=6.45（A_{532}-A_{600}）-0.56A_{450}$ 计算得到；V 为与 TBA 反应的样品提取液体积（mL），本研究为 2mL；W 为鲜样品质量（g），本研究为 1g。

（4）游离脯氨酸（Pro）含量：称取沙冬青叶片 1 g，置于试管中，然后加入 5 mL3%磺基水杨酸溶液，在沸水浴中提取后，吸取 6 mL 提取液于试管中，在沸水浴中加热 30 min。冷却后加入甲苯摇荡 30 s，静置片刻后取上层液 1 mL，在分光光度计上 520 nm 波长处进行比色，求得吸光度值。计算公式如下：

$$脯氨酸含量（\mu g \cdot g^{-1}）=\frac{C \times V_1 \times V_2}{v \times W}$$

式中，C 为样品比色液的脯氨酸浓度（$\mu g \cdot mL^{-1}$），由基于脯氨酸显色浓度的标准曲线查得；V_1 为样品研磨或煮沸提取液总量（mL），本研究为 6 mL；V_2 为显色反应液（mL），本研究为 5 mL；v 为样品测定汲取液（mL），本研究为 1 mL；W 为植物材料重量（g），本研究为 1 g。

（5）过氧化物酶（POD）活性，采用愈创木酚比色法测定。称取沙冬青叶片 1 g，加入 5 mL 0.05 mol·L^{-1} pH 7.0 磷酸缓冲液，冰浴研成匀浆，在 4℃下以 4000 r·min^{-1}离心 20 min，上清液即是酶液。进行显色反应，以每分钟吸光度变化值表示酶活性大小，即以 $\Delta A_{470}/（g \cdot min）$ 表示之。用下式计算：

$$过氧化物酶活性[\Delta A_{470}/（g \cdot min）]=\Delta A_{470}V_T/WV_s t$$

$$POD 活性=\Delta A_{470}V_T/0.01WV_s t$$

式中，ΔA_{470} 为反应时间内吸光度的变化；W 为植物的鲜重(g)，本研究为 1g；V_T 为提取酶液总体积(mL)，本研究为 5 mL；V_s 为测定时取用酶液体积(mL)，本研究为 0.1 mL；t 为反应时间，本研究中是每隔 1 min。

(6)超氧化物歧化酶(SOD)活性，采用氮蓝四唑(NBT)法测定。将试管置于阳光下反应 15 min(NBT 还原产物为蓝色)，然后在 560 nm 下测定光密度，1 个酶活单位 $U = \dfrac{OD_{max} \times v \times 0.5}{OD_{max} - OD}$ 定义：SOD 抑制 NBT 还原 50%时的酶液用量(mL)。

$$SOD \text{ 活性}(U \cdot g^{-1}) = \frac{V}{U \times W}$$

式中，U 为 1 个酶活单位(mL)；v 为提取液总量(mL)，本研究为 10 mL；V 为测定酶液用量(mL)，本研究为 0.1 mL；W 为植物材料鲜重或干重(g)，本研究为 1 g。

(7)超氧化物歧化酶(CAT)活性，根据植物生理学实验指导测定，以 1 min 内 A_{240} 减少 0.1 的酶量为一个酶活单位(U)。

$$CAT \text{ 活性}(U \cdot g^{-1}) = \Delta A_{240} V_T / 0.1 V_s t W$$

式中，V_T 为粗酶提取液总体积 8 mL；V_s 为测定用粗酶液体积 1 mL；W 为样品鲜重 1 g；0.1 为 1 min 内 A_{240} 每下降 0.1 为 1 个酶活单位，t 为加过氧化氢到最后一次读数时间(min)。

(8)可溶性糖含量(SS)，采用蒽酮比色法测定。称取剪碎混匀的新鲜样品 1 g，放入 50 mL 三角瓶中，再加入 25 mL 蒸馏水，放入沸水中煮沸 20 min，取出冷却，过滤入 100 mL 容量瓶中，用热水冲洗残渣数次，定容至刻度。将各管摇匀后，冷却在分光光度计 620 nm 波长处比色，记录光密度值。

$$可溶性糖含量 = 糖含量(\mu g) \times 稀释倍数 \times 100 / [样品质量(g) \times 10^6]$$

(9)叶绿素含量测定：称取 0.2 g 鲜样放入研钵中，加入 5 mL 80%丙酮，研磨至溶液变为绿色，过滤于 50 mL 容量瓶中。再加 5 mL 80%丙酮至溶液变为白色。过滤后用 80%丙酮定容至刻度。在波长 663 nm、645 nm 下测定吸光度。

$$CT = Ca + Cb = 20.2 D_{645} + 8.02 D_{663}$$

$$总叶绿素含量(mg/g\ FW) = CT \times V / (W \times 1000)$$

式中，V 为提取液体积，本研究为 5 mL；W 为叶片鲜重，本研究为 0.2 g。

3.4.3 平茬对萌发的作用

据平茬后当年观测，未平茬的沙冬青萌芽期为 4 月 5 日，而平茬的沙冬青是

3月29日，平茬比未平茬沙冬青萌芽期提前了7天。植物的物候期主要随着气候的变化而变化，消除了顶端优势对植株生长的抑制作用，使沙冬青萌芽时间提前。而且，平茬处理的沙冬青发芽后新生一级枝条生长速度大于未平茬的。2009年10月底平茬，截至2012年10月初对平茬的沙冬青进行连续三年跟踪标记调查，并对12个灌丛和对照(CK)进行生物量测定，结果见表3-5。

表3-5 沙冬青萌芽期生长量测定结果

处理方式	萌动期(月-日)	灌丛高/cm	地上部分质量/(g·丛⁻¹)		一级分枝	
			鲜重	干重	长度/cm	质量/(g·枝⁻¹)
平茬	3-29	66.6	2986.6	1440.1	70.5	68.5
CK	4-5	65.2	2495.5	1172.1	43.1	49.5

从表3-5可知，未平茬沙冬青(CK)灌丛高65.2 cm，第三年年终萌生一级分枝长度为43.1 cm；而经平茬处理的沙冬青，第三年年终萌生一级分枝长度可达70.5 cm，增长了63.57%。另据观察，平茬区有些沙冬青第二年生长量可达58.7 cm，而且部分灌丛有开花结果现象的发生。沙冬青平茬后，地上部分总鲜重比未平茬植株平均高0.60 g·cm⁻²。平茬与未平茬沙冬青含水量分别为48.22%和46.97%。平茬促进了沙冬青灌丛的生长发育，从更新角度来看，有利于沙冬青复壮。

3.4.4 平茬对生长特性的影响

平茬区沙冬青萌发的时期一般从4月开始，2010～2012年，每年的4月、6月、8月和10月每隔两个月观测一次，对2009年10月底进行平茬的沙冬青的生长指标进行了共计12次观测，结果见图3-8～图3-12。

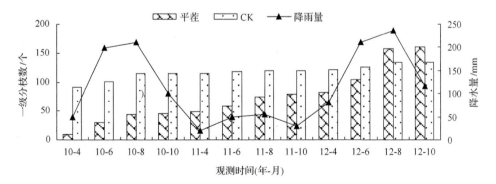

图3-8 降水量对枝条萌发量的影响

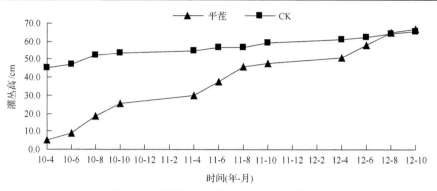

图 3-9　平茬与未平茬沙冬青高生长曲线

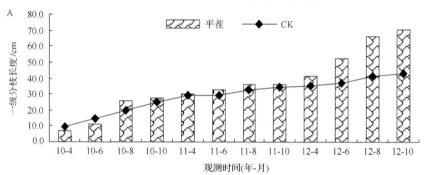

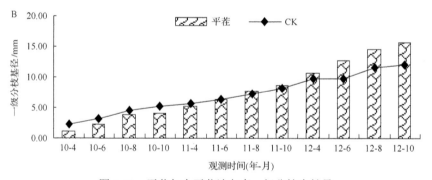

图 3-10　平茬与未平茬沙冬青一级分枝生长量

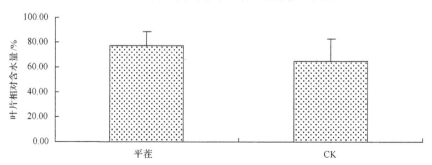

图 3-11　平茬与未平茬沙冬青相对含水量对比

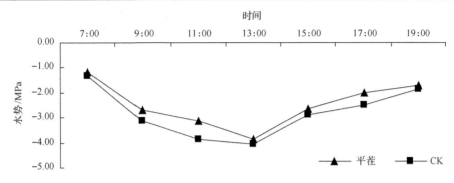

图 3-12　平茬与未平茬沙冬青叶水势日变化

3.4.4.1　平茬与未平茬沙冬青一级分枝萌发量对比

由图 3-8 可知，沙冬青经过平茬后，促进根基部产生了更多的新生枝条；未平茬的沙冬青，由于顶端优势的存在，茎基部腋芽的生长明显受到抑止，发芽率大大降低，萌发新生枝条的能力差，因此萌生的一级分枝条数量少。从实际观察结果表明，平茬后沙冬青恢复生长的能力有明显的边际效应，即靠路边的沙冬青恢复生长能力强，长势相对旺盛；未平茬的沙冬青年龄大、植株高大，则根基部几乎没有新生枝条萌生，只有年龄相对较小、植株矮小的沙冬青有少量新萌生一级分枝。沙冬青萌生一级分枝的时间主要集中在每年的 6 月和 8 月，而且与当年降水量有着密切的关系，随着降水量的增加，一级分枝的萌发量显著增加。2010～2012 年平茬后沙冬青年平均萌蘖一级分枝条数分别是 45.9 条、79.5 条、160.3 条，远远高于未平茬沙冬青新萌蘖一级分枝条数量。这主要是因为进行同一灌丛平茬的茬桩萌蘖的面积大，可生产更多的萌蘖芽。平茬后，经三年恢复生长，沙冬青一级分枝的数量完全达到甚至超过了未平茬(或者平茬前)沙冬青一级分枝数量，为沙冬青更新复壮奠定了基础。

3.4.4.2　平茬与未平茬沙冬青丛高生长对比

平茬与未平茬沙冬青丛高生长年变化规律见图 3-9。从图 3-9 可以看出，不管平茬与否，每年的 6～8 三个月都是沙冬青丛高快速生长时期，但是平茬后的沙冬青丛高生长更快。平茬后沙冬青 2010～2012 年丛高年增长量分别为 25.6 cm、22.0 cm 和 18.9 cm，可见三年间丛高生长无显著差异，生长比较平稳，三年完全可以恢复到平茬前的灌丛高度，而且长势茂密旺盛。未平茬沙冬青丛高连续三年增长量仅为 8.3 cm、4.9 cm 和 3.9 cm，平茬处理下丛高年生长高度都极显著大于未平茬沙冬青灌丛每年的年增量。这说明平茬能够促进沙冬青生长，有助于提高单位面积沙冬青的生物量。

3.4.4.3　平茬与未平茬沙冬青一级分枝生长量对比

选择平茬与未平茬的沙冬青各 12 丛，每丛选出 10 个枝条作标记，连续三年进行新萌生一级枝条生长量的观测，每年观测 4 次，把一级分枝基部直径和一级分枝长度两个指标作为评定生长量的指标，观测结果见图 3-10。

由图 3-10 可知，平茬对沙冬青的复壮效果十分明显，平茬后第三年就能恢复到原来的植株大小。平茬后萌蘖条数、萌蘖一级枝条直径和一级分枝长度都有明显的提高，植株进入新一轮的生长状态。就一级萌条平均长度而言，平茬第一年一级分枝年终长度就能超过未平茬沙冬青新生一级分枝的长度，经过平茬后三年的生长，沙冬青一级分枝平均长度可达 70.5 cm，未平茬沙冬青年终萌蘖一级分枝长度为 43.1 cm，增长了 27.4 cm；从一级萌条基部平均直径来看，平茬与未平茬沙冬青第二年年初一级萌条平均基部直径分别为 6.36 mm 和 6.46 mm，两者比较接近，之后经平茬处理的沙冬青一级分枝的直径增长速度就比未平茬的要快，第三年终沙冬青平茬与未平茬一级萌条平均基部直径分别 15.72 mm 和 12.10 mm，增幅为 29.9%。

沙冬青 4 月初萌动，平茬与未平茬处理新萌发一级枝条生长量第一年变化不十分明显，但经过第二年的生长，平茬后沙冬青一级分枝生长量逐渐增加，第三年年终显著高于未平茬沙冬青，其中一个重要的原因是沙冬青平茬后，物候期提前了 5～7 天，个别植株提前了 12 天左右，这一现象在研究区发生较为普遍。由于是 2009 年 10 月进行平茬，因此，经过一个冬季的水分养分的积蓄，平茬后的沙冬青最早在 3 月 26 日就开始发芽，在 3 月 29 日前所有观测植株基本都以发芽，而未平茬的沙冬青发芽开始于 4 月 2 日，在 4 月 5 日全部发芽；观测沙冬青整丛的发芽过程基本一致，可在 2～3 天内完成，但平茬后茎萌生的腋芽数量较未平茬的沙冬青显然要多，而且芽粗壮膨大。随着沙冬青平茬后恢复生长的能力逐渐增强，萌生一级分枝的生长速率要远大于未平茬的一级分枝，2010～2012 年三年连续观测的结果较明显地表明了这一点，而未平茬沙冬青萌发的一级分枝平均生长到 40.1 cm 左右时几乎就停止了生长，可能与整体植株养分、水分供给状况有关。平茬和未平茬处理方式与萌生的一级分枝也存在一定关系，在新萌发一级分枝开始生长的第一年，平茬与未平茬沙冬青生长速率差异性表现不明显，但随着时间的增加，尤其在平茬后第三年，差异就变得十分显著，平茬后沙冬青萌生一级分枝的平均生长量显著增大。图 3-10 所反映的平茬与未平茬处理下萌生一级分枝生长长度与基部直径的年际变化，同时反映出一级分枝的生长量，平茬后一级分枝长度与枝基部直径有一定的相关性，这种现象在恢复生长后期表现得更为明显。萌生一级分枝长度和基部直径两个指标基本上反映了沙冬青萌生一级分枝的生长量。经过平茬处理后的沙冬青，萌生一级分枝的生长量远远大于未平茬沙冬青，更有力地证明平茬对提高沙冬青生长量和更新复壮具有重要的作用和意义。

3.4.4.4 平茬与未平茬沙冬青相对含水量(RWC)对比

叶片相对含水量(RWC)被认为是植物在干旱胁迫条件下是否能够维持生长的一个很好的指标。在相同的外界环境下，植物叶片相对含水量越大，说明植物体内水分越充足。由图 3-11 可知，与对照相比，经平茬处理的沙冬青相对叶片含水量较高，这说明天然沙冬青自然状态下，叶片水分亏缺程度相对严重，但经方差分析结果显示，平茬与未平茬沙冬青叶片相对含水量差异并未达到显著水平。

3.4.4.5 平茬与未平茬沙冬青叶水势(WPB)对比

平茬与未平茬沙冬青叶水势日变化规律如图 3-12 所示，从图中可以看出，经平茬处理的沙冬青叶水势日变化明显高于对照，平茬与未平茬沙冬青的叶水势日变化均呈"V"形曲线。每日清晨 7:00 左右均达到最高值，平茬与未平茬沙冬青最大值分别为–1.17 MPa、–1.32 MPa，随着光照强度增大，气温升高，空气湿度降低，沙冬青体内水分出现亏缺，平茬与未平茬沙冬青叶水势均呈现降低趋势，最低水势出现在 13:00 左右，最小值分别为–3.89 MPa、–4.06 MPa，午后随着太阳高度角减小，叶水势开始逐渐升高，在 19:00 又达到一个次高值，从此时到次日清晨，随着光照、气温降低，沙冬青体内水分胁迫减弱，叶水势回升，次日清晨达到最高值。经平茬处理的沙冬青叶水势日均(–2.46±0.54) MPa，比对照(–2.81±0.60) MPa 高 12.46%，说明经平茬处理的沙冬青具有较强的吸水、保水能力，能够充分满足正常的生理活动。

3.4.4.6 平茬与未平茬沙冬青光合速率(P_n)对比

光合作用是植物最重要的生理过程，是评价植物生命力是否旺盛的标准之一，同时反映植物生长状况与新陈代谢活动。由于不同植物或者同一植物在不同地区光合特性都存在差异，因此，有必要研究平茬与未平茬沙冬青的光合速率，为评价沙冬青平茬复壮效果提供科学的理论依据。因此，2012 年 7 月下旬，开展了对经平茬处理后各项生长指标均已更新恢复到平茬前的沙冬青进行光合试验的测定，结果见图 3-13。

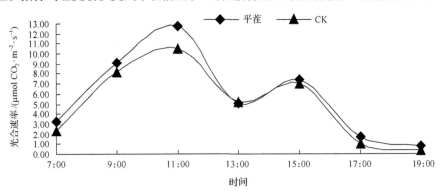

图 3-13 平茬与未平茬沙冬青光合速率日变化

由图 3-13 可知，平茬对沙冬青叶片日净光合速率具有一定的影响，平茬与未平茬沙冬青的 P_n 日变化均呈"双峰"曲线，而且有明显的光合"热休眠"现象。主要的影响因素有两个方面：一方面，午间气温升高、光照增强，引起酶钝化，羧化效率下降；另一方面，空气湿度降低，由于叶片受到水分胁迫，缺水导致气孔导开度减少或关闭。因此，为了抵御干旱、高温、强辐射，沙冬青通过"热休眠"形成一种自我保护机制。平茬与未平茬沙冬青净光合速率均呈现先增大后减小的趋势，上午 P_n 明显高于下午的 P_n，且未平茬沙冬青减小的幅度较大，经平茬处理的沙冬青 P_n 全天均高于未平茬的。早晨 7:00 开始净光合速率逐步增加，第一个主峰值均出现在 11:00 左右，经平茬处理的沙冬青 P_n 值为 12.71 μmol CO_2 m^{-2}·s^{-1}，在自然条件下，沙冬青(CK) P_n 为 10.48 μmol CO_2 m^{-2}·s^{-1}。之后开始下降，13:00 左右均达最低值，出现明显的午休现象。之后净光合速率再次出现增长的趋势，并在 15:00 左右出现第二个高峰，平茬与未平茬沙冬青 P_n 分别为 7.43 μmol CO_2 m^{-2}·s^{-1}、7.02 μmol CO_2 m^{-2}·s^{-1}，分别为第一峰值的 79.9% 和 79.4%，此后平茬与未平茬处理的沙冬青在 15:00～19:00 P_n 逐渐降低。沙冬青主峰值(12.71 μmol CO_2 m^{-2}·s^{-1})比 CK (10.48 μmol CO_2 m^{-2}·s^{-1})高出 21.28%，经平茬处理的沙冬青日均 P_n(5.73 μmol CO_2 m^{-2}·s^{-1})比对照(4.95 μmol CO_2 m^{-2}·s^{-1})高 15.73%。净光合速率可以说明植物具有的潜在生产力，高的净光合速率值说明经平茬处理的沙冬青自我恢复能力强，生长相对较迅速，具有更强的生命力。

3.4.4.7　平茬与未平茬沙冬青蒸腾速率(T_r)对比

蒸腾速率是反映植物新陈代谢和水分状况最重要的生理指标，可表明植物蒸腾作用的强弱。研究表明，经平茬处理的沙冬青和沙冬青(CK)在自然条件下叶片的 T_r 日变化均呈"双峰"曲线，但沙冬青萌蘖丛在自然条件下表现出来的"热休眠"现象不明显，第二峰值较小，曲线较为平缓。最大峰值均出现在 11:00 左右，经平茬处理的沙冬青的蒸腾速率 T_r 值为 5.18 mmol H_2O m^{-2}·s^{-1}，沙冬青(CK)的 T_r 值为 4.90 mmol H_2O m^{-2}·s^{-1}，增幅达到了 CK 的 5.71%。此后开始下降，13:00 左右达最低值，第二个高峰出现在 15:00 左右，经平茬处理的沙冬青的 T_r 值 3.04 为 mmol H_2O m^{-2}·s^{-1}，沙冬青(CK)的 T_r 值为 3.29 mmol H_2O m^{-2}·s^{-1}，分别为第一峰值的 58.69% 和 67.14%。比较发现，经平茬处理的沙冬青 T_r 主峰值高于 CK，其次峰值比 CK 低出 7.60%，就 T_r 日平均值而言，经平茬处理的沙冬青日平均值 (2.82 mmol H_2O m^{-2}·s^{-1})比沙冬青(CK) T_r 日平均值(2.44 mmol H_2O m^{-2}·s^{-1})高出 15.57%(图 3-14)。

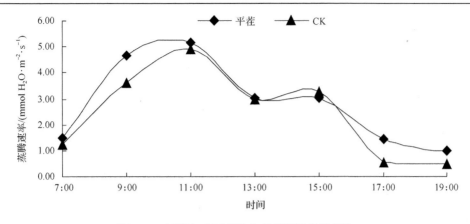

图 3-14　平茬与未平茬沙冬青蒸腾速率日变化

植物的蒸腾速率与环境因子和植物生物学气孔开度这两个因素的关系十分密切。参考各环境因子如光辐射、气温、湿度与气孔导度的变化，可以看出沙冬青蒸腾速率在 7:00～11:00 上升的主要原因是 G_s 的上升；13:00 下降的主要原因是空气湿度降低；之后又开始回升，其与 G_s 的增大、各环境因子上升都有关系，因此促使沙冬青在 15:00 再次出现高峰；之后各环境因子、气孔导度均在下降，而蒸腾速率下降的速度远远高于 G_s，因此各环境因子和 G_s 共同导致蒸腾速率显著下降。纵观沙冬青夏季全天蒸腾速率变化，其影响因素比较复杂，但从影响幅度上看，G_s 的变化起了主导作用，即植物自身的生理活动对蒸腾速率的变化起主要作用。

3.4.4.8　平茬与未平茬沙冬青水分利用效率(WUE)对比

水分利用效率(WUE)以光合速率与蒸腾速率的比值表示，是一项评价植物对水分利用效率的指标。如图 3-15 所示，经平茬处理的沙冬青和沙冬青(CK)的 WUE 日变化呈现不同变化趋势：经平茬处理的沙冬青叶片的 WUE 日变化呈“双峰”曲线，最高值均出现在 11:00 左右；沙冬青(CK)在自然条件下叶片的 WUE 最高值均出现在 9:00 左右，且上午的 WUE 高于下午，之后在日间不断降低。平茬与未平茬处理相比，经平茬处理的沙冬青的 WUE 全天曲线呈“M”形，变化趋势与光合速率几乎保持一致；沙冬青(CK)的 WUE 变化趋势是先增大后减小，WUE峰值的大小及出现时间存在显著差异。经平茬处理的沙冬青叶片的 WUE 日均值(1.82 μmol CO_2·$mmol^{-1}$ H_2O)比 CK (1.74 μmol CO_2·$mmol^{-1}$ H_2O)高出 13.92%。因此，经平茬处理的沙冬青水分利用效率更高，光合作用更加旺盛，具有更强的生命力，使沙冬青灌丛得到充分的更新。这说明在夏季白天阳光、温度、湿度适宜的条件下，经平茬处理的沙冬青基本适应了生长的环境，光合速率不仅高于未平茬沙冬青，且对水分的利用也较为经济节约。

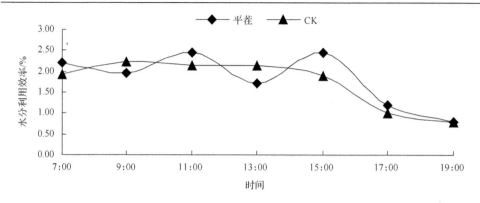

图 3-15　平茬与未平茬沙冬青水分利用效率日变化

3.4.4.9　平茬与未平茬沙冬青气孔导度(G_s)和胞间 CO_2 浓度(C_i)对比

气孔是水汽和 CO_2 进出植物体的主要通道，气孔导度(G_s)的变化影响着光合作用需要的 CO_2 和蒸腾作用放出的水汽之间的交换。因此，气孔开度，即气孔导度(G_s)的大小，对于 P_n 和 T_r 都有一定制约，进而影响 WUE。气孔导度是反映气孔开度的一个重要指标。气孔导度受叶片蒸腾作用、光辐射、叶片水分胁迫的影响，气孔导度的变化又对叶片光合作用、蒸腾作用产生反馈调节作用。

平茬与未平茬沙冬青叶片气孔导度的日变化均为"双峰"型(图 3-16)，二者 G_s 普遍较低，反映出沙冬青的耐寒性与耐旱性。变化曲线相位与光合速率相同，从 7:00 开始叶片气孔导度逐渐增大(光合作用增强)，高峰值均出现在 11:00 左右(P_n 也初次达到峰值)，平茬沙冬青叶片气孔导度(G_s)为 0.1149 mol·m^{-2}·s^{-1}，未平茬沙冬青 G_s 为 0.1076 mol·m^{-2}·s^{-1}；之后开始下降，在 13:00 左右出现明显的低谷，这可能与中午光合有效辐射加强和大气相对湿度(RH)降低，叶片蒸腾作用强烈引起的气孔开度降低甚至关闭有关，且强光下，植物为了自我保护，部分气孔关闭，减弱或者抑制光合作用的发生，削弱强光对植物的伤害，减少水分散失。下午 G_s 又有所回升，这可能与光照及空气湿度等环境因子对气孔开度胁迫逐渐减轻有关，气孔导度随着外界环境因子变化而进行自我调控，适应外界环境，抵御逆境胁迫，傍晚时降到最低，午后的峰值出现在 15:00 左右(P_n 也再次达到峰值)，但高峰不太明显，平茬与未平茬沙冬青叶片气孔导度分别为 0.0760 mol·m^{-2}·s^{-1}、0.0708 mol·m^{-2}·s^{-1}。平茬沙冬青叶片气孔导度的日变化均高于未平茬沙冬青，二者相比，G_s 的日均值分别为 0.0625 mol·m^{-2}·s^{-1}、0.0529 mol·m^{-2}·s^{-1}，平茬沙冬青高出未平茬(CK)18.15%。

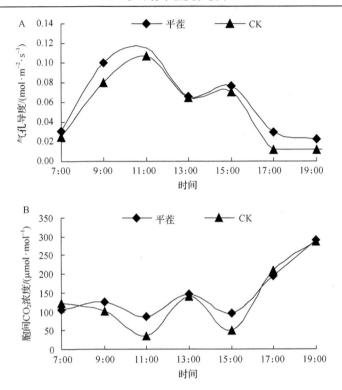

图 3-16 平茬与未平茬沙冬青气 G_s(A) 与 C_i(B) 的日变化

气孔导度(G_s)与 P_n 和 T_r 的变化趋势基本一致,三者最大值和最小值出现的时间几乎完全相同,表明 P_n 的变化与气孔开张程度的变化相同。由图 3-16 可以看出,从 11:00~13:00 气孔导度开始逐渐下降,T_r 也同步下降,P_n 也逐渐下降,它们的趋势是一致的,由此可以认为在这段时间内,P_n 的变化主要由气孔开张程度来进行控制。15:00 之后,气孔导度的下降则引起胞间 CO_2 浓度(C_i)的上升而不是下降,这种现象一直持续到日落。由图 3-16 可以看出,经平茬处理的沙冬青和沙冬青(CK)的 C_i 由于傍晚的呼吸作用,导致清晨和夜间 C_i 较高,全天呈 "W" 形,7:00~11:00 时 C_i 降低的原因可能是 G_s 增加且呼吸作用加强,较多的 CO_2 供植物光合作用吸收,因此 11:00 左右出现低谷,之后又开始逐渐升高,可能是由于呼吸作用释放了较多的 CO_2。依据 Farquhar 和 Sharkery 的观点,C_i 供应不是导致 P_n 下降的直接原因,15:00 到傍晚这段时间内 P_n、T_r、G_s 全部都在下降,但 C_i 上升,变化趋势完全相反,因此可以判断 P_n 的下降主要是由非气孔因素控制。

综上所述,平茬促进了沙冬青的生长更新,使濒危衰老的沙冬青得到更新复壮。平茬改善沙冬青种群退化的现状,有利于珍稀濒危植物沙冬青的繁衍与保护。本文对沙冬青平茬后的生物量、叶片水势、光合特性进行了科学监测,为珍稀濒危植物沙冬青人工平茬更新复壮实践操作提供了科学可行的依据，同时为平茬技术在沙冬青种群结构更新上的应用推广提供了理论基础。

3.5　平茬对沙冬青抗旱性的影响

根据气象局提供数据，保护区(蒙西镇地区)年平均降水量仅为 49.4 mm；对土壤取样调查，地下 1.1 m 处深的土壤含水量仍为零，属特级干旱区域。因此，2012 年 7 月 18 日选择标准株，平均丛高 60～75 cm，平均地径 10～15 mm，一级分枝数 45～60 枝，生长健壮的萌蘖丛和对照丛(未平茬)各 5 丛。进行每丛 50 kg 坑渗灌，并在灌水前一天 10:00 和灌水后第二天 10:00 进行采叶，用冰盒密封保存带回实验室，进行相关生理指标测定。

3.5.1　平茬对沙冬青叶片丙二醛(MDA)含量的影响

MDA 作为膜脂过氧化作用的产物之一，反映在各种逆境条件下，植物细胞膜透性变化和细胞膜受损伤的程度。经许多学者研究证明，高温、干旱、低温、高盐碱等会产生过多的自由基造成膜受害，随着体内自由基不断地累积，使膜脂发生过氧化，MDA 含量升高，膜的受损伤程度也增大。

图 3-17 为平茬对沙冬青叶片 MDA 含量的变化，从图中可以看出，灌水前平茬萌蘖丛叶片 MDA 含量明显低于对照丛，比对照丛 MDA 含量减少了 1.92 $\mu mol \cdot g^{-1}$，且两者差异性显著，显著水平为 0.05，但灌水后未平茬沙冬青 MDA 含量迅速下降，且下降幅度较大，MDA 含量为 5.31 $\mu mol \cdot g^{-1}$，经平茬处理的沙冬青为 4.99 $\mu mol \cdot g^{-1}$，且两者之间无明显差异。本实验中两者处于相同的立地条件下，灌水处理可以减轻干旱胁迫，经平茬处理的沙冬青叶片 MDA 含量低，其相对降低的原因不是相比未平茬沙冬青所受干旱胁迫减小，而可能是由于通过渗透调节增加了水分的吸收，从而降低了单位鲜重叶片 MDA 含量，说明平茬萌蘖丛抗性强于野生天然沙冬青。

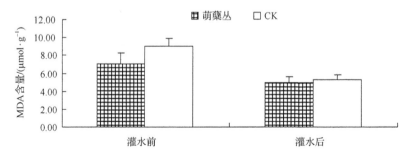

图 3-17　灌水前后萌蘖丛和对照丛叶片中丙二醛含量变化

3.5.2 平茬对沙冬青叶片脯氨酸(Pro)含量的影响

Pro 作为植物体内有机渗透物质，通过自身调节细胞质的渗透势，维持体内渗透平衡。野生天然沙冬青具备较强的抗寒、抗旱能力，在长期的进化过程中，通过脯氨酸积累幅度的变化，具有较强的渗透调节能力。

在夏季高温干旱胁迫下，灌水后，平茬与未平茬处理沙冬青叶片中 Pro 含量均有所下降，说明 Pro 在体内短时间积累是有益的，Pro 的积累有助于提高沙冬青的抗旱能力，同时是其对干旱胁迫的一种生理响应。通过多重均值测验和方差分析结果表明，灌水前萌蘖丛显著($P<0.05$)低于对照丛，灌水处理后未平茬沙冬青叶片内的脯氨酸含量急剧降低，二者差异性变得不显著(图 3-18)。

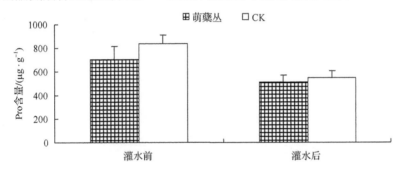

图 3-18 灌水前后萌蘖丛和对照丛叶片中脯氨酸含量变化

3.5.3 平茬对沙冬青叶片抗氧化酶(POD、SOD、CAT)活性的影响

过氧化物酶(POD)、超氧化物歧化酶(SOD)和氧化氢酶(CAT)三大酶作为清除活性氧自由基伤害防护酶系统的成员，具有保护植物膜的作用，与植物的抗逆境能力密切相关。在逆境条件下，耐旱植物能使抗氧化保护酶活力维持在一个较高水平，有利于迅速抑制氧自由基积累、降低膜脂过氧化作用，从而可以减轻对膜的伤害程度。

灌水前后沙冬青萌蘖丛和对照丛 POD、SOD、CAT 活性变化如图 3-19 所示。经平茬处理，萌蘖新生的沙冬青灌丛 POD 活力呈上升趋势，与对照相比，萌蘖丛叶片平均 POD 活力增加了 13.5%，且两者间差异显著。灌水后沙冬青萌蘖丛和对照丛 POD 活力同时开始下降，但对照丛降低的幅度相对较小，且经方差分析显示两者之间差异不显著。沙冬青叶片 SOD 活性随着夏季高温干旱胁迫，萌蘖丛 SOD 活性比对照略高，灌水后下降较为缓慢。经方差分析，灌水前差异不显著，灌水后表现出一定的差异性。在灌水前，与对照丛相比，逆境胁迫使萌蘖丛叶片平均 CAT 活力增加了 24.0%，但经灌水处理，干旱胁迫减除，两者 CAT 活性均呈下降趋势，但灌水前后均有显著差异。结果表明，平茬可以提高沙冬青叶片抗氧化酶（POD、SOD、CAT）活力，有助于细胞膜完整性的保护，提高了其抗逆境胁迫的能力。

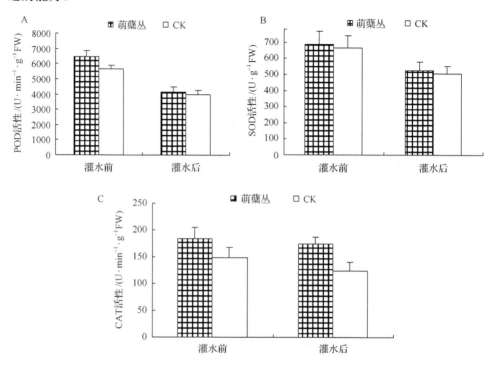

图 3-19　灌水前后萌蘗丛和对照丛叶片中抗氧化酶 POD（A）、SOD（B）、CAT（C）活性变化

3.5.4　平茬对沙冬青可溶性糖（SS）含量的影响

在干旱胁迫下，植物可溶性糖是体内重要的渗透调节物质，有缓解生理代谢不平衡的作用。植物可溶性糖的种类有葡萄糖、蔗糖、果糖和麦芽糖等，通过调节降低水势，使细胞原生质浓度增加，抗脱水能力增强，同时也是光合同化物能量运输与储存的形式。在干旱胁迫时，可溶性糖含量不断增加，可以参与渗透调节和复水后的生理修复与恢复过程，有效维持细胞体内代谢平衡。

由图 3-20 可以看出，灌水前后干旱胁迫下萌蘗丛和未平茬沙冬青叶片的可溶性糖含量均发生了变化，两种处理下随着干旱胁迫的减弱，可溶性糖含量都呈下降趋势，但萌蘗丛 SS 含量显著高于对照丛。实验结果表明，在一定程度上沙冬青平茬新生的萌蘗丛可以通过可溶性糖的积累，缓解干旱胁迫，保持较低的渗透势，以避免渗透胁迫造成的伤害。方差分析表明，灌水前后萌蘗丛和对照丛叶片可溶性糖含量的差异性显著。

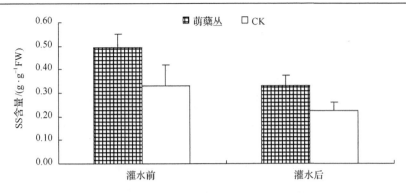

图 3-20　灌水前后萌蘖丛和对照丛叶片中可溶性糖含量变化

3.5.5　平茬对沙冬青叶绿素(Chl)含量的影响

叶绿素是一类重要的色素,其含量可以反映植物进行光合作用的能力。植物通过叶绿素从光中吸收能量,然后将体内的二氧化碳转化为碳水化合物供植物生存利用。叶绿素在逆境中的变化不稳定,其含量不仅直接影响植物光合同化过程中光合速率和光合产物的形成,同时也是衡量植物抗逆性的重要生理指标。

平茬处理下,沙冬青叶片叶绿素总量(叶绿素 a+b)含量均发生了变化。如图 3-21 所示,经灌水处理后干旱胁迫减轻,萌蘖丛和对对照丛叶绿素含量均逐渐上升,且灌水前后萌蘖丛叶绿素的含量均大于对照,但两者之间的差异均不显著。可见,沙冬青在灌水处理的条件下,光合速率应该有所提高,从而促进灌丛的生长。

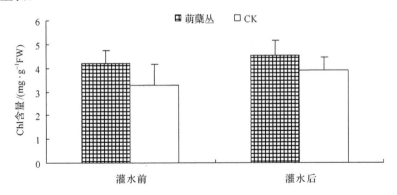

图 3-21　灌水前后萌蘖丛和对照丛叶片中叶绿素含量变化

3.5.6　平茬处理下沙冬青各指标间相关性分析

对灌水前后萌蘖丛与对照丛沙冬青叶片相对含水量(RWC)、MDA 含量、Pro

含量、POD 活性、SOD 活性、CAT 活性、可溶性糖浓度(SS)、总叶绿素含量 8 个指标之间进行了相关分析，结果如表 3-6 所示。

表 3-6 平茬处理下沙冬青生理生化指标相关分析

	RWC	MDA	Pro	POD	SOD	CAT	SS	Chl
RWC	1.0000							
MDA	−0.9513**	1.0000						
Pro	−0.9219**	0.9960**	1.0000					
POD	−0.5242	0.7553	0.7990*	1.0000				
SOD	−0.6458	0.8394*	0.8701*	0.9863**	1.0000			
CAT	0.1272	0.0463	0.0657	0.5339	0.4999	1.0000		
SS	−0.892*	0.3485	0.3963	0.8504*	0.7963*	0.8764*	1.0000	
Chl	0.8758**	−0.8039*	−0.7858*	−0.2951	−0.3903	0.5558	0.2446	1.0000

**表示 $P < 0.01$；*表示 $P < 0.05$。

由表 3-6 可知，干旱对平茬处理下沙冬青的 RWC、MDA、Pro 均呈极显著负相关，与叶绿素含量呈极显著正相关，表明平茬沙冬青叶片相对含水量越大，沙冬青光合作用越强；MDA 与 Pro 呈极显著正相关，相关系数为 0.9960，与叶绿素含量呈显著负相关，而与 SOD 活性呈显著正相关；脯氨酸含量与三种抗氧化酶活性呈正相关，且与 POD 和 SOD 活性呈显著正相关；POD 活性与 SOD 活性呈极显著正相关，与可溶性糖含量呈显著正相关，表示 POD 活性越强，可溶性糖含量越高；可溶性糖含量与三种抗氧化酶活性呈显著正相关；叶绿素含量与可溶性糖含量、CAT 活性呈相对较弱的正相关，而且显著水平不明显。

3.5.7 沙冬青抗旱能力评价

植物抗干旱机制的形成是一个复杂的过程，其抗干旱性是一个由多基因控制的数量性状。目前，人们试图在不同的植物上从多个角度进行各种指标的综合探讨，并且根据密切相关的各项指标采用隶属函数法进行综合评价，试图解释抗干旱机制。但还没发现用一个指标来表征植物抗旱性是最好的，也没有形成统一的机制能够解释所有植物对干旱的适应性。而且，同一指标在不同植物间或同种植物的不同部位也不相同，因此采用多指标综合评定方法评价植物抗干旱性会更加客观准确，从而避免由单个指标进行评定造成的片面性。采用隶属函数法进行综合评价。具体计算公式如下：

各指标与抗性成正相关，则

$$X(\mu) = \frac{X - X_{min}}{X_{max} - X_{min}}$$

各指标与抗性成负相关，则

$$X(\mu)=1-\frac{X-X_{\min}}{X_{\max}-X_{\min}}$$

式中，X 为各指标的当测值；$X_{\max}$ 为指标最大值；$X_{\min}$ 为指标最小值。

将各指标的隶属函数值累加起来，求平均值，值越大，抗性就越强。

本研究选取了西鄂尔多斯国家级自然保护区萌蘖沙冬青和对照沙冬青的叶片相对含水量（RWC）、MDA 含量、Pro 含量、POD 活性、SOD 活性、CAT 活性、可溶性糖浓度（SS）、总叶绿素含量（Chl）等 8 个指标，采用隶属度函数法对灌水前后萌蘖丛和对照丛沙冬青的抗干旱能力进行综合评价，结果如表 3-7 所示：灌水前后萌蘖丛的抗旱综合评定结果均大于对照丛，随着干旱胁迫的解除，沙冬青抗干旱能力呈现减弱的趋势，平茬处理下的沙冬青萌蘖丛抗干旱能力最强。

表 3-7　水分对沙冬青萌蘖丛和对照丛隶属函数抗旱性综合评定

处理		MDA	Pro	POD	SOD	CAT	SS	Chl	综合评定	排序
灌水前	对照丛	1.00	1.00	0.69	0.87	0.40	0.39	0.00	0.54	2
	萌蘖丛	0.52	0.61	1.00	1.00	1.00	1.00	0.73	0.83	1
灌水后	对照丛	0.08	0.13	0.00	0.00	0.00	0.00	0.50	0.21	4
	萌蘖丛	0.00	0.00	0.06	0.13	0.83	0.39	1.00	0.43	3

3.6　平茬对沙冬青种群结构及土壤环境的影响

种群结构是指种群内不同等级个体的分布状况，即各级别或级别组（如年龄级与高度级）的个体数占整个种群个体总数的百分比结构，它是种群的重要特征之一。种群结构直接关系到一个种群当前的出生率、死亡率及生长状况，了解种群结构及其动态过程和规律，可以预测种群的发展趋势。因此，研究沙冬青平茬萌蘖种群的结构动态，对深入分析其动态变化、预测其发展趋势具有重要价值。

根据平茬区沙冬青长势，将群落结构划分为三个等级。①幼年植株，灌丛高度 25～40 cm，地径 4.00～7.00 mm，无枯枝和病虫害。②壮年植株：灌丛高度 40～80 cm，地径 7.00～20.00 mm，无枯枝和病虫害。③衰老植株：灌丛高度 60 cm 以上，地径 20.00 mm 以上，枯枝率 40%以上且有病虫害。

3.6.1　土样采集与测定

在研究区内选取不同平茬年限，沙冬青平茬恢复生长的当年生幼小灌丛、次年生幼年灌丛，以及第三年完全恢复生长的壮年灌丛各三丛，在植株下布设采样点。在各采样点进行土壤剖面挖掘，挖取 0～60 cm 层土壤样品，分 6 层取样，每层深度 10 cm。取样用环刀从下向上取，在所确定的层位及深度上用环刀座将环刀垂直插入土中，把环刀周围的土除去，取出环刀，用削土刀把环刀上、下面整平，装入自封袋并编号。

土壤含水量：采用挖剖面取样，测定平茬和未平茬区 0～80 cm 沙层含水率。将所取土样用电子天平称重后，在 105℃烘箱中烘干至恒重。称其干重，最后按下式计算土壤含水量。

$$\text{土壤含水量} = (\text{湿土重} - \text{干土重})/\text{干土重} \times 100\%$$

土壤颗粒分形维数，选择孔径为 1 mm、0.5 mm、0.25 mm、0.1 mm、0.05 mm 的套筛进行筛分，测定不同粒径范围土壤颗粒的质量，并计算各粒级范围的土壤颗粒质量百分含量。土壤颗粒分形维数按照杨培岭等提出的用粒径的重量分布表征的土壤分形模型来计算，即：

$$\left(\frac{\overline{d_i}}{\overline{d}_{\max}}\right)^{3-D} = \frac{W(\delta < \overline{d_i})}{W_0}$$

式中，$\overline{d_i}$ 为两筛分粒级 d_i 与 d_{i+1} 间粒径的平均值；$\overline{d}_{\max}$ 为最大粒级土粒的平均直径；$W(\delta < \overline{d_i})$ 为小于 $\overline{d_i}$ 的累积土粒质量；W_0 为土壤各粒级质量的总和；δ 是表示测量土粒直径大小的码尺；D 是土壤颗粒分布分形维数。

计算方法为：首先求出土壤样品不同粒径（d_i）的重量比对数 $\lg[\frac{W(\delta < \overline{d_i})}{W_0}]$ 和粒径比对数 $\lg(\frac{\overline{d_i}}{\overline{d}_{\max}})$，然后以前者为纵坐标、后者为横坐标作散点图并进行线性拟合，拟合后的直线回归方程的斜率 $K = 3-D$，求出土壤颗粒的分形维数 D。

3.6.2　平茬沙冬青年龄等级密度变化动态

沙冬青群落经平茬处理后，种群密度随年龄等级变化的动态关系见图 3-22。从图 3-22 中可见，平茬第一年种群由平茬后新生的幼年植株和壮年株组成；第二年随着平茬后沙冬青逐渐恢复生长，种群结构以壮年植株为主体，幼年植株开始减少；第三年平茬后的植株完全恢复得到充分的更新，长势旺盛达到壮年期，同时造成部分植株开始衰老干枯死亡。

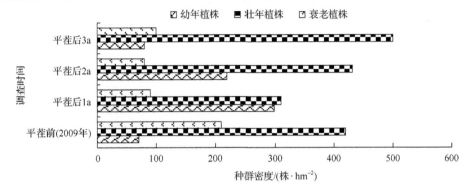

图 3-22　沙冬青平茬种群年龄等级密度动态变化

　　究其原因，平茬后沙冬青群落光照条件得到改善，沙冬青依靠萌蘖恢复种群结构。平茬初期，由于平茬后幼年植株个体小，恢复生长能力强，平茬区所能容纳的个体数量多。之后种群中壮年植株密度逐年增大，在平茬第三年时达到最大值。随着植株的生长，种内竞争日益激烈，导致衰老植株死亡率增加，种群密度开始下降。因此，在植株濒临死亡时通过人工平茬剪掉枯枝，使种群密度维持在一定水平上，保证群落结构的稳定性。

3.6.3　平茬萌蘖丛构件的密度制约

　　一般情况下，随着种群密度的增加，植物个体以死亡和降低生长量作出响应。因此，本文采用植被盖度为自变量来探讨密度制约规律。死枝比、叶片相对质量分别为其相应的生物量占样地总生物量的百分比，用于分析经平茬处理的沙冬青种群在三年恢复过程中，由于盖度不同，生物量的变化趋势。对盖度逐渐增大反应比较明显的就是枝条死亡率的增加和叶片相对生物量的降低。因此，用两者每年的观测值与平茬后对应年份的盖度进行相关分析，结果如图 3-23 所示。

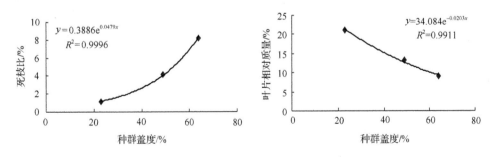

图 3-23　死枝比和叶片比与种群盖度变化的关系

　　从图 3-23 可以看出，随着种群盖度的增大，死枝生物量比例呈指数函数上升，但叶片相对生物量比例呈指数函数下降。由此可以推断，随着老龄个体死亡数量的增加，沙冬青可以通过提前对濒危衰老株进行平茬或者剪除枯老枝再次更新恢复种群的稳定性。这种现象与毛乌素沙地中国沙棘天然林动态研究结果基本一致。

3.6.4　沙冬青平茬后土壤水分的变化

从 2010～2012 年，每年的 7 月下旬，即沙冬青生长季，测定平茬和未平茬区 0～80 cm 沙层含水率，计算三年调查含水率平均结果(表 3-8)。

表 3-8　沙冬青不同沙层含水率 (单位：%)

处理	0～10	10～20	20～30	30～40	40～60	60～80	平均
平茬	2.10	2.59	3.21	2.67	3.14	3.18	2.78
CK	1.34	2.89	3.45	1.95	1.81	1.79	2.21

从表 3-8 可知，平茬区 0～10 cm 和 30～80 cm 沙层含水率均大于未平茬区，而未平茬区 10～30 cm 沙层含水率大于平茬区。分析其原因，是由于沙冬青主要吸收地下深层水，根系特别发达，主根粗壮，一般为 80 cm 左右，根系垂直分布，侧根也比较发达，主要集中在 0～40 cm，以 10～30 cm 根的质量和数量所占比例最多，所以根系分布越密集，对土壤的蓄水消耗越多。经平茬处理的沙冬青为了满足地上生物量的生长，根系需要从土壤中获取更多的水分和养分，因此可能造成根系主要分布区 10～30 cm 沙层含水率降低。平茬区 0～80 cm 沙层的平均含水率比未平茬(CK)高 0.57%。平茬后，减少了沙冬青衰老枝条对水分的消耗，同时新生枝条浓密，可以减少土壤水分蒸散，增加了平茬区蓄水，具有改良土壤结构的作用。因此，平茬后土壤水分条件的改善是沙冬青地上生物量迅速恢复的主要机制之一。

3.6.5　土壤颗粒组成与土壤分形维数间的关系

由土壤分形维数的计算过程可知，分形维数与土壤颗粒不同粒级的百分含量有关。图 3-24 是对土壤分形维数和各粒级土壤颗粒百分含量的相关分析，结果表明：土壤颗粒大小分形维数与黏粉粒含量(<0.05 mm)呈显著正相关关系，回归方程 $y=0.0235x+2.0446$，相关系数 $r=0.986$；而与沙粒含量(>0.1 mm)呈负相关关系，回归方程 $y=-0.009x+2.8127$，相关系数 $r=-0.597$；与极细沙含量(0.05～0.1 mm)基本不存在相关关系，回归方程 $y=-0.0008x+2.3214$，相关系数 $r=-0.041$。分析结果认为：土壤颗粒的分形维数与各粒级颗粒的百分含量有关，其中 0.05 mm 粒径是决定分形维数的临界粒径，粒径小于 0.05 mm 的颗粒含量越多，土壤颗粒的分形维数越高。因此可以认为，土壤分形维数能够很好地表征土壤颗粒大小的组成，黏粉粒含量越高，颗粒大小分形维数越高；沙粒含量越高，颗粒大小分形维数越低。这个结果与其他研究结果表明土壤质地由粗到细变化、颗粒大小分形维数由小到大的结论相一致。所以用分形维数与土壤颗粒组成的这种关系，可以很好地反映土壤颗粒物质的损失状况。分形维数既是土壤有机质状况的反映，又是土壤颗粒物质损失状况的表征，所以土壤颗粒分形维数可以作为衡量土地沙质荒漠化程度的定量指标之一。

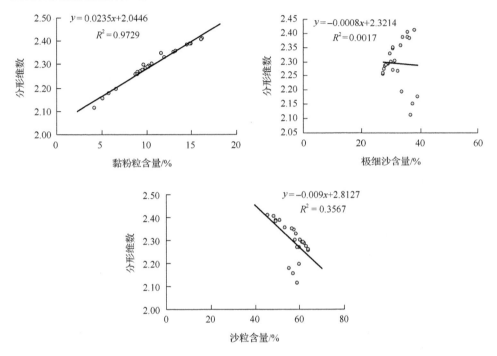

图 3-24　土壤分形维数与土壤各粒级颗粒百分含量的关系

3.6.6　平茬后土壤分形维数的变化

黏粉粒含量越高，颗粒大小分形维数越高；沙粒含量越高，颗粒大小分形维数越低。分形维数既是土壤有机质状况的反映，又是土壤颗粒物质损失状况的表征，所以土壤颗粒分形维数可以作为衡量土地沙质荒漠化程度的定量指标之一。从图 3-25 可以看出，随着采样深度的增加，土壤颗粒分形维数发生波动变化。0～10 cm 层的土壤分形维数最小；10～60 cm 层的土壤分形维数均大于 0～10 cm 层，反映了该沙地表层(0～10 cm)土壤质地比 10～60 cm 土层土壤质地粗。分析认为：由沙冬青所组成的荒漠区常绿灌木群落，地表往往有薄层覆沙，加之干旱区较强的风力作用，地表沙粒的沉积及土壤细颗粒物质的损失极大地影响了土壤颗粒分形维数，使表层土壤的分形维数明显小于其他层。10～60 cm 层的土壤随着深度的增加，土壤颗粒分形维数逐渐减小，说明随着深度的增加，土壤质地状况越差。

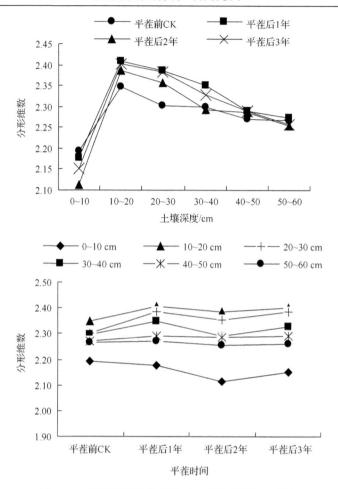

图 3-25 平茬群落结构变化对土壤分形维数的影响

平茬后第二年群落植被盖度最大，生长状况良好，枝叶繁茂，所以拦沙能力强，其表层土壤中沙粒含量最多，分形维数最小；平茬后第三年，由于衰老植株死亡和枯枝量的增加，拦沙能力减弱；平茬后第一年植株幼小冠幅小，枝叶少，因而拦沙能力差，其表层土壤中沙粒含量相对较少，分形维数最大。由此推断出平茬沙冬青群落拦沙能力为：平茬后2年＞平茬后3年＞平茬前＞平茬后1年。

3.6.7 土壤分形维数与水分的相关性

根据三年土壤含水量的动态变化与平茬种群动态结构沙冬青下土壤分形维数建立关系，土壤颗粒分形维数与土壤含水量的多项式回归分析结果见图 3-26。由图中可以看出，土壤颗粒分形维数与土壤含水量表现出一定的多项式相关关系，但相关性较弱。回归方程 $y = -126.32x^2 + 579.1x - 660.8$，相关系数 $r = 0.7549$。土壤作为一种具有分形特征的分散多孔介质，其分形维数越低，沙粒含量越高，越利于水分的深层渗漏，土壤持水能力越差；分形维数越高，土壤团聚性越好，保水能力越强。

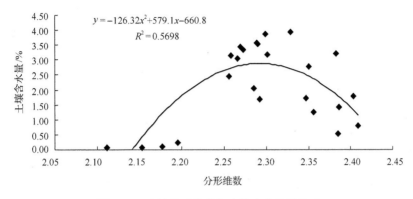

$$y = -126.32x^2 + 579.1x - 660.8$$
$$R^2 = 0.5698$$

图 3-26　土壤分形维数与土壤含水量的关系

小　结

(1)留茬高度距地面 3 cm，沙冬青长势旺盛，生长情况良好，过高或过低都对萌蘖和生长不利；沙冬青萌生枝条随平茬母枝基径的减小，其生长状况越差，平茬粗度越小，萌条长势下降越明显；平茬母株地径范围15.09～19.95 mm，灌丛复壮效果最好；茬口经涂油漆处理的长势优于未涂油漆，虽然生长初期生长状况差异性不明显，但后期经涂油漆处理的沙冬青表现出生长旺盛的态势，更有利于更新复壮。

(2)平茬沙冬青萌芽时间比未平茬提前了7天，平茬第3年就能恢复到原来的植株大小，且第2年就有开花结果的现象发生。平茬后萌蘖枝条数、萌蘖一级分枝直径和一级分枝长度都有明显的提高。

(3)沙冬青叶片水势日变化呈"单峰"曲线，每日最高水势出现在黎明前后，最低值出现在正午前后。水势日变化与环境因子有密切关系，总体呈现先减小后增大的趋势，且经平茬处理的沙冬青水势日变化较对照有显著增加，经平茬处理的沙冬青具有较强的忍耐脱水能力，且叶片相对含水量较大，说明其具有较强的保水和抗旱能力。

(4)光合作用、蒸腾作用是植物十分复杂的生理过程，叶片净光合速率、蒸腾速率与自身因素如叶绿素含量、叶片厚度、叶片成熟度密切相关，又受光照强度、气温、空气湿度、CO_2浓度、土壤含水量等外界因子影响。经平茬处理的沙冬青叶面积增大，叶片鲜绿且内质化程度高。在阳光充足的夏季晴天，研究区空气温度高，相对湿度也小，经平茬处理的沙冬青和沙冬青(CK)的净光合速率(P_n)和蒸腾速率(T_r)的日进程都是"双峰"曲线，上午和下午各有一个峰值，主峰值远大于第二峰值，13：00 出现一个低谷，有明显的"热休眠"现象。沙冬青光合主峰值比 CK 高出 21.28%，经平茬处理的沙冬青 P_n 日均值比对照高 15.73%；经平茬的沙冬青 T_r 主峰值高于 CK，其次峰值比 CK 低 7.60%。经平茬的沙冬青日均值比未平茬沙冬青 T_r 日均值高出 15.57%。

(5)平茬与未平茬沙冬青叶片光合作用和蒸腾作用变化表现出不同的变化特征。平茬与未平茬处理相比，经平茬处理的沙冬青水分利用效率日动态呈"M"形，变化趋势与光合速率几乎保持一致；未平茬沙冬青的 WUE 变化呈先增高后减小的趋势。经平茬处理的沙冬青叶片的 WUE 日均值比未平茬高出 13.92%。

(6)采用隶属函数法对萌蘖沙冬青和对照的叶片相对含水量、MDA 含量、Pro含量、POD 活性、SOD 活性、CAT 活性、可溶性糖浓度、总叶绿素含量等 8 个指标进行综合评价，可以得出：沙冬青萌蘖丛通过提高光合速率，获得了更多的水分，受干旱胁迫程度轻；而未平茬沙冬青在生长旺盛季受干旱胁迫严重，光合速率低，体内渗透调节物质不能缓解其受胁迫的程度，因此灌丛生长缓慢。

(7)平茬沙冬青在萌蘖过程中，通过群落不断自我调节新生率与死亡率，使种群结构和数量维持在一个相对平衡水平，当分枝数增加时，萌蘖丛生物量也增加，但是种群中形成的枯枝量也消耗了养分和水分，在实践中应当及时进行人工平茬减少枯死量，从而实现对生境资源的合理利用及对种群持久性的维持。由此可以推断，随着衰老个体死亡数量的增加，为了尽量避免减少死亡率，机械平茬可以有效地改善沙冬青种群结构，依靠平茬更新恢复沙冬青，建立一个持续稳定的种群结构。

(8)平茬减少了沙冬青自然需水量。平茬区 0～80 cm 三年平均含水率较未平茬区高 0.57%，有计划地进行机械平茬，可以增加沙包蓄水量，更有利于珍稀濒危植物沙冬青的繁衍与保护。平茬使沙冬青群落 0～10 cm 表层的土壤分形维数由小到大的顺序为：平茬后 2 年(2.1122)＜平茬后 3 年(2.1526)＜平茬后 1 年(2.177)＜CK 平茬前(2.1947)，且表层土壤的分形维数明显小于其他层。土壤颗粒分形维数与土壤含水量表现出一定的多项式相关关系，但相关性较弱。

4 霸王平茬复壮技术

霸王 (*Zygophyllum xanthoxylum* (Bge.) Maxim.)，蒙名"胡迪日"，蒺藜科 (Zygophyllaceae) 霸王属 (*Zygophyllum* L.) 植物。超旱生灌木，为落叶灌木，高 70～150cm；枝舒展，皮淡灰色，小枝先端刺状；叶在老枝上簇生、嫩枝上对生，肉质，椭圆状条形或长匙形，顶端圆，基部渐狭。花期 5～6 月，花瓣 4，黄白色，倒卵形或近圆形，顶端圆；果期 7～8 月，蒴果通常具 3 宽翅，偶见有 4 翅或 5 翅，宽椭圆形或近圆形，不开裂，长 1.8～3.5 cm，宽 1.7～3.2 cm，通常具 3 室，每室一种子。种子肾形，黑褐色。在干旱荒漠区，霸王存在营养繁殖和种子繁殖两种方式。

霸王又称霸王柴，在我国西北的新疆、青海、甘肃河西走廊、宁夏西部均有分布，尤以新疆分布种类最为丰富；内蒙古也是其主要分布区，分布于锡林郭勒盟西北部苏尼特右旗、二连浩特市、乌兰察布市北部四子王旗和达茂旗、鄂尔多斯市西部杭锦旗和鄂托克旗，以及巴彦淖尔市西北部乌拉特后旗、磴口县和阿拉善盟。霸王分布区降水量一般为 50～200 mm，个别地区可达 200～250 mm，300 mm 以上降水量很难见到。霸王是古老的荒漠残遗植物，为古老非洲起源的旱生植物，现代分布区在亚洲中部荒漠区及戈壁，为强旱生树种，经常出现于荒漠、草原化荒漠及荒漠化草原地带，在戈壁覆沙地带上有时成为建群种形成群落，但在绝大部分分布区还是以伴生种为主，常散布于石质残丘坡地、固定与半固定沙地或干河床边、沙砾质丘间平地。

霸王萌芽较早，4 月中旬产生花蕾，花期可延续到 4 月末至 5 月初，5 月开始结实，6 月下旬籽粒成熟。霸王先开花、后长叶，4 月中旬产生花蕾，下旬开花，6 月下旬籽粒成熟种子发芽率为 90%；在干旱荒漠区有苗成活后生长快，不易死亡，株丛寿命 20 年以上。霸王生长 3～4 年后进入壮龄期，开始大量结实。植株枝条被沙埋后，可从基部萌发新生枝条，并产生不定根。75%的根主要集中在 40 cm 土层内。霸王根向下到达土层，土壤储水被利用后，难以补偿时，根又向地表方向生长，这一研究结果证实强旱生霸王主要靠吸取地表水生存。霸王根系的这些优良特性，给它自身创造了良好的水分生态环境，因而构成了其抗旱、耐寒、耐贫瘠、适应性强、速生、高产的特性。霸王营养价值高，粗蛋白含量 10.49%～12.68%，家畜喜食，是一种值得在干旱荒漠区推广种植的小灌木。

霸王是荒漠灌丛植被的主要优势种和建群种之一，其抗逆性强，生态可塑性大，具有较好的饲用价值和适口性，多生长于干旱的砂地、多石砾地及覆沙地上，不耐黏重的淤泥和强烈的盐渍化土壤，是荒漠灌丛植被的主要优势种和建群种之一，也是亚洲中部荒漠区的特有植物属。霸王草地是我国西北地区的主要放牧地。然而分布地区多为生态脆弱地带，尤其因为长期过牧，退化迅速，荒漠化日趋严重。现有霸王群落多分布稀疏，且破坏严重，生物量低，为典型的旱生固地固沙植物。霸王是我国西北荒漠地区重要的野生树种，在维系生态平衡、保持生物多样性方面发挥着重要的不可替代作用，作为古老残遗植物有着十分重要的研究价值。在当前生态树种缺乏、需求量大的条件下，研究并开发野生树种资源，变野生种为人工栽培种用于荒漠地区固沙造林十分必要。而且，不同类型的濒危植物具有不同的遗传含义，采取的保护措施也不尽相同，保护和合理利用这一植物资源，对我国西北地区的生态与经济建设具有重要意义。由于自然环境的持续恶化和人为破坏，目前该地区的野生生物种类和数量明显减少，生物多样性下降，而西鄂尔多斯地区的霸王草地同样遭到破坏。通过研究霸王平茬复壮技术，对西鄂尔多斯国家级自然保护区的霸王灌丛进行平茬更新复壮，使得老化、多病、濒临死亡的霸王灌木得到更新复壮，增强生态防护效能，并且可利用平茬后的霸王枝条原料进行霸王扦插的试验，开发霸王产业，达到生态和经济效益的和谐统一，进一步做好霸王的保护工作，对提高半干旱与荒漠草原地区霸王的生态利用和沙区保护有重要意义。因此，应大力开展霸王平茬更新复壮、扦插育苗技术的研究，为进一步保护和合理利用这一植物资源及荒漠地区植被的恢复与重建提供科学依据，同时对我国西北地区的生态与经济建设具有重要作用。

4.1　霸王平茬复壮方式筛选

4.1.1　地块选择

　　试验区位于西鄂尔多斯国家级自然保护区伊克布拉格境内，依据保护区内的自然条件，以植被实际生长状况为依托，选择分布较为集中且出现生长衰退的霸王种群，进行选择性隔株平茬。平茬选在冬末春初，霸王未萌动之前进行。平茬时注意保证茬口平滑，无劈茬裂口，手工平茬试验。

　　根据试验区的自然条件及植被的实际生长状况，以利于灌丛生长为前提，进行平茬地块的选择：

　　(1)灌木盖度达到60%以上，且分布较为集中连片；

　　(2)地势平缓，无较大沙丘。

4.1.2　平茬前后测量林木生长状况

　　为了进行对比平茬复壮效果，在平茬前后需测定以下指标。

　　(1)地径。每丛中选取3～5枝最粗的枝取均值作为灌丛地径。

(2)株高。选取每丛中最高一株测定丛高。

(3)冠幅。对灌丛进行东西和南北两个方向的冠幅测定。

(4)分枝数。全部数出单丛分枝数。

(5)生物量。每块样地内选择标准丛(由平均地径、平均高、平均冠幅、平均分枝数确定)3丛,整株砍掉,测定生物量,再从中选出标准枝3~5枝测定生物量。之后带回实验室在烘箱中用80℃烘至恒重测定干重,计算单丛生物量、单位面积总生物量。

$$单丛生物量=(标准枝干重/标准枝鲜重)×丛鲜重$$

$$单位面积总生物量=单丛生物量×灌丛密度$$

(6)土壤含水量。测定平茬和未平茬区0~60cm沙层含水率。

(7)物候期。

灌丛的株高、冠幅采用盒尺测量;灌丛的最大地径游标卡尺贴地面测量;生物量采用台秤进行称重;土壤湿重用电子天平在现场测量,干重带回实验室烘干后测量。

4.1.3　平茬方案

(1)同一灌丛采取不同平茬高度进行,包括–3 cm(地下)、0 cm(齐地面)、3 cm、5 cm、10 cm、15 cm,以新生苗作为对照,每种平茬高度5~10枝,由手工平茬完成3组重复。

(2)同一灌丛不同基径划分为4个径级,每个径级平茬3枝,采用手工平茬5 cm,进行3组重复。

(3)同一灌丛采用手工平茬5 cm,一半涂油漆,另一半不涂,进行3组重复。

(4)同一灌丛采取相同的平茬高度,进行整丛同一个高度的平茬,平茬高度分别为–3 cm(地下)、0 cm(齐地面)、3 cm、5 cm、10 cm、15 cm,以未平茬作为对照,用手工完成3组重复。

(5)同一灌丛采取相同的平茬高度,进行整丛同一个高度的平茬,平茬高度为3~5 cm,以未平茬作为对照,手工完成10组重复。

4.1.4　注意事项与平茬后管护抚育

(1)由于试验区风沙危害严重,为防止风蚀沙化,要进行隔带平茬,留设防护带。样带的走向与主害风方向垂直,每个平茬带宽20 m,带间距(即为防护带)40 m。

(2)平茬时茬口要平滑,无劈茬裂口。

（3）对平茬区实施封围，加强管护，严禁人为破坏及牲畜啃食、践踏破坏。

4.1.5 留茬高度对霸王生长特性的影响

1）不同留茬高度对霸王株高年增长的影响

不同留茬高度下霸王株高年增长量见图 4-1。从图 4-1 可以看出，平茬有利于霸王株高的生长。采用留茬高度−3 cm、3 cm 两种处理平茬后，1 个生长季内株高生长高度分别为 44.58 cm 和 36.85 cm，而在留茬 15 cm 处理平茬高度下，株高生长较其他 5 种生长较慢，但也达到 24.45 cm。6 个处理下株高年生长高度都极显著大于未平茬霸王株当年生长高度 12.25 cm，说明平茬能够促进霸王生长，有助于提高单位面积霸王的产量。

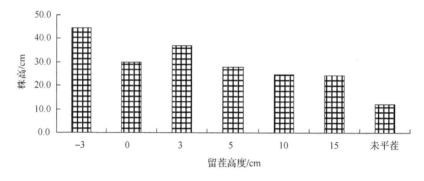

图 4-1 不同留茬高度霸王株高年增长量

2）不同留茬高度对霸王枝条萌发量的影响

研究区植被萌发的季节一般从 4 月开始，分别在 2011 年 6 月 7 日、7 月 9 日和 9 月 20 日对 2011 年 3 月下旬进行的平茬试验进行了 3 次观测，结果见表 4-1。

表 4-1 不同平茬高度霸王枝条平均萌发量

时间	平茬处理						未平茬 (CK)
	−3 cm	0 cm	3 cm	5 cm	10 cm	15 cm	
6 月 7 日	25.3	35.5	29.7	22.5	19.0	17.0	无
7 月 9 日	28.0	38.5	35.7	28.5	20.0	17.5	1.3
9 月 20 日	29.7	40.1	38.0	29.7	22.7	18.0	1.3

相比较而言，未平茬霸王根基部 10 cm 以下，不同高度平茬处理后霸王萌发枝条数量明显增加，新枝生长量是未平茬处理的 7～15 倍以上。霸王在经过平茬后，促进了腋芽的萌发，生成了更多的新生枝条；未经平茬的植株，由于顶部枝条的存在，根基部腋芽显然受到抑止，发芽率降低，催生枝条的能力差，新生枝条数量少。从实际观测看，未平茬的植株如果长势旺盛、植株年龄长、植株高大，

则根基部几乎没有萌生枝条，出现新生枝条的植株则属于生长缓慢、植株矮小、年龄较短的霸王。从表 4-1 还可以看出，进行不同高度平茬处理后新生枝条数量并不是简单地随留茬高度增加而增加。霸王留茬高度 0 cm(齐地平茬)平均新生枝条最多，留茬 15 cm 新生枝条最少。留茬到 15 cm 后，切割茬口以下 3～5 cm 经过一个冬季后几乎被风干枯死，有的甚至出现干裂口，从风干部位以下 3 cm 范围内也没有新生枝条。茬口风干的长度随着留茬高度的降低明显减少，5 cm 高度茬口则很少有风干枯死出现。从留茬后风干枯死现象表明，在干旱环境条件下，留茬高度过高，茬口散失水分加快，枯死现象普遍发生。

3)不同留茬高度对霸王生长量的影响

对平茬后的霸王植株进行了新萌生枝条的生长量观测，结果见图 4-2。4 月为霸王春季发芽季节，不同高度平茬处理和未处理新萌发枝条的生长高度变化不十分明显，但经过平茬处理后的新萌发枝条整体比未处理的要长，经过平茬处理的霸王新萌发枝条比未处理的要早发芽 3～5 天，个别植株可达到 10 天，这一现象在研究区发生较为普遍。由于 2009 年 10 月底对霸王进行平茬，经过一个冬季的水分养分积蓄，平茬后的植株最早在 3 月 18 日就开始发芽，在 3 月 27 日前所有观测植株基本都已发芽，而未平茬的植株发芽开始于 3 月 21 日，在 4 月 1 日全部发芽；观测植株整株的发芽过程基本一致，在 2～3 天内可完成，但平茬处理植株的腋芽较之未平茬的植株明显要粗壮膨大。

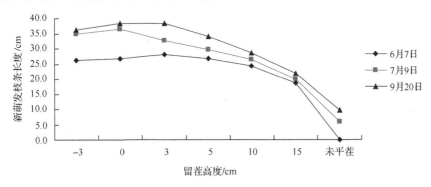

图 4-2　不同灌丛不同留茬高度下霸王新萌发枝条长度

随着植株的生长，经过平茬处理后的新萌生枝条的生长速率要远大于未平茬枝条，6 月 7 日、7 月 9 日和 9 月 20 日观测的结果较明显地表明了这一点(图 4-2)，而且未经处理的霸王植株萌发的枝条在平均生长到 25 cm 左右时似乎就停止了生长，可能与整体植株养分、水分供养状况有关。不同平茬处理方式与新萌生枝条也存在一定关系，在新萌发枝条开始生长前 1～2 个月内，不同高度的平茬植株表现差异性不十分明显，但随着生长季节的来临，差异就变得十分明显：3 cm 平茬

处理的植株新萌生枝条的平均生长高度最大已经达到 38.3 cm，0 cm、–3 cm、5 cm
和 10 cm 平茬处理的植株次之，15 cm 平茬处理的植株最小。

　　图 4-3 反映了不同平茬高度处理的新萌生枝条基部径粗与生长高度有相似的
关系，基部径粗与留茬高度呈负相关关系，这种现象在后期生长表现得更为明显。
生长高度和基部径粗两个指标基本上反映了霸王新生枝条的生长量。经过平茬处
理的霸王植株，新萌生枝条的生长量远远大于未经平茬处理的霸王植株，表明平
茬处理对提高霸王生长量和更新有一定的效果。同时平茬的处理方式不同，也影
响到新萌生枝条的生长状况，留茬高度在 0～3 cm 时生长量最高。

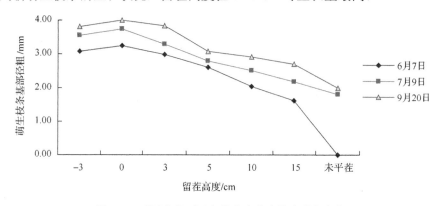

图 4-3　不同灌丛不同留茬高度萌生枝条基部径粗

　　4）同一灌丛不同留茬高度生长指标对比

　　由图 4-4 和图 4-5 可知，平茬对霸王的复壮效果十分明显，平茬第 2 年就能
恢复到原来的植株大小。平茬后萌蘖条数、萌蘖条直径和当年的新枝生长量都有
明显的提高，植株进入复壮后的新一轮生长。平茬植株留茬高度–3 cm、0 cm、3 cm、
5 cm、10 cm 和 15 cm 萌蘖条数分别是 5 条、11 条、10 条、7 条、6 条和 5 条，
远远低于不同灌丛同一留茬高度新萌枝条数量。这是由于进行同一灌丛平茬的茬
桩萌蘖的面积大，可生产更多的萌蘖芽。就平均萌条长度而言，留茬高度 0 cm 和
3 cm 年终萌蘖枝长分别是 23.3 cm 和 25.0 cm，高于留茬高度–3 cm、5 cm、10 cm
和 15 cm 的新萌蘖枝条长度；平均萌条基部径粗除留茬 3 cm 的为 3.18 mm 外，其
他都在 2.50 mm 左右。

　　为了减小灌丛因植株个体差异、立地条件、水分和光照等条件的不同，进行
同一灌丛不同留茬高度的平茬，再次验证了霸王适宜的平茬高度为 0～3 cm。但
是平茬后，由于整株霸王部分受到损伤，恢复能力明显低于整丛平茬的霸王，因
此在霸王平茬复壮过程中，应采用同一灌丛进行全部剪枝，有利于其恢复生长及
更新复壮。

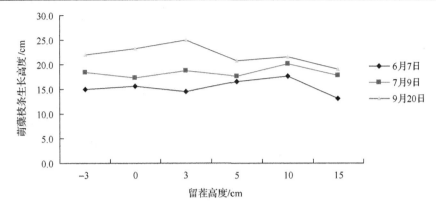

图 4-4 同一灌丛不同留茬高度霸王萌蘖枝条生长高度对比

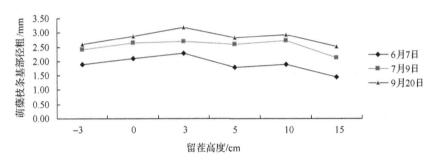

图 4-5 同一灌丛不同留茬高度霸王萌蘖枝条基部径粗对比

4.1.6 平茬霸王母株基部径粗对生长特性的影响

选择立地条件和生长状况良好的霸王，将霸王母株基部径粗大致相同的枝条进行平茬，同一霸王灌丛母枝径区间划分为 A（13.26～11.26 mm）、B（10.95～9.99 mm）、C（8.96～7.73 mm）、D（6.48～5.12 mm）。留茬高度处理为 5 cm，以 6 月、7 月和 9 月的数据作对比（表 4-2）。

表 4-2 不同平茬粗度当年生萌蘖枝条生长状况

母株基部径粗区间/mm	平均萌蘖枝条数/个	最多萌蘖枝条数/个	萌蘖枝条基部平均直径/mm	萌蘖枝条基部最大直径/mm	萌蘖枝条平均长度/cm	萌蘖枝条最大长度/cm
A	11.7	16.0	3.69	4.80	35.5	55.5
B	6.0	6.0	2.84	3.55	21.2	31.5
C	6.3	8.0	2.84	3.22	22.0	25.5
D	2.0	2.0	2.44	2.98	19.0	23.5

1）母株基部径粗对霸王平茬萌条数量的影响

霸王在 5.12～13.26 mm 径级范围内平茬，平茬粗度对萌条数量有一定影响。其中，A（11.26～13.26 mm）母株地径范围内平茬萌条数最多，平均新萌条数为原茬数的 4 倍，最高达 8 倍；C（7.73～8.96 mm）母株基部径粗范围内平茬萌条数次之，最高为 4 倍；D（5.12～6.48 mm）母株基部径粗范围内平茬萌条数量最少，部分甚至无新枝生长。

2）霸王平茬母株基部径粗对株高生长的影响

平茬霸王母株基部径粗在 5.12～13.26 mm 范围内平茬后株高年生长量随平茬粗度的增大而增加，母株基部径粗在 11.26～13.26 mm 范围内平茬处理萌蘖枝条最大生长达 55.5 cm。霸王随平茬母枝基部径粗的减小，其长势开始明显衰退，根部养分减少，平茬后可供萌条的养分也相对减少，萌条长势下降。根据调查，基部径粗在 5.12～6.48 mm 范围的细枝霸王平茬后，萌条年高最大生长仅为 23.5 cm。因此，如以萌蘖条数、萌蘖条生长量为评价指标，应对径粗在 11.26～13.26 mm 范围的母株进行平茬，效果最好（图 4-6）。

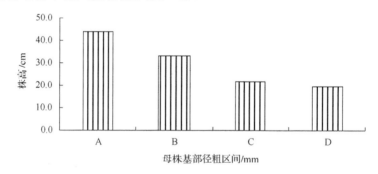

图 4-6　平茬母株基部径粗对霸王株高影响对比

3）霸王平茬母株径粗对萌蘖枝条基径的影响

由图 4-7 可知，随月份的递增，各母株地径区间的霸王萌蘖新枝的基部平均径粗逐渐增大，6～7 月的霸王萌蘖新枝的基部平均径粗增长幅度小于 7～9 月的增长幅度。在 A（13.26～11.26 mm）母株基部径粗范围内，6～7 月的霸王萌蘖枝条增长幅度为 0.13 mm，7～9 月的增长幅度为 0.45 mm，后者是前者的 3.46 倍；在 B（10.95～9.99 mm）母株基部径粗范围内，6～7 月的霸王萌蘖枝条增长幅度为 0.13 mm，7～9 月的增长幅度为 0.29 mm，后者是前者的 2.23 倍；在 C（8.96～7.73 mm）母株基部径粗范围内，6～7 月的霸王萌蘖枝条增长幅度为 0.11 mm，7～9 月的增长幅度为 0.12 mm，在 D（6.48～5.12 mm）母株基部径粗范围内，6～7 月的霸王萌蘖枝条增长幅度为 0.3 mm，7～9 月的增长幅度为 1.05 mm，后者是前者的 3.5 倍。分析主要原因，发现随时间的变化，霸王日照强度及周围气候环境也发生变化，6、7 月为霸王的生长旺盛期，植物体内细胞伸长生长，因此霸王的基径生长速率较慢，而 8~9 月霸王植物的伸长生长变得缓慢，高速生长期结束，进入枝条木质化时期，植株的枝条开始向粗生长，植株变得更加健壮，开始积累更多的营养物质。

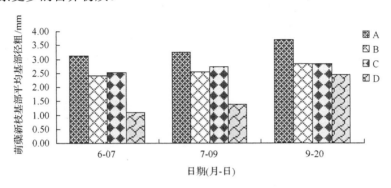

图 4-7　霸王平茬母株基部径粗对萌蘖新枝径粗的影响

A.13.26~11.26 mm；B.10.95~9.99 mm；C.8.96~7.73 mm；D.6.48~5.12 mm；下同

4) 霸王平茬母株基部径粗对萌蘖枝条长度的影响

由图 4-8 可知，在 6~7 月霸王萌蘖枝条增长幅度快于 7~9 月。母株基部径粗在 13.26~11.26 mm 的霸王平茬后，萌蘖枝条在 6~7 月增幅为 14.67 cm，7~9 月萌条枝长增幅为 1.83 cm；母株地径在 10.95~9.99 mm 的霸王新生萌蘖枝条在 6~7 月长度增幅为 2.72 cm，7~9 月的增幅为 0.98 cm；母株地径 8.96~7.73 mm 的萌蘖枝条在 6~7 月的长度增幅为 2.72 cm，7~9 月增幅为 0.08 cm；母株地径 6.48~5.12 mm 的萌蘖枝条在 6~7 月的霸王新生萌蘖枝条长度增幅 8.6 cm，7~9 月增幅为 5.4 cm。此外，增幅随不同月份日照强度及周围气候环境也发生变化，6~7 月间霸王植物体内细胞伸长生长，新生枝条的生长速率较快；而在 8~9 月，霸王生长变得缓慢，植株从伸长生长变为以加粗生长为主、伸长生长次之。

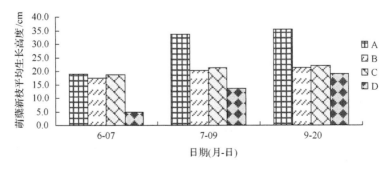

图 4-8　霸王平茬母株基部径粗对萌蘖新枝长度的影响

由图 4-7 和图 4-8 可知：霸王不同的母径粗度的平茬对新生萌蘖枝条的平均

基部径粗也有一定的影响,母株基部径粗为 A(13.26～11.26 mm)时萌蘖新枝的基部平均直径和平均枝长长度最大,其次为 C(8.96～7.73 mm)的基部径粗区间,D(6.48～5.12 mm)的数值最小,从而得出最佳的母株地径区间为 13.26～11.26 mm。

4.1.7　涂抹油漆与未涂抹油漆处理的霸王平茬生长状况

涂抹油漆与未涂抹油漆处理分枝数见表 4-3。从表中可以看出,涂抹油漆与未涂抹油漆处理的分枝数有一定差别,但差别很小,说明涂抹油漆与未涂抹油漆处理对霸王平茬后的分枝数影响很小。

表 4-3　涂抹油漆与未涂抹油漆处理的霸王平茬生长状况

茬口处理方式	平均萌蘖枝条数/个	最多萌蘖枝条数/个	萌蘖枝条基部平均直径/mm	萌蘖枝条基部最大直径/mm	萌蘖枝条平均长度/cm	萌蘖枝条最大长度/cm
涂抹油漆	36.67	66.0	3.99	4.12	31.82	59.5
未涂抹油漆	30.72	57.0	3.43	3.85	31.72	44.5

由图 4-9 可以看出,同一生长时期条件下霸王平茬茬口涂抹油漆的萌蘖新枝平均长度要长于不涂抹油漆处理。6～7 月中旬为霸王的速生期,各处理条件下霸王 7 月后从高生长减缓,到 9 月 20 日时枝条长度仅增加 1～3 cm。未涂抹油漆处理的萌蘖新枝平均长度与涂油漆处理的平均萌蘖新枝长度差异不显著。这表明,涂抹油漆和未涂抹油漆处理只对霸王前期萌蘖新枝生长有影响,在速生期后两种处理差异显著。

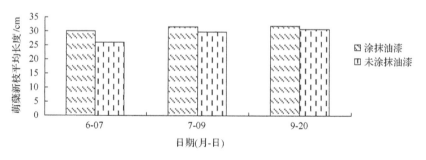

图 4-9　茬口涂抹油漆对萌蘖新枝长度的影响

由图 4-10 可以看出,同株霸王灌丛在相同的平茬高度条件下,茬口涂抹油漆处理优于未涂抹油漆的平茬效果。霸王新生萌蘖枝条平均基部径粗与平均枝长显著优于未涂抹油漆处理。基部径粗的增长并没有出现明显的速生期,整个生长季各处理的基部径粗都保持一个稳定的增长速度。7 月中旬前涂抹油漆处理与不涂抹油漆处理的基部径粗并没有出现较大的差异。9 月 20 日平茬茬口涂抹油漆与不涂抹油漆处理萌蘖枝条基部径粗分别达到 3.99 mm、3.43 mm。这表明,平茬后涂抹油漆可以保护平茬后枝条茬口裸露在空气中与空气微生物接触后发生腐烂，并且有效防止植物枝条的水分蒸发，起到保水的作用，与此同时也可防止病虫害的侵害。从总体上看，涂抹油漆处理可以增加基部径粗的生长，使萌蘖枝条更加粗壮，有利于霸王后期的生长。

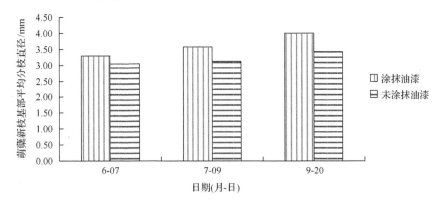

图 4-10　茬口涂抹油漆对萌蘖新枝基部平均分枝直径的影响

4.2　平茬对霸王生长及生理特性的影响

上述平茬试验结果表明，留茬高度为 3～5 cm 霸王平茬复壮效果较好。基于此，项目组进一步对留茬高度为 3～5 cm 的平茬效果进行了验证，针对同一霸王灌丛采取相同的平茬高度，进行整丛同一个高度的平茬，平茬高度为 3～5 cm，以未平茬作为对照，手工完成 10 组重复。

4.2.1　平茬对霸王生长特性的影响

4.2.1.1　平茬对霸王萌蘖丛株高的影响

追踪霸王平茬后霸王累积(对同一植株连续监测)高生长随时间变化，结果如图 4-11 所示。分析图中数据可得，平茬后植株生长迅速，霸王植株平茬 2 年后，生长季末株高可达 84.2 cm，而未平茬霸王生长缓慢，整个生长季生长仅 1.50 cm。在所测植株中，以平茬 2 年为例，霸王植株一个生长季株高增幅最大为 38%，最小为 16%，相比对照一个生长季株高增幅 2.32% 有很大不同。平茬 3 年后霸王株高生长减缓，5 月调查数据显示，平茬 3 年比 2 年的株高生长量增加了 10.26%。分析原始数据仍可得出，霸王平茬 3 年后植株株高最大可达 101.50 cm，最低的仅为 63 cm，各植株自身差异的不同使得平茬后各株高生长不同，故标准差较大。

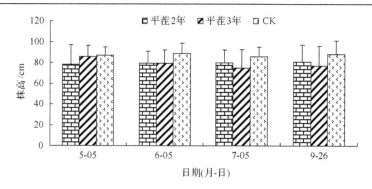

图 4-11　霸王不同平茬年限株高生长变化

与平茬前测得的霸王株高相比，平茬前的霸王株高均值为 98.43 cm，平茬后第 3 年的 9 月，霸王的株高为 77.25 cm，恢复到平茬前的 78.5%，已非常接近于平茬前的霸王株高，而且，平茬后霸王植株累积生长迅速，平茬 3 年后就接近同一生长环境中未平茬霸王的株高。

针对测量后期出现株高降低的现象，可能是由于霸王在 5 月为生长旺盛期，新生枝条生长旺盛，但未木质化，而且霸王枝条在生长起始较为竖直，随着后期不断增长，枝条自然向下弯曲，弯曲度不断增加。株高是指植株的自然高度，且霸王枝条多呈"之"字形生长，枝条虽在不断生长，但自然高度却有所降低，故在生长季末测得的株高要低于在生长旺盛季所测株高，导致后期的株高低于前期的株高。

4.2.1.2　平茬对霸王萌蘖丛冠幅直径的影响

平茬后霸王萌蘖丛冠幅直径逐月变化如图 4-12，平茬后植株萌蘖丛生长旺盛，平茬 3 年霸王冠幅直径较平茬 2 年的霸王冠幅直径高 2.46%，比对照低 6.8%。平茬 2 年霸王冠幅直径逐月增加，由生长旺盛季到生长季末增加了 15.16%；平茬 3 年霸王冠幅直径逐月增加，由生长旺盛季到生长季末增加了 7.41%；对照霸王冠幅直径由生长旺盛季到生长季末增加了 1.43%。

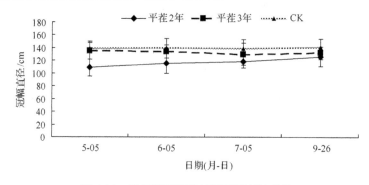

图 4-12　霸王不同平茬年限冠幅直径变化

对比分析平茬前后霸王冠幅直径发现，平茬前霸王的冠幅直径均值为135.39 cm；平茬 2 年后，霸王的冠幅就恢复到 126.01 cm；到平茬后第 3 年的 9 月，霸王的冠幅直径就达到 134.89 cm，恢复到平茬前的 99.6%，此时也更接近未平茬霸王植株的冠幅直径。结合图 4-11 中有关株高的数据，综合分析得知，平茬 3 年后霸王高生长及冠幅直径增加减缓，并逐渐接近未平茬霸王。

4.2.1.3　不同平茬年限对霸王新生枝条直径生长量的影响

平茬后霸王新生枝直径逐月生长状况如图 4-13 所示。分析图中数据可得，霸王平茬后补偿生长过程中，新萌生枝条的直径随平茬时间的增加而增粗，且平茬后新萌生的枝条直径大于同期对照植株新生枝条的直径。平茬后霸王新生枝条直径的生长规律一致，均是随月份的增加而枝条直径增粗。

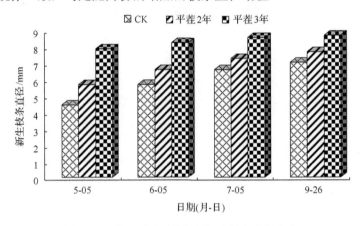

图 4-13　霸王不同平茬年限新生枝条直径变化

霸王平茬 2 年后萌蘖枝平均直径较对照植株新生枝条直径增加了 15.79%，其中 5 月平茬 2 年的霸王萌蘖枝直径较对照高了 27.81%，9 月平茬 2 年的霸王萌蘖枝直径较对照提高了 0.92%；霸王平茬 3 年后萌蘖枝直径平均较对照植株新生枝条直径增加了 43.84%，与平茬 2 年的规律一致，5 月平茬 3 年的霸王萌蘖枝直径较对照提高了 77.29%，9 月平茬 3 年的霸王萌蘖枝直径较对照提高了 23.40%。

由此说明霸王在生长季初期，枝条直径的增长较迅速，而到生长季末，枝条直径的增加减缓，但仍比未平茬的霸王新生枝条的直径高。究其原因可能是，平茬后植株萌蘖枝条大多成为生长后期的一二级分枝，故其直径均高于未平茬植株的新生枝条直径。

4.2.1.4　平茬对霸王新生枝条枝长生长的影响

霸王平茬后新生枝条长度变化情况如 4-14 所示，由图可得，平茬后霸王新生枝条长度随平茬恢复时间的增加而增长，且平茬后植株萌蘖枝的长度大于同期对照植株新生枝条的长度。平茬后植株的恢复生长速率相对较快，霸王平茬 3 年后平均新生枝长度是对照植株新生枝条的 1.02 倍。5 月平茬与对照新生枝条长度的差距最高，平茬 2 年、3 年霸王新生枝条长度分别为对照的 1.30 倍、1.40 倍；9 月平茬与对照新生枝条长度的差距最低，平茬 2 年、3 年霸王新生枝条长度分别为对照的 0.81 倍、0.83 倍。

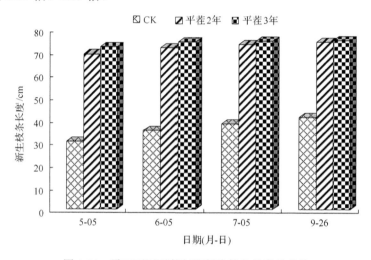

图 4-14　霸王不同平茬年限新生枝条长度的变化

霸王平茬 3 年后平均萌蘖枝直径是对照植株新生枝条长度的 1.08 倍，与平茬 2 年的规律一致。究其原因可能是，平茬后植株萌蘖枝条逐渐成为霸王的一二级分枝，而未平茬霸王的新生枝条在霸王植株顶端的其他分枝上，且较为短小，故平茬后霸王新生枝条长度高于未平茬植株的新生枝条长度。

综合分析霸王补偿过程中的生长特性，对比平茬前霸王的基本生长数据，可以得出：平茬处理后的霸王，在平茬后 3 年的补偿生长过程中，株高、冠幅直径虽然与平茬前还有一定的差距，但都已恢复到非常接近平茬前的状态，而且与同一生境没有进行平茬处理的对照霸王的株高、冠幅的差距逐步减小。就补偿生长过程中霸王新生枝条的长度与直径而言，平茬处理使得霸王的新生枝条的长度、直径均大大高于未平茬的霸王植株，说明平茬对霸王的生长具有更新复壮的作用。

4.2.2　平茬对霸王生理特性的影响

1) 霸王光合特性及水势试验

选择晴朗天气进行观测试验，利用上述光合测定系统，对标记好的霸王进行光合作用及蒸腾作用的测定。记录数据包括净光合速率（P_n，$\mu mol \cdot m^{-2} \cdot s^{-1}$）、气孔导度($G_s$，mol·m^{-2}·s^{-1})、蒸腾速率(T_r，mmol·m^{-2}·s^{-1})、胞间 CO_2 浓度（C_i，μmol·mol^{-1}）等指标。测定时间为每日 9:00～15:00 每隔 2 h 测定 1 次，中午加密（每隔 1 h 测定一次），每次测定重复 5 次记录，取其平均值，测定结束时将所测叶片剪下固定于方格纸上计算叶面积。

$$水分利用效率（WUE）=净光合速率（P_n）/叶片蒸腾速率（T_r）$$

2）水势测定方法

对标记好的测定光合的霸王植株，平茬和对照各 3 株，选取植株顶端带叶小枝，利用英国生产的 SKPM1400 系列便携式植物压力室，对其进行实地测定，测定时间为 7:00～9:00，每个样本重复 3 次。

4.2.2.1 平茬对霸王光合特性的影响

气孔是气体进出植物体的主要通道，植物进行光合作用时所用的 CO_2 与蒸腾作用排放的水均经过气孔。因此，气孔导度（G_s）的高低（气孔开度的大小），影响着植物的 P_n、T_r，也对植物的 WUE 产生不可忽视的影响。G_s 影响着植物的蒸腾，蒸腾也对 G_s 产生影响。植物的蒸腾速率是表示植物水分状况的指标，显示出其本身蒸腾作用的大小。植物的光合作用对其自身的生存至关重要，一般用这个指标来判断植物生长状况及抗逆性的大小。

平茬对霸王叶片 P_n、C_i、G_s、T_r 的影响如表 4-4 所示。与对照（CK）相比，平茬霸王的 P_n 呈极显著上升（$P<0.01$），平茬 1 年和 3 年霸王的 P_n 分别比对照高了 138.27%、32.35%；C_i 以对照霸王最高，分别比平茬 1 年和 3 年霸王高 24.36%、4.75%，平茬 3 年、平茬 1 年霸王与对照的 C_i 差异呈极显著（$P<0.01$）。

表 4-4　平茬对霸王叶片 P_n、C_i、G_s、T_r 的影响

处理	P_n/(μmol CO_2·m^{-2}·s^{-1})	C_i/(μmol·mol^{-1})	G_s/(mol·m^{-2}·s^{-1})	T_r/(mmolH_2O·m^{-2}·s^{-1})	叶面积/cm^2
平茬 3 年	9.82±1.08a	244.38±2.94a	0.15±0.01a	7.16±0.47a	0.77±0.08a
平茬 1 年	17.68±3.25a	205.85±28.72b	0.19±0.02a	8.57±0.82b	1.78±0.25b
对照	7.42±2.98b	256.00±14.46c	0.12±0.04b	5.61±1.89c	0.42±0.06c

注：同列数值不同字母表示差异达 5%显著水平，下同。

与 CK 相比，平茬 3 年与 1 年的霸王 G_s 极显著上升（$P<0.01$），平茬 1 年和 3 年霸王的 G_s 分别比对照高了 25%、58.33%，霸王平茬 3 年与 1 年的 G_s 无显著差异（$P<0.05$）；与 CK 相比，平茬 3 年与 1 年的霸王 T_r 极显著上升（$P<0.01$），平茬 1 年和 3 年霸王的 T_r 分别比对照高了 52.76%、27.63%；平茬植株叶面积与对照植株差异极显著（$P<0.01$），且平茬 1 年与平茬 3 年霸王叶面积差异极显著（$P<0.01$），

平茬 1 年和 3 年霸王的叶面积分别比对照高了 323.81%、83.33%。

通过上述光合特性分析可以得出，平茬后，霸王补偿生长过程中，通过增大叶片的叶面积来降低植株整体叶片减少的影响，尽可能增加光合作用面积，同时也增加 G_s，P_n 也相应加大，植株体的光合作用增强。平茬处理促使霸王的新生叶片有较高的光合效率，保证植株体的同化物质产生量，为植株的快速恢复提供保障。随着平茬年限的增加，霸王叶片的叶面积、G_s 和 P_n 逐渐降低，但叶片数量随平茬年限的增加会逐渐增加，霸王通过自身生理调节，也会使其尽量适应外界环境，保证其正常的生长发育。

4.2.2.2　平茬对霸王水分利用效率的影响

水分利用效率（WUE）是指植物对水分的利用效率。外界环境相同时，WUE 的值越大，说明植物固定单位 CO_2 所需的水分越少，植物耐旱能力越强。在比较干旱的环境中，较高 WUE 对植物在较为恶劣环境中生存发展有益。为充分研究霸王在中午时分的 WUE 变化情况，本次试验主要选取 9:00～15:00 为主要测试时间段。

如图 4-15 所示，测定时间段内，霸王平茬后 WUE 与对照不同，平茬后 WUE 较对照高，平茬 1 年和平茬 3 年霸王的 WUE 日均值分别比对照高了 86.40%、90.40%。平茬后各组水分利用效率日均值大小顺序为：平茬 3 年处理（2.38 mmol $CO_2 \cdot mol^{-1}$ H_2O）＞平茬 1 年处理（2.33 mmol $CO_2 \cdot mol$ H_2O）＞对照（1.25 mmol $CO_2 \cdot mol^{-1}$ H_2O）。

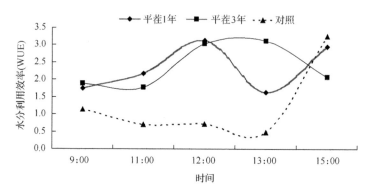

图 4-15　平茬对霸王水分利用效率（WUE）的影响

不同平茬年限霸王的 WUE 最大值出现时间段不同。平茬 1 年霸王的 WUE 最大值出现在 12:00，为 3.14 mmol $CO_2 \cdot mol^{-1}$ H_2O；平茬 3 年霸王的 WUE 最大值出现在 13:00，为 3.12 mmol $CO_2 \cdot mol^{-1}$ H_2O。平茬 1 年霸王与对照在 13:00 出现极低值，平茬 3 年霸王无此规律。分析图中曲线，平茬处理增加了霸王水分利用效率，在相同自然条件下，使植株具有较高 WUE，有利于霸王更好地适应当地的生态环境。

4.2.2.3 平茬对霸王小枝水势的影响

植物水势可以直接指示其水分状况，植物的水势越低，其吸水能力越高，植物的水势可以表明植物受干旱的程度及相应的抗旱能力。水分胁迫会导致叶片水势下降。平茬后霸王 7:00 的小枝水势如图 4-16 所示，平茬后霸王小枝水势变化大小关系为：平茬 3 年＞平茬 1 年＞对照，霸王平茬 1 年和平茬 3 年分别比对照高了 26.81%、43.48%。

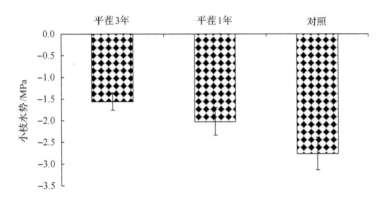

图 4-16 平茬对霸王小枝水势的影响

4.2.3 平茬对霸王生化特性的影响分析

4.2.3.1 霸王生化指标测定

(1)丙二醛(MDA)含量测定：采用硫代巴比妥酸(TBA)法。其计算公式是：

$$\text{MDA} (\mu\text{mol} \cdot \text{g}^{-1}\text{FW}) = CV_\text{T}V_1/1000V_2W$$

式中，C 为 $6.45(A_{532}-A_{600})-0.56A_{450}(\mu\text{mol} \cdot \text{L}^{-1})$；$V_\text{T}$ 为提取液总体积(mL)；V_1 为提取液与 TBA 反应液的总体积(mL)；V_2 为与 TBA 反应的提取液体积(mL)；1000 为将 mL 换算成 L 的系数；W 为霸王叶片鲜重(g)。

(2)超氧化物歧化酶(SOD)活性测定：采用氮蓝四唑(NBT)法。计算公式如下：

$$\text{SOD 总活性}(\text{U} \cdot \text{g}^{-1}) = (A_\text{CK}-A_\text{E}) \times V_\text{T}/0.5 A_\text{CK} \times W \times V_\text{S}$$

式中，A_CK 为照光对照处理的吸光度值；A_E 为各处理的吸光度值；V_T 为提取酶液总体积(mL)；V_S 为测定酶液体积(mL)；W 为霸王叶片鲜重(g)。

(3)过氧化物酶(POD)活性测定：采用愈创木酚法。具体的计算公式为

$$POD\ 活性(U \cdot g^{-1} min^{-1}) = \Delta A_{470} \times V_T / W \times V_S \times t$$

式中，ΔA_{470} 为30s内各处理吸光度的变化；W 为霸王叶片鲜重(g)；V_T 为提取酶液的总体积(mL)；V_S 为测定酶液体积(mL)；t 为反应时间(min)。

(4)游离脯氨酸(Pro)测定：采用酸性茚三酮法。先通过标准曲线计算 1mL 提取液中 Pro 的浓度，然后再计算各处理的 Pro 含量。计算公式具体如下：

$$Pro(\mu g \cdot g^{-1}) = CV_T / WV_S$$

式中，C 为提取液中 Pro 浓度，由标准曲线查得(μg)；V_S 为测定液体积(mL)；V_T 为提取液总体积(mL)；W 为霸王叶片鲜重(g)。

(5)叶绿素含量测定：叶绿素含量按照 Arnon(1949)的方法计算。

$$C_a = 12.7\ D_{663} - 2.69\ D_{645}$$

$$C_b = 22.9\ D_{645} - 4.68\ D_{663}$$

$$总叶绿素含量(mg/g\ FW) = (C_a + C_b) \times V \times N / (W \times 1000)$$

式中，D_{663}、D_{645} 为叶绿体色素提取液在波长 663nm、645nm 下的吸光度；C_a、C_b、C_T 为叶绿素 a、b 和总叶绿素的浓度；V 为提取液体积(mL)；N 为稀释倍数；W 为样品鲜重(g)。

4.2.3.2　平茬对霸王丙二醛(MDA)含量的影响

植物器官衰老时或在逆境条件下，易发生膜脂过氧化作用，丙二醛(MDA)是其产物之一，可以表明植物对外界不利环境的反应。MDA 含量过多会使植物细胞受害，甚至会引起死亡。平茬后霸王叶片 MDA 含量的变化如图 4-17 所示，与对

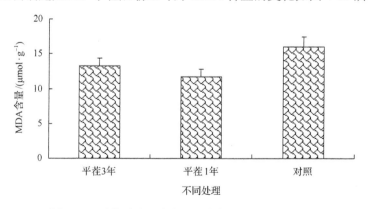

图 4-17　平茬对霸王叶片丙二醛(MDA)含量的影响

照相比，霸王平茬 1 年和平茬 3 年分别比对照低 26.73%、17.43%，平茬降低了霸王叶片中 MDA 的含量。平茬后霸王叶片 MDA 变化大小关系为：对照＞平茬 3 年＞平茬 1 年。霸王叶片 MDA 随平茬年限的增加而增加，但仍低于未平茬霸王叶片的 MDA，说明平茬处理在一定程度上降低了植株体内的 MDA 含量，有利于植株的生长发育。

4.2.3.3　平茬对霸王超氧化物歧化酶(SOD)活性的影响

当植物受到水分胁迫的时候，植物细胞内会出现大量的活性氧，这些活性氧会对植物体造成损害，而 SOD、POD 等保护酶的存在会清除这些活性氧，保护植物体。其中，SOD 是主要氧自由基的保护酶，属于植物抗氧化保护系统。

平茬后霸王叶片 SOD 活性的变化如图 4-18 所示。平茬降低了霸王叶片中 SOD 活性，与对照相比，霸王平茬 1 年和平茬 3 年分别比对照低 44.30%、2.89%。平茬后霸王叶片 SOD 变化大小关系为：对照＞平茬 3 年＞平茬 1 年。霸王叶片 SOD 随平茬年限的增加而增加，但仍低于未平茬霸王叶片的 SOD。究其原因可能为，植物在受到干旱胁迫时产生 SOD，平茬后植株需水量不及未平茬植株，所受胁迫较小，产生的 SOD 也相应较少。

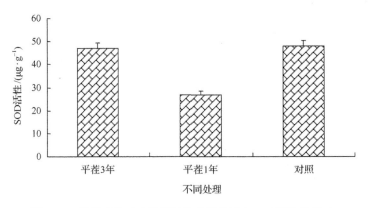

图 4-18　平茬对霸王叶片超氧化物歧化酶(SOD)活性的影响

4.2.3.4　平茬对霸王过氧化物酶(POD)活性的影响

POD 能反映植株的生长、代谢，及其是否适宜环境。POD 具有双重作用：①表达在植物所受胁迫的开始，可以去除 H_2O_2，是细胞活性氧保护酶系统的一部分，保护植物体；②表达在胁迫后期，其作用主要为生成活性氧、降解叶绿素，甚至引发膜脂过氧化，伤害植株。一般情况下，后者居多。

平茬后霸王叶片 POD 活性的变化如图 4-19 所示。平茬降低了霸王叶片中 POD 活性，与对照相比，霸王平茬 1 年和平茬 3 年分别比对照低 71.26%、73.56%。平茬后霸王叶片 POD 变化大小关系为：对照＞平茬 3 年＞平茬 1 年。霸王叶片 POD 随平茬年限的增加而增加，但仍低于未平茬霸王叶片的 POD。鉴于 POD 一般在逆境中表达，可看出相比平茬霸王而言，对照霸王所受胁迫更大。

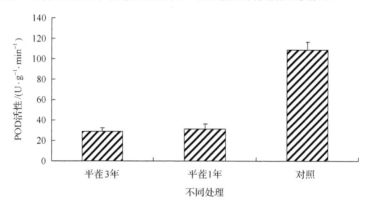

图 4-19　平茬对霸王叶片过氧化物酶（POD）活性的影响

4.2.3.5　平茬对霸王游离脯氨酸含量的影响

在逆境条件下（旱、盐碱、热、冷、冻），植物体内的脯氨酸（Pro）含量会增加。植物体内 Pro 含量在一定程度上反映植物抗逆性的强弱，抗旱性强的品种常积累较多的 Pro。此外，Pro 具有极强的亲水性，能稳定原生质胶体及组织内的代谢过程，故能降低凝固点，有防止细胞脱水的作用。

在夏季高温、高光合有效辐射下，由于降雨的不确定性，脯氨酸在水分亏缺的情况下短时积累是有益的。脯氨酸在植物体内的积累是干旱忍耐的一种方式。平茬后霸王叶片 Pro 含量的变化如图 4-20 所示。平茬处理后霸王叶片中 Pro 含量较未平茬的高，与对照相比，霸王平茬 1 年和平茬 3 年分别比对照高 77.96%、62.82%。平茬后霸王叶片 Pro 含量变化大小关系为：对照＜平茬 3 年＜平茬 1 年。霸王叶片 Pro 含量随平茬年限的增加而降低，但仍高于未平茬霸王叶片的 Pro 含量。

4.2.3.6　平茬对霸王叶绿素（Chla+Chlb）含量的影响

叶绿素是绿色植物体内的基本色素，在光合作用的光能吸收、传递和转化中起着不可或缺的作用。因此，在植物生理学特别是光合作用研究中，经常涉及叶绿素含量的测定。叶绿素含量与植物的光合作用关系密切，受营养、光照等因素的影响，是植物生理研究中的重要指标。

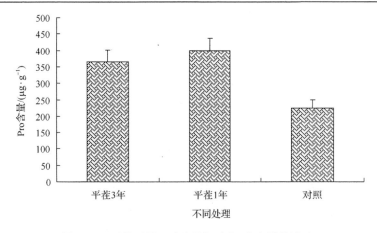

图 4-20 平茬对霸王叶片脯氨酸(Pro)含量的影响

平茬后霸王叶片叶绿素(Chla+Chlb)含量的变化如图 4-21 所示。与对照植物相比,平茬处理后的霸王萌蘖株的叶绿素含量较高,平茬 1 年和平茬 3 年分别比对照高 35.06%、70.77%。平茬后霸王叶片叶绿素含量变化大小关系为:对照<平茬 1 年<平茬 3 年。霸王叶片叶绿素含量随平茬年限的增加而增加,并高于未平茬霸王叶片。

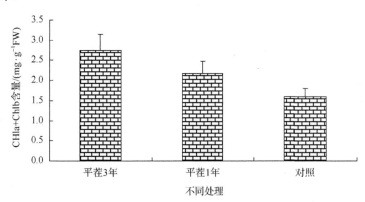

图 4-21 平茬对霸王叶片叶绿素(Chla+Chlb)含量的影响

4.2.4 基于"三温模型"的平茬条件下霸王蒸腾特性

4.2.4.1 蒸腾扩散系数相关参数测定

观测试验在晴朗少云无风天气进行,选择有代表性的霸王平茬区作为试验区,在试验区选取生长正常、互不相邻并无植物遮阴的平茬霸王作为研究对象,对照选取同一区域的未平茬霸王植株。利用美国 FLUKE-Ti55 远红外热成像仪测定霸王的叶温信息,对每株霸王每隔 2 h 采集 3 次图像数据(2 h 后快速采集 3 组数据),

对每个图像提取每株叶温时重复 15 次，以 3 组数据的均值作为该株霸王该时间点的数据。该仪器配备 320×240 焦平面阵列(FPA)探测器，红外光探测波段为 8.0～14.0 mm，选用标准红外镜头，视场为 23°×17°，热敏度≤0.05℃，发射率设定为0.95。为确保精度，测定时间为 9:00～17:00，植株顶端与热像仪的距离为 1 m，采集的图像传至 PC 机后，通过热像仪自带软件(Fluke Smart View)提取霸王叶片的平均温度。

利用 TYD-ZS2 型全自动便携式气象站同步测量气温、太阳辐射量等气象指标，然后利用"三温模型"换算蒸腾扩散系数。最后对不同平茬年限霸王植株的蒸腾扩散系数日变化进行分析。

植被蒸腾扩散系数用"三温模型"计算：

$$h_{at}=(T_c-T_a)/(T_p-T_a)$$

式中，T_c 为冠层温度；T_p 为没有蒸腾的参考冠层温度(用与植物叶片颜色一致的无蒸腾纸片获得温度)；T_a 为气温(绝对温度)；h_{at} 为植被蒸腾扩散系数。

4.2.4.2　试验地基本环境因子的日动态变化

影响植物蒸腾速率的因素有内因和外因两种。"三温模型"涉及的外因有太阳辐射量与气温，因此本研究列出以上两种因子，并分析其测定时间内的动态变化。

试验地太阳辐射量与气温的日变化如图 4-22 所示。太阳辐射量在 8:00～18:00 的变化呈现出明显的钟罩型，从 8:00 的 205 $J·m^{-2}·s^{-1}$ 开始逐渐增加，在13:00 达到其峰值，为 903 $J·m^{-2}·s^{-1}$，随后逐渐降低。在测定时间段内的气温最低值出现在 8:00，为 296.35 K；随后逐渐增加，在 15:00 时达到峰值，为 305.55 K；随后气温平稳变化，17:00 后气温急剧下降。

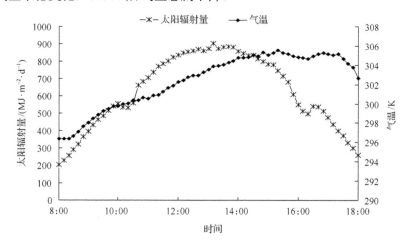

图 4-22　测定时间内试验地太阳辐射量与气温的日变化

4.2.4.3 霸王叶温日动态变化

利用远红外热成像图提取霸王的叶温示意图(图 4-23)。其中,图 4-23A 为全红外线图像,由颜色辅助判定温度的大小,红色区域(地表)温度较蓝色区域(植物)温度高;图 4-23B 为全可见光下的图像,二者对应,加之自带软件(Fluke Smart View),准确判断霸王叶温的大小。通过提取不同时间不同图像霸王的叶温,确定测定时间内霸王的叶温随时间变化的规律。为保证采集数据的准确性,采集数据从 9:00 开始。

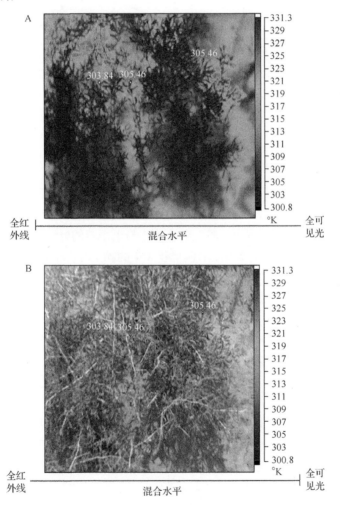

图 4-23　远红外热成像仪 FLUKE-Ti55 拍摄的霸王热成像温度提取示意图(彩图请扫封底二维码)

A.霸王全红外线示意图;B.霸王全可见光示意图

根据图 4-24 得出的叶温变化,作出霸王叶温随时间变化图。植株的叶温大于相应时刻的气温，尤其在阳光直射下。由图 4-24 可得，在 9：00～15：00，霸王叶温随气温的升高而升高，不同平茬年限霸王叶片的叶温不同，叶温均高于气温。在所测平茬年限中，平茬 1 年霸王的叶温最高，均值为 304.89 K，比 CK 的（304.10 K）高 0.26%，比气温（301.16 K）高 1.2%。平茬 3 年的霸王叶温最低，为 302.65 K，比 CK 的低 0.48%，比气温高 0.49%。不同平茬年限霸王叶温的大小关系表现为：平茬 1 年＞CK＞平茬 3 年＞气温。

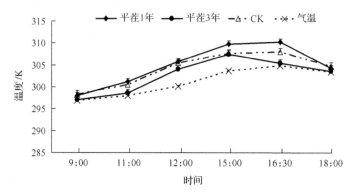

图 4-24　不同平茬年限霸王的叶温与气温的日变化

气温与霸王叶温差最大可为 6.20 K，最小为 0.05 K，叶温日变化随气温的变化而变化，呈单峰型。气温升高时，叶片内外的蒸汽压增加，水分从叶内逸出，进而加速蒸腾。在测定时间范围内，霸王平茬 1 年与未平茬的叶温最大值出现在 16：30 处，与气温的最大值出现时刻相同；但平茬 3 年的霸王叶温的最大值出现在 15：00，较气温最大值出现时刻有所提前。

通过单因素方差分析（ANOVA）可以看出，测定时间内，平茬与未平茬的霸王叶温差异极显著（$P<0.01$）。Duncan 多重检验分析得出，霸王平茬 1 年与平茬 3 年的叶温差异极显著（$P<0.01$），霸王平茬 3 年与未平茬的叶温差异极显著（$P<0.01$），平茬 1 年与未平茬的叶温差异显著（$P<0.05$）。

4.2.4.4　霸王蒸腾扩散系数的日动态变化

蒸腾扩散系数（h_{at}）是衡量植物蒸散量并评价其水分利用状况的一种模型指标，其测量简便，对不同环境均适用，且考虑了大气与冠层间的温度关系，可反映植物根系土壤水分状况，进而指示作物水分亏缺。h_{at} 取值范围为 ≤1：h_{at} 最小值时，说明植被无水分亏缺或不受环境胁迫；h_{at} 最大值时，表明植被受到最大水分亏缺或环境胁迫。h_{at} 越大，蒸腾速率越小，且在缺水条件下，植物根部区域的水分状况主要影响 h_{at} 的变化。

图 4-25 所示为不同平茬年限霸王叶片蒸腾扩散系数的日变化。测定时间内，

对照霸王 h_{at} 的最高，为 0.34；平茬 1 年后的霸王 h_{at} 最低，为 0.21。这说明对照霸王在测定时间内所受的环境胁迫大于平茬处理后霸王所受的环境胁迫，霸王根部区域水分状况，平茬 1 年的较平茬 3 年的效果好。在所测时间范围内，对照组霸王 9:00 与 18:00 的 h_{at} 高于平茬处理的，说明对照霸王在 9:00 与 18:00 所受环境胁迫大于平茬处理，通过单因素方差分析（ANOVA）可以看出，测定时间内，平茬与未平茬的霸王 h_{at} 差异极显著（$P<0.01$）。

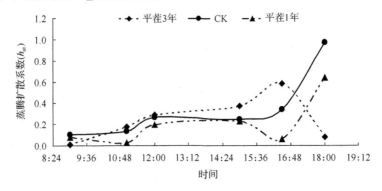

图 4-25　不同平茬年限霸王的蒸腾扩散系数日变化

4.2.5　霸王平茬对土壤"肥岛"作用的影响分析

4.2.5.1　平茬对林地土壤含水量的影响

表 4-5 为平茬 1 年后，霸王萌蘖株根部、冠幅边缘、株间空地 0～30 cm 土层深度的土壤含水量与对照的对比表。分析表中数据可得，平茬与对照的土壤含水量整体变化规律如下：0～5 cm 土层的土壤含水量为所测土层中最低值，随土层深度的增加，土壤含水量不断增加，在 15～20 cm 土层深度处，土壤含水量增加至所测土层中的最大值，之后土壤含水量逐步降低，平茬 1 年霸王土壤含水量冠

表 4-5　霸王平茬后不同土层深度土壤含水量的变化　（单位：%）

土层深度/cm	平茬 1 年			对照		
	霸王根部	冠幅边缘	株间空地	霸王根部	冠幅边缘	株间空地
0～5	0.95±0.65a	3.46±1.68a	3.00±1.57a	0.47±0.13a	1.72±1.58a	2.78±0.08b
5～10	3.51±0.42a	3.27±0.28a	3.78±0.77a	2.61±0.65a	3.88±1.27a	3.85±0.96a
10～15	3.03±0.21a	3.73±0.57a	3.15±1.97a	3.32±0.10a	2.87±0.98a	4.10±2.33a
15～20	3.21±0.16a	3.60±0.88a	4.46±0.19b	4.01±1.75a	5.09±0.22a	4.80±0.70a
20～25	2.56±0.50a	2.96±1.32a	4.10±0.28a	4.16±1.44a	3.68±1.07a	3.89±1.21a
25～30	2.50±0.46a	2.03±0.27a	2.50±0.50a	3.66±1.55a	3.26±0.56a	3.35±1.69a

注：表中数据为平均值±标准差（$n=5$）。

幅边缘＞株间空地＞霸王根部，与对照相比，平茬 1 年后，霸王萌蘖株 0～5 cm 土层的土壤含水量高于对照的，其中霸王根部土壤含水量比对照高 102.13%，株间空地处比对照高了 7.91%；5～10 cm 土层深度的霸王根部土壤含水量平茬比对照的高了 34.48%，平茬措施对株间空地的影响较小；从 10～15 cm 土层深度开始，霸王萌蘖株根部、冠幅边缘、株间空地的土壤含水量整体均比对照的低，最低达 62.50%。

就均值而言，平茬萌蘖株与对照霸王的土壤含水量变化规律均为：株间空地＞冠幅边缘＞霸王根部。对照的土壤含水量高于平茬萌蘖株霸王含水量，其中对照根部的土壤含水量比萌蘖株的高 15.67%，对照冠幅边缘的土壤含水量比萌蘖株的高 7.61%，对照株间空地的土壤含水量比萌蘖株的高 8.48%。究其原因可能为，平茬 1 年后霸王萌蘖株虽较对照的植株小，但植株生长旺盛，叶面积、蒸腾速率等较大，生长所需消耗的水分较对照植株的多，故其对林下土壤的水分消耗较大，导致同等条件下，土壤含水量较对照的低，且根部土壤的表现最为明显，其土壤含水量最低。

4.2.5.2 平茬对霸王林下土壤粒径的影响

土壤颗粒大小极不均一，粗细颗粒之间的性质差异很大，将土壤粒径按大小递变划分为若干组，即为粒级。土壤颗粒粒径组成是土壤最基本的物理性质之一，土壤的粒径组成还影响着土壤化学性质和生物性质，从而影响植物的生长。不同的土壤有不同的粒径，不同的粒径是土壤的结构也不相同。在国内外的土壤性质研究中，颗粒组成是一项重要指标，将所研究的土壤划分为砂粒、粉粒和黏粒，具体见表 4-6。

表 4-6 土壤颗粒分级标准

颗粒名称		粒径/mm
砂粒	粗砂粒	0.50～1.00
	中砂粒	0.25～0.50
	细砂粒	0.10～0.25
	极细砂粒	0.05～0.10
粉粒	粗粉粒	0.01～0.05
	中粉粒	0.005～0.010
	细粉粒	0.002～0.005
黏粒	黏粒	<0.002

分析图 4-26 可以得出对照霸王的不同土层深度土壤粒径组成的变化规律。对照霸王根部、冠幅边缘、株间空地的土壤均以细砂粒的含量最多。冠幅边缘与霸王根部的中粗砂粒含量所占比例相似。黏粒和粉粒的含量，冠幅边缘和根部的高于株间空地的，且黏粒和粉粒随土层深度的加深变化规律相似。对照霸王土壤根部、冠幅边缘、株间空地总体砂粒和粉粒随土层深度的变化规律不明显。黏粒、细粉粒和中粉粒所占比例均为霸王根部＞冠幅边缘＞株间空地；粗粉粒所占比例为冠幅边缘＞霸王根部＞株间空地；中粗砂粒所占比例为根部最小，株间空地最大；霸王根部、冠幅边缘、株间空地均为粗粉粒＞中粉粒＞细粉粒＞黏粒。

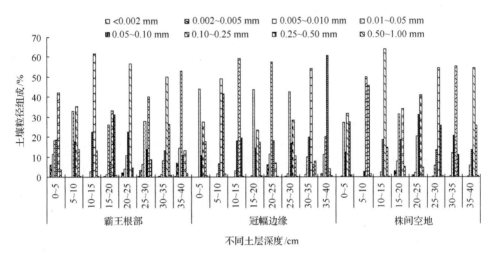

图 4-26 对照不同土层深度土壤颗粒组成分布

对照根部的土壤粒径组成分布为细砂粒＞粗粉粒＞极细砂粒＞中砂粒＞中粉粒＞细粉粒；冠幅边缘的分布特征为细砂粒＞粗粉粒＞极细砂粒＞中砂粒＞中粉粒＞粗砂粒＞细粉粒＞黏粒；株间空地的分布特征为细砂粒＞中砂粒＞极细砂粒＞粗粉粒＞中粉粒。

分析图 4-27 可以得出平茬 3 年处理的霸王灌丛的不同土层深度土壤粒径组成的变化规律。与对照霸王的土壤相似，霸王根部、冠幅边缘、株间空地的土壤均以细砂粒的含量最多。平茬处理后土壤的黏粒、细粉粒、中粉粒在土壤中的变化与未平茬的相比，均表现为根部的大于冠幅边缘和株间空地的。霸王平茬 3 年土壤随土层深度的增加，细砂粒和中砂粒的含量逐渐降低，极细砂粒和粉粒的含量逐渐增加。

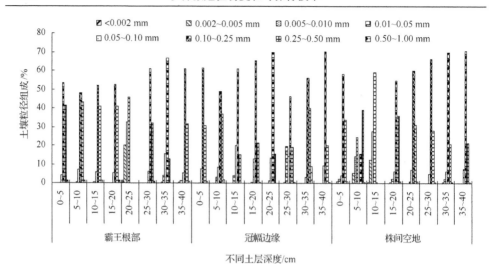

图 4-27　平茬 3 年不同土层深度土壤颗粒组成分布

土壤黏粒、细粉粒和中粉粒所占比例均为霸王根部＞株间空地＞冠幅边缘；极细砂粒与细砂粒所占比例均为冠幅边缘＞霸王根部＞株间空地；

平茬 3 年处理的霸王灌丛土壤粒径组成分布为：霸王根部是细砂粒＞中砂粒＞粗粉粒＞极细砂粒＞中粉粒＞粗砂粒；冠幅边缘是细砂粒＞中砂粒＞极细砂粒＞粗粉粒＞粗砂粒；株间空地是细砂粒＞中砂粒＞粗砂粒＞中粉粒＞极细砂粒＞细粉粒＞粗砂粒。与对照相比，平茬 3 年后，霸王根部土壤表层中砂粒的含量较高，为对照的 10.93 倍，细砂粒含量为对照的 1.27 倍。

平茬与未平茬的霸王植株均能够对细砂粒有较好的拦截作用。对比平茬前后霸王植株地表粒径组成发现，平茬后霸王灌丛下地表的粒径组成中，中粗砂粒的比例增加，地表的黏粒、粉粒等细粒物质被吹蚀，造成地表沙物质含量较多。分析原因可能为，平茬虽然去除了地上部分中枯枝、病虫害枝等低效甚至有害组织，但平茬后，原本植株的地上部分被破坏，剩余的组织对其所在地表的固定作用不及未平茬前强，所以地表容易发生风沙活动等，产生负面影响。因此，建议在平茬后，将平茬去除的地上组织，选取无病虫害的枝条，覆盖在平茬植株上面，形成一定的覆盖度，以减少风沙活动对平茬后地表及萌蘖植株的影响，降低平茬地表的水分散失，减弱日光直射及对新生枝叶的日灼现象，对萌蘖植株起到保护作用，同时，可以将覆盖在地表枝条剪短剪碎，以增加枯枝的方式进入土壤，提高土壤肥力，为平茬植株的进一步恢复提供保障。

4.2.5.3　平茬对霸王林下不同部位土壤速效磷的影响

磷是植物所必需的三大营养元素之一，分为有机态和无机态两部分。在无机磷中，最容易被植物利用的是速效磷，土壤速效磷含量越高，说明土壤的供磷能力越强。

图 4-28 为霸王平茬 3 年与未平茬(对照)，灌丛根部、冠幅边缘、株间空地不同深度土壤速效磷含量分布。由图可见，对照霸王土壤速效磷含量分布均为冠幅边缘处的含量大于霸王根部和株间空地的。对照霸王土壤表层速效磷含量较高，随距表层土壤距离的增加，土壤速效磷含量呈逐渐减小趋势。虽然各株取样点较近，但为了减少不同灌丛本底值的取样误差，本文中富集率用来表示肥岛效应中土壤养分的富集程度。对照霸王土壤速效磷的富集率均值分别为 $E_A 1.03$、$E_B 1.32$，说明霸王灌丛对土壤速效磷有富集作用。

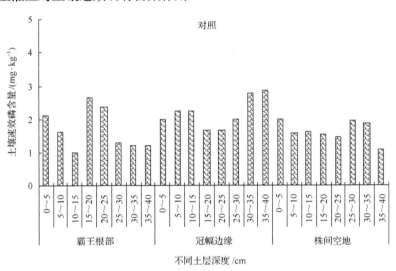

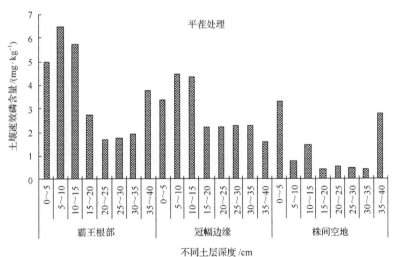

图 4-28　平茬与对照霸王根部、冠幅边缘、株间空地土壤速效磷含量的对比

分析平茬 3 年后霸王灌丛的土壤速效磷的分布规律可以看出，随着与霸王植株距离的增加，土壤速效磷含量逐渐降低。平茬后霸王根部土壤速效磷含量比冠

幅边缘高了 21.20%，冠幅边缘比株间空地的高了 128.80%。与对照霸王相似，表层土壤速效磷含量较高，随土层深度的加深，土壤速效磷含量逐渐降低。

平茬 3 年后霸王土壤速效磷的富集率均值分别为 $E_A 2.77$、$E_B 2.29$。同对照规律相似，平茬后霸王灌丛也对土壤速效磷具有富集作用，且平茬后霸王根部土壤养分富集作用更为明显。

4.2.5.4　平茬对霸王灌丛不同部位土壤碱解氮的影响

氮素是植物生长所需的重要元素，土壤氮在土壤肥力中意义重大。土壤中的氮，可能随着土壤粒径的增加而减少。分析图 4-29 可知，未平茬霸王的根部、冠

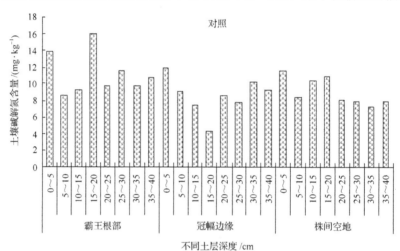

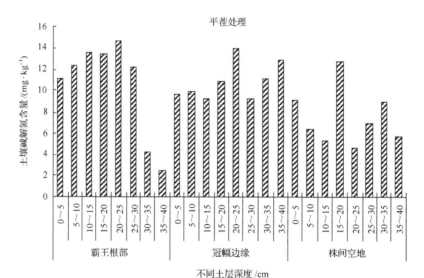

图 4-29　平茬与对照霸王根部、冠幅边缘、株间空地土壤碱解氮含量的对比

幅边缘的土壤碱解氮含量随土层深度的变化波动较大，株间空地的土壤碱解氮含量各土层的差异较小，但总体而言，都是表层土壤的碱解氮含量高于下层土壤的。对照霸王土壤碱解氮含量大小为：霸王根部＞冠幅边缘＞株间空地。

对照霸王土壤速效磷的富集率均值分别为，E_A 为 1.23，E_B 为 0.95，说明霸王灌丛对土壤碱解氮有富集作用，且根部的富集作用较高。

分析平茬 3 年后的霸王土壤碱解氮含量可以得出，与对照规律相似，碱解氮含量均为霸王根部＞冠幅边缘＞株间空地。平茬 3 年霸王土壤速效磷的富集率均值分别为 E_A1.42、E_B1.46，说明平茬的霸王灌丛对土壤碱解氮也有富集作用，且根部与冠幅边缘的富集率均高于未平茬的，平茬处理提高了霸王根部和冠幅边缘对土壤碱解氮的富集程度。

4.2.5.5 平茬对霸王灌丛不同部位土壤速效钾的影响

植物体一般从土壤中吸收的是水溶性钾，交换性钾与水溶性钾可较快平衡，土壤的速效钾包含土壤中的水溶性钾与交换性钾，土壤速效钾是土壤速效养分的一部分，可以直接反映出土壤的供钾力。

对图 4-30 进行分析可得，未平茬霸王土壤根部的速效钾含量分布随距霸王植株的距离增加而降低，即霸王根部的大于冠幅边缘和株间空地的；同一部位，土壤速效钾随土层深度的加深而减少。土壤速效钾的富集率分别为 E_A1.50、E_B1.25，说明霸王根部比冠幅边缘对土壤速效钾的富集作用更强。

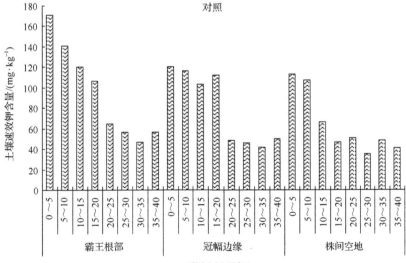

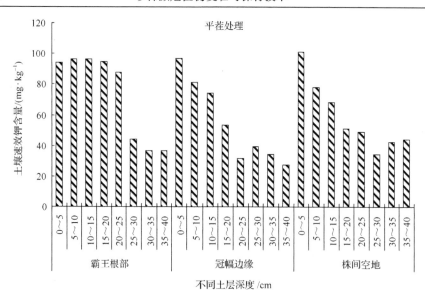

图 4-30 平茬与对照霸王根部、冠幅边缘、株间空地土壤速效钾含量的对比

平茬 3 年后霸王土壤速效钾含量变化规律与未平茬相似，均为随土层深度的增加而减少，且霸王根部的大于冠幅边缘和株间空地的。土壤上层的速效钾含量较高。平茬处理后土壤速效钾的富集率分别为 $E_A1.25$、$E_B0.94$，规律同未平茬的相似，均为霸王根部对土壤速效钾的富集高于冠幅边缘的。平茬处理降低了土壤速效钾的富集率，即降低了灌丛对土壤速效钾的富集程度，这可能是由于平茬后新萌生植株生长发育迅速，在较短的时间内较快地消耗土壤中的钾，使得平茬处理的土壤速效钾含量有所降低，但霸王根部对土壤速效钾的富集作用仍存在。

4.2.5.6 平茬对霸王灌丛不同部位土壤有机质的影响

土壤有机质是土壤肥力的重要基础物质，它包括各种动植物残体、微生物及其生命活动的各种有机产物，其中相对稳定的主要是微生物生命活动形成的土壤腐殖质。土壤中的有机质能够给植物提供多种营养成分，同时对土壤结构的形成、土壤物理性状的改善有决定性作用，因此在土壤测试中进行土壤有机物质的分析是重要的基础分析项目之一。

如图 4-31 所示，对照霸王林下土壤有机质含量：霸王根部（1.68 g·kg⁻¹）＞冠幅边缘（1.63 g·kg⁻¹）＞株间空地（1.51 g·kg⁻¹）。随土层深度的加深，土壤有机质的含量逐渐降低，但整体变化比较稳定。土壤有机质的富集率分别 $E_A1.12$、$E_B1.08$，说明霸王对其灌丛下土壤有富集作用。同时，富集率结果表明根部的土壤有机质富集作用较冠幅边缘的强。

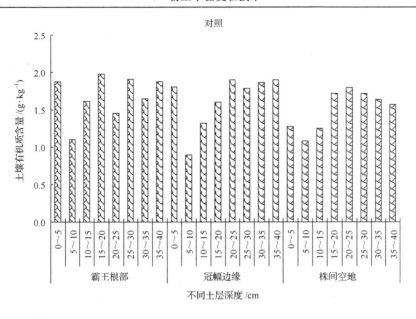

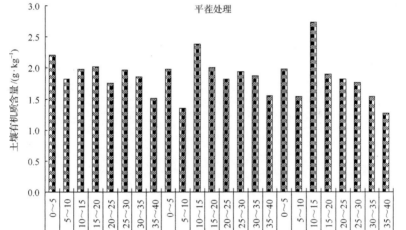

图 4-31 平茬与对照霸王根部、冠幅边缘、株间空地土壤有机质含量的对比

在霸王根部附近土壤，土壤有机质含量平茬 3 年 (1.89 g·kg^{-1}) 较对照 (1.68 g·kg^{-1}) 的高 12.29%。在霸王冠幅边缘附近，土壤有机质的含量变化规律如下：在土层深度 0~40 cm 范围内，土壤有机质含量平茬 3 年 (1.86 g·kg^{-1}) 大于对照 (1.63 g·kg^{-1})。霸王株间空地附近的土壤有机质含量规律为：0~40 cm 土层深度范围内，土壤有机质平茬 3 年 (1.82 g·kg^{-1}) 的高于对照 (1.51 g·kg^{-1})。

整体而言，平茬 3 年后霸王林下土壤有机质含量霸王根部 (1.89 g·kg^{-1}) >冠幅边缘 (1.86 g·kg^{-1}) >株间空地 (1.82 g·kg^{-1})，土壤有机质的富集率分别 E_A1.04、

$E_B1.02$，说明平茬处理后霸王与对照相似，均对其灌丛下土壤有富集作用，且根部的土壤有机质富集作用较冠幅边缘的强。

4.2.5.7 平茬对霸王灌丛不同部位土壤 pH 的影响

土壤的 pH 即土壤酸碱度，反映土壤的熟化程度，影响着土壤肥力及微生物活动，进而影响植株的生长。不同植物酸碱度适应范围不同，超出适宜范围时，就会对植株的生长产生影响。植株根部的土壤，其 pH 降低可以帮助土壤中的一些营养物质转化与活化，也可以增加一些矿质养分的有效性，有利于植物的生长发育。

由图 4-32 可得，对照霸王土壤 pH 根部(8.22)＜冠幅边缘(8.37)＜株间空地

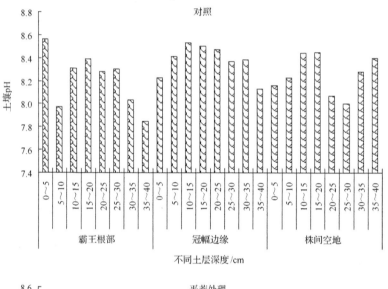

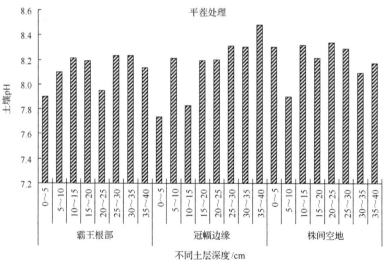

图 4-32 平茬与对照霸王根部、冠幅边缘、株间空地土壤 pH 的对比

(8.40)，且随土层深度的加深，pH有先逐渐增加后降低的趋势，但整体在7.85～8.53范围内变化。土壤根部对pH的富集率为0.98，土壤冠幅边缘对土壤pH的富集率为0.99，说明离霸王植株越近，其土壤的pH越小。

平茬3年霸王土壤pH根部(8.12)＜冠幅边缘(8.16)＜株间空地(8.20)，且随土层深度的加深，总体的波动范围较小，在7.74～8.48范围内波动。霸王平茬处理3年后，霸王根部、冠幅边缘、株间空地土壤的pH均低于对照。平茬3年后霸王对土壤pH的富集率为E_A0.98、E_B0.99，与对照霸王土壤pH的变化规律相似，均为离霸王植株越近，相应的土壤pH越低。这也从另一方面表明较低的土壤pH有利于霸王植物进行生长发育。

4.2.5.8 平茬对霸王灌丛不同部位土壤电导率的影响

土壤的电导率可在一定程度上反映土壤的含盐量。表4-7为平茬3年与对照霸王根部、冠幅边缘、株间空地土壤电导率随土层深度变化表，分析表中数据可得，霸王根部土壤电导率平茬3年(0.059 mS·cm^{-1})低于对照(0.065 mS·cm^{-1})，霸王冠幅边缘土壤电导率平茬3年(0.061 mS·cm^{-1})低于对照(0.074 mS·cm^{-1})。

表 4-7 平茬对霸王根部、冠幅边缘、株间空地土壤电导率的影响　　（单位：mS·cm^{-1})

土层深度/cm	平茬 3 年			对照		
	霸王根部	冠幅边缘	株间空地	霸王根部	冠幅边缘	株间空地
0～5	0.047	0.038	0.071	0.084	0.065	0.062
5～10	0.058	0.066	0.046	0.051	0.076	0.064
10～15	0.064	0.043	0.071	0.07	0.082	0.077
15～20	0.063	0.063	0.071	0.074	0.081	0.078
20～25	0.050	0.063	0.072	0.067	0.079	0.056
25～30	0.065	0.066	0.070	0.071	0.073	0.070
30～35	0.065	0.070	0.057	0.055	0.074	0.068
35～40	0.060	0.080	0.062	0.044	0.060	0.075

对照霸王的土壤电导率随距植株距离的增加，呈现先增加后减小的规律，即冠幅边缘的大于霸王根部和株间空地的。对照霸王对土壤电导率的富集率为E_A0.94、E_B1.10，对照霸王有向冠幅边缘富集土壤含盐量的表现。

平茬3年后霸王土壤电导率随距植株距离的增加而增大，即株间空地的霸王土壤电导率高。比较平茬与对照霸王土壤电导率可分析得出，平茬对株间空地电导率的影响较小。平茬3年后霸王对土壤电导率的富集率为E_A0.91、E_B0.94。平茬与对照霸王对土壤电导率的富集程度均为冠幅边缘的较高。

4.3　人工灌溉对霸王复壮的影响

4.3.1　霸王人工灌水试验设计

根据气象局提供数据，保护区(蒙西镇地区)年平均降水量仅为 49.4mm；对土壤取样调查，地下 1.1m 处深的土壤含水量仍为零，属特级干旱区域。因此，选择标准株，枝叶干枯数占总量30%的霸王进行灌水。

2011 年 10 月中旬，冻土前对霸王进行 75 L·株$^{-1}$的冬灌；2012 年 4 月初，在霸王萌动期，我们做了不同灌水量对霸王生长影响的试验，共设置了 4 个灌水梯度，分别为 15 L·株$^{-1}$、45 L·株$^{-1}$、75 L·株$^{-1}$、150 L·株$^{-1}$，测量了灌前的生长指标，为今后监测提供基础理论数据；8 月中旬测量了灌水后的新生枝条基径、新生枝条长度。

4.3.2　灌水量对植株生长的影响

4.3.2.1　灌水量对霸王株高生长的影响

增加灌水量促进了霸王的株高生长，但不同水分处理的反应各有差异(图 4-33)。霸王在 75 L·株$^{-1}$ 和 150 L·株$^{-1}$ 处理下株高无显著差异，两种处理下的株高增量显著大于其他灌水处理。在仅靠天然降水(CK)时，株高受到显著抑制，与 CK 相比，75 L·株$^{-1}$ 和 150 L·株$^{-1}$ 处理下霸王的株高有显著差异，75 L·株$^{-1}$ 和 150 L·株$^{-1}$ 之间差异不显著，两种处理下的株高增量分别是 CK 的 3.79 倍和 4.05 倍。可见，随着灌水量的增加，霸王株高呈增长趋势。当灌水量达到 150 L·株$^{-1}$ 处理时，霸王的高生长均表现出最佳值，表明此灌水量下有助于霸王株高生长。

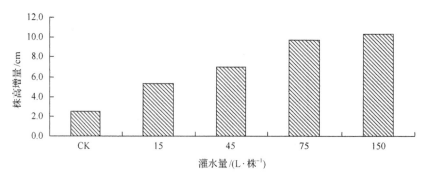

图 4-33　霸王不同灌水量的株高增长量对比

4.3.2.2　灌水量对霸王新枝生长的影响

水是维持作物正常生长发育的一个重要因素，不同水分条件下作物营养器官的生长表现不同。

由图 4-34 可知，不同灌溉处理的霸王，以 150 L·株$^{-1}$ 处理霸王的新生枝条最长，另外三种处理都与 150 L·株$^{-1}$ 处理新枝长度差异明显。从图 4-34 还可以看出，灌水量高的处理，霸王的新生枝条长度相应生长较长，这说明水对霸王地上部的生长有促进作用，从而提高霸王的地上生物量，有利于干物质的积累，为牲畜饲料产量提供了基础。各个灌水量对霸王新生枝条生长影响的大小表现为：150 L·株$^{-1}$ ＞ 15 L·株$^{-1}$ ＞ 75 L·株$^{-1}$ ＞ 45 L·株$^{-1}$。

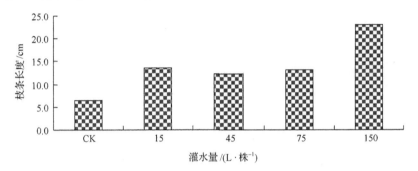

图 4-34 霸王不同灌水量对新枝长度的影响

4.3.2.3 灌水量对霸王新枝基径生长的影响

由图 4-35 可知，4 种不同灌水处理下霸王的新枝基径与 CK 无显著差异。4 种处理和 CK 下的霸王新枝基径分别是 2.51 mm、2.31 mm、2.07 mm、2.80 mm、1.99 mm。由此可见，灌水对于霸王新枝基径增长作用不显著。霸王在 15 L·株$^{-1}$、45 L·株$^{-1}$ 和 75 L·株$^{-1}$ 处理下的新生枝条基径变化无显著差异，4 种灌水处理下的霸王新枝基径变化均大于 CK。150 L·株$^{-1}$ 处理下的新枝基径增量大于其他处理。

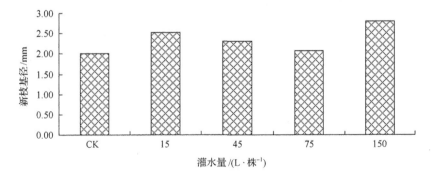

图 4-35 霸王不同灌水量对新枝基径的影响

霸王的株高、新枝长度和新枝基径随着灌水量的增加而增大；霸王的需水量在 5～8 月达到最大值。监测数据显示，人工浇灌的霸王已抽出新梢，约为 20 cm 左右，新萌蘖枝条数约为 14 枝·株$^{-1}$，与未浇灌植株对比，有比较明显的恢复生长能力。因此，初步判断导致霸王长势衰弱的原因可能是干旱所致。

4.3.3　灌水量对霸王生理特性的影响

4.3.3.1　灌水量对净光合速率 (P_n) 的影响

水为光合作用的原料，水分的多少影响着作物光合速率的变化：水分亏缺使光合速率下降；水分过多土壤通气不良妨碍根系活动，从而间接影响光合作用。由图 4-36 可看出，不同灌水量对霸王叶片光合速率有显著的影响，随着灌水量的增加，霸王光合速率呈现先增加后减弱的趋势。

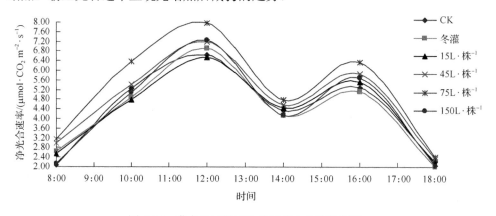

图 4-36　灌水量对霸王叶片净光合速率的影响

由图 4-36 可知，不同灌水量，霸王叶片的 P_n 日变化均呈"双峰"曲线，"午休"现象明显。8:00 时开始净光合速率逐步增加，第一个主峰值均出现在 12:00 左右，在自然条件下，霸王 (CK) P_n 为 6.63 $\mu mol\ CO_2\ m^{-2}\ s^{-1}$，灌水量为 75 L·株$^{-1}$ 霸王的光合速率最大，P_n 值为 7.97 $\mu mol\ CO_2\ m^{-2}\ s^{-1}$。此后开始下降，14:00 左右各处理均达最低值，出现明显的午休现象。之后净光合速率再次出现增长的趋势，并在 16:00 左右出现第二个高峰，霸王 (CK) 和灌水量为 75 L·株$^{-1}$ 的霸王 P_n 分别为 5.30 $\mu mol\ CO_2\ m^{-2}\ s^{-1}$、6.33 $\mu mol\ CO_2\ m^{-2}\ s^{-1}$，分别为第一峰值的 79.9% 和 79.4%，此后不同灌水量处理的霸王在 16:00～18:00 P_n 逐渐降低。各处理之间，霸王上午的光合速率明显高于下午。比较发现，灌水量为 75 L·株$^{-1}$ 霸王的 P_n 值全天均高于对照和另外其他四处灌水量的处理，其主峰值 (7.97 $\mu mol\ CO_2\ m^{-2}\ s^{-1}$) 比 CK (6.63 $\mu mol\ CO_2\ m^{-2}\ s^{-1}$) 高出 20.21%，灌水量为 75 L·株$^{-1}$ 的霸王 P_n 日均值 (5.17 $\mu mol\ CO_2\ m^{-2}\ s^{-1}$) 比对照 (4.30 $\mu mol\ CO_2\ m^{-2}\ s^{-1}$) 高 20.23%。

不同灌水量对霸王的光合速率有显著影响。春季不同灌水量处理霸王的光合速率值较对照均增加，且灌水量为 75 L·株$^{-1}$ 增幅最大，达到了 20.23%，其他处理间与对照差异不显著。由此可见，在灌水量达到 75 L·株$^{-1}$ 时，霸王的光合速率受到显著影响。当灌水量逐渐增加，光合速率受影响程度也逐渐加重。所以，灌水量过大同样影响霸王的光合速率。不同灌水量在霸王生长时期的各个时刻点其光合速率值不同(图 4-36)，各处理的光合速率值的日变化均呈先上升后下降再上升最后又降低的趋势，在春季后期(4 月 5 日)各处理的光合速率日平均值均随灌水量的增加先增加后减少，在冻土前(10 月 25 日)灌水量 75L·株$^{-1}$ 的霸王日平均光合速率值(4.28 μmol CO$_2$ m^{-2}·s^{-1})略低于 CK(4.30 μmol CO$_2$ m^{-2}·s^{-1})。不同灌水量处理霸王的日平均光合速率依次为：灌水量 75 L·株$^{-1}$>灌水量 45 L·株$^{-1}$>灌水量 150 L·株$^{-1}$>灌水量 15 L·株$^{-1}$>CK>冬灌。

4.3.3.2　灌水量对霸王蒸腾速率(Tr)的影响

蒸腾速率是植物水分状况最重要的生理指标，可表明植物蒸腾作用的强弱。研究表明(图 4-37)不同灌水量对霸王的处理和霸王(CK)在自然条件下叶片的 Tr 日变化均呈"双峰"曲线，最大峰值均出现在 12:00 左右，灌水量为 75 L·株$^{-1}$ 霸王的蒸腾速率最大，T_r 值为 5.02 mmol H$_2$O m^{-2}·s^{-1}，霸王(CK)的 T_r 为 4.42 mmol H$_2$O m^{-2}·s^{-1}，增幅达到了 CK 的 13.57%。此后开始下降，14:00 左右达最低值，第二个高峰出现在 16：00 左右，灌水量为 75 L·株$^{-1}$ 霸王的 T_r 值为 4.34 mmol H$_2$O m^{-2}·s^{-1}，霸王(CK)的 T_r 值为 4.00 mmol H$_2$O m^{-2}·s^{-1}，分别为第一峰值的 86.06%和 90.50%。比较发现灌水量为 75 L·株$^{-1}$ 霸王的 T_r 值全天均高于 CK，其主峰值和次峰值分别比 CK 高出 13.57%和 8.50%，就 T_r 日平均值而言，灌水量为 75 L·株$^{-1}$ 霸王日均值(3.31 mmol H$_2$O m^{-2}·s^{-1})比霸王(CK)T_r 日均值(3.02 mmol H$_2$O m^{-2}·s^{-1})高出 9.60%。

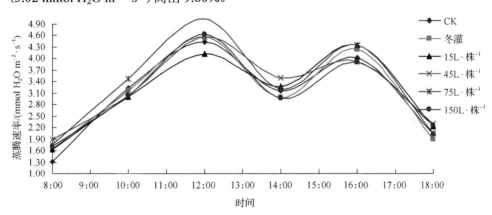

图 4-37　灌水量对霸王蒸腾速率的影响

不同灌水量对霸王的蒸腾速率有显著影响，不同灌水量处理霸王的蒸腾速率值较对照均增加，且灌水量为 75 L·株$^{-1}$增幅最大，达到了 20.23%，其他处理间与对照差异不显著。由此可见，在灌水量达到 75 L·株$^{-1}$时，霸王的蒸腾速率受到显著影响。当灌水量逐渐增加，蒸腾速率受影响程度也逐渐加重。所以，灌水量过大同样影响霸王的蒸腾速率，这一结论与光合速率的一致。不同灌水量处理霸王的日平均蒸腾速率依次顺序为：灌水量 75 L·株$^{-1}$＞灌水量 45 L·株$^{-1}$＞灌水量 15 L·株$^{-1}$＞灌水量 150 L·株$^{-1}$＞冬灌＞CK。

4.3.3.3　灌水量对霸王水分利用效率（WUE）的影响

水分利用效率（WUE）以光合速率与蒸腾速率的比值表示，是一项评价植物对水分利用效率的指标。如图 4-38 所示，不同灌水量处理和霸王（CK）的 WUE 日变化呈现不同变化趋势，各种处理的 WUE 最高值均出现在 10:00 左右，且上午的 WUE 高于下午，之后不同灌水量的霸王日间不断降低。不同灌水量处理相比，灌水量为 75 株·L^{-1}霸王的 WUE 全天均高于 CK，灌水量为 75 株·L^{-1}霸王 WUE 日均值（1.56 μmol CO$_2$·mmol^{-1} H$_2$O）比 CK（1.42 μmol CO$_2$·mmol^{-1} H$_2$O）高出 9.86%。不同灌水量处理霸王的日平均水分利用效率依次顺序为：灌水量 75L·株$^{-1}$＞灌水量 45L·株$^{-1}$＞CK＞灌水量 15L·株$^{-1}$＞冬灌＞150L·株$^{-1}$。

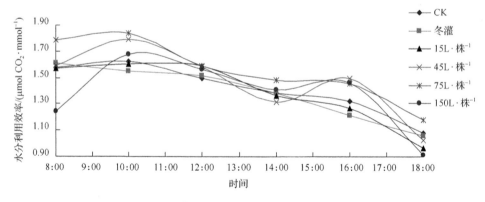

图 4-38　灌水量对霸王水分利用效率的影响

小　结

（1）霸王平茬后萌蘖丛生长迅速，平茬 3 年后植株株高最大可达 101.50 cm，接近未平茬霸王的株高；平茬 3 年后霸王高生长及冠幅直径增加减缓，渐趋对照；霸王平茬后萌蘖枝条直径、长度随平茬时间的增加而增加，且平茬后植株萌蘖枝的直径长度大于同期对照（未平茬）植株新生枝条的直径、长度。

(2) 与对照(CK)相比,平茬霸王的 P_n 极显著上升($P<0.01$);C_i 以对照霸王最高,分别比平茬 1 年和 3 年霸王高 24.36%、4.75%;与 CK 相比,平茬 3 年与 1 年的霸王 G_s、T_r 极显著上升($P<0.01$);平茬 1 年和 3 年霸王的叶面积分别比 CK 高了 323.81%、83.33%;各组水分利用效率日均值大小顺序为:平茬 3 年处理(2.38 mmol CO_2·mol^{-1} H_2O)>平茬 1 年处理(2.33 mmol CO_2·mol^{-1} H_2O)>CK (1.25 mmol CO_2·mol^{-1} H_2O);霸王小枝水势变化大小关系为:平茬 3 年>平茬 1 年>CK。

(3) 平茬后霸王叶片 MDA、SOD、POD 的变化大小关系为:CK>平茬 3 年>平茬 1 年;平茬后霸王叶片 Pro 变化大小关系为:CK<平茬 3 年<平茬 1 年;平茬后霸王叶片叶绿素含量变化大小关系为:CK<平茬 1 年<平茬 3 年。

(4) 不同平茬年限霸王叶温的大小关系表现为:平茬 1 年>CK>平茬 3 年>气温;Duncan 多重检验分析得出,霸王平茬 1 年与平茬 3 年的叶温差异极显著($P<0.01$),霸王平茬 3 年与 CK 的叶温差异极显著($P<0.01$),平茬 1 年与 CK 的叶温差异显著($P<0.05$);测定时间内,h_{at} 的大小关系为:CK(0.34)>平茬 3 年(0.25)>平茬 1 年(0.21)。

(5) 平茬萌蘖株与对照霸王的土壤含水量均值变化规律均为:株间空地>冠幅边缘>霸王根部;平茬处理后霸王林下土壤的粒径组成分布与对照霸王的土壤相似,表现为霸王根部、冠幅边缘、株间空地的土壤均以细砂粒的含量最多。与 CK 相比,平茬处理后土壤的黏粒、细粉粒、中粉粒在土壤中的变化,均表现为根部的大于冠幅边缘和株间空地的。平茬与未平茬的霸王植株对细砂粒拦截作用较好,平茬后霸王补偿生长初期,根部土壤表层中粗砂粒比例增加。

(6) 平茬 3 年与 CK 霸王土壤速效磷、碱解氮、速效钾、有机质含量霸王根部>冠幅边缘>株间空地,具有明显的"肥岛"效应;同对照规律相似,平茬后霸王灌丛对土壤速效磷、碱解氮、有机质具富集作用,平茬并未改变霸王对其土壤养分的富集作用,只是在一定程度上对养分的富集重新分配。霸王根部、冠幅边缘、株间空地土壤的 pH 平茬 3 年均低于对照,平茬与 CK 土壤 pH 变化关系为霸王根部<冠幅边缘<株间空地;霸王根部、冠幅边缘土壤电导率为平茬<CK。

2012 年 4 月初进行的硬枝扦插实验取得了初步成功,霸王的成活率为 21.08%。棚内温度控制在 15~30℃即可,但不能超过 30℃,棚内相对湿度保持在 80%左右,以液面常有水珠为标准。扦插后要经常喷水,以控制温湿度。喷水时间一般在 10:00~16:00,每天 1~2 次,视具体情况而定,炎热天特别是中午要喷水降温,需多喷;阴天要少喷。试验结果表明,不同生根剂处理对霸王的生根率、成活率、苗高、基径都有显著影响。以吲哚乙酸 IAA 100 mg·L^{-1} 浸泡硬枝插穗 3 h 的效果最好，平均新枝长度、平均新枝基径、分枝数都最大，分别为 14 cm、2.56 mm 和 2.33 个分枝。最适宜的插条长度 20 cm，扦插深度为枝条的 1/2，即 10 cm；插穗基径范围为 3.50～8.50 mm，即为一年生或二年生的枝条，初步统计成活率较高的基径范围是 6.50～8.50 mm，可能是因为较粗的插穗储存较多的营养物质，能为插穗提供生根所需要的营养物质。因此，在选择插条时，在一定范围内，应选择粗度较大的插穗。

　　霸王属于较难生根树种，生根类型为皮部和愈伤组织混合生根。生根剂种类对生根率的影响是最主要因素；浓度和时间的交互作用对生根率的影响次之，以低浓度长时间和高浓度短时间处理对提高生根率效果较好；扦插基质、扦插深度、插条粗度、插条年龄对生根的影响有待进一步研究。

5 四合木平茬复壮技术

5.1 样地选择与平茬方法

5.1.1 样地选择

在研究区内设置一条 20 m 宽的样带，沿样带每隔 20 m 设置一个 20 m×20 m 的样地，共设置 6 个样地，分别标记为 Ⅰ、Ⅱ、Ⅲ、Ⅳ、Ⅴ、Ⅵ号。调查样地内所有四合木植株的株高、冠幅和主枝基径，进行标记，所标记植株即为本研究的基础材料。

5.1.2 平茬处理

2011 年 3 月中旬，将Ⅰ～Ⅴ号样地内老龄化植株分别进行留茬高度为−3 cm(平茬前利用油漆在植株贴地面处进行标记，按照 3～5 cm 厚度剥离表土后，在距离标记 3 cm 处进行平茬，平茬后覆盖上剥离的表土)、0 cm、5 cm、10 cm、15 cm 的平茬处理，平茬方式为整株手工平茬，要求茬口光滑；以Ⅵ号样地的老龄化植株作为对照。

从 2011 年 3 月四合木开始萌动起，至每个生长季结束(9 月)为止，每月月底进行生长指标测定，包括株高和冠幅，生长季结束统计萌条数量、新枝长度和新枝基径，共连续测定两个生长季。

平茬后前两个生长季，每个生长季 7 月测定其净光合速率、蒸腾速率、小枝水势等参数。

5.1.3 人工模拟降雨设计

在Ⅰ～Ⅵ号样地内各选取 3～5 株四合木植株，进行人工模拟降雨。为降低模拟降雨所产生的边缘效应和降雨不均的影响，以各植株为中心，每株周围划出 16 个 1 m×1 m 方格。按 1 m² 共计洒水 1 L 的标准，对所有划定的方格进行洒水，洒水要求缓慢并分两次进行，以尽量避免不均。

根据试验地春旱现象明显的特征，为研究不同留茬高度处理对春旱现象的适应程度，在 2012 年春末进行了一次模拟降雨，测定模拟降雨前后各平茬处理植株生理生化特征变化，测定内容包括膜脂过氧化系统和保护酶活性变化、光合特征参数变化和蒸腾速率变化。

5.2 试验设计与方法

5.2.1 生长指标的测定

(1)株高测定:以通过四合木株冠中心点的自然垂直高度为株高,精确至毫米。

(2)冠幅测定:测定经过株冠中心点的两个直径,精确至毫米,取其乘积作为冠幅。

(3)萌条调查:生长季末,每个处理各选取具有代表性的 5 丛植株进行萌条数量统计,统计时以灌丛中心为原点,分别以东西方向和南北方向为横、纵坐标轴,将灌丛分成四个象限,每个象限随机选择 10 个新生枝条测定枝长和基径(图 5-1)。

图 5-1　珍稀濒危植物生长指标测定

5.2.2 生理生化指标的测定

1)光合指标的测定

每个样地选择 3 株长势一致且具有代表性的四合木为试验材料,每株选取向阳中部正常生长的成熟叶片 3～4 片,在典型晴天,利用便携式光合仪(LI-COR6400,LI-COR Inc. Lincoln,USA)测定光合作用及蒸腾作用的日变化。该仪器同时记录净光合速率(P_n, μmol·m^{-2}·s^{-1})、蒸腾速率(T_r, mmol·m^{-2}·s^{-1})、气孔导度(G_s, mol·m^{-2}·s^{-1})、气温(T_a, ℃)、叶温(T_l, ℃)、大气 CO_2 浓度(C_a, μmol·mol^{-1})、胞间 CO_2 浓度(C_i, μmol·mol^{-1})、光合有效辐射(PAR, μmol·m^{-2}·s^{-1})、空气相对湿度(RH, %)和叶片水压亏缺(V_{pdl}, kPa)等指标。测定时间为每日 8:00～18:00,每隔 2 h 测定 1 次,中午加密(每隔 1 h 测定一次),每次测定记录 5 次重复,取其平均值作为该时刻的实测值,测定结束时将所测叶片剪下固定于方格纸上计算叶面积。对于进行人工模拟降雨处理的植株,测定时间为每天 9:00～11:00,测定方法同上。

水分利用效率则采用以下公式计算得出。

$$\text{WUE（水分利用效率）} = \text{净光合速率}(P_n) / \text{叶片蒸腾速率}(T_r)$$

2）小枝水势的测定

在测定光合速率和蒸腾速率的同时，由另一组试验人员采用王万里介绍的压力室法，利用便携式数显压力室（SKP M1400-40，Skye Instruments Ltd., UK），选择向阳面顶端带叶小枝从 5:00 至 19:00，每隔 2 h 测定一次水势（图 5-2）。Turner 等证明暴露于空气中的离体枝叶会迅速失水导致测定数值偏低，因此实验中要求采枝后迅速进行装测。

图 5-2　珍稀濒危植物生理生化指标测定

A.测定植物水势；B.测定植物光合作用

3）丙二醛（MDA）含量与抗氧化酶系统活性的测定

选取 3 株代表性植株，于人工模拟降雨前和模拟降雨后的第 3 天和第 6 天，摘取成熟叶片用医用纱布包裹，置于液氮瓶中带回实验室，分别采用硫代巴比妥酸（TBA）法测定丙二醛含量、氮蓝四唑（NBT）法测定超氧化物歧化酶（SOD）活性、紫外吸收法测定过氧化氢酶（CAT）活性。

5.3　留茬高度对四合木生长及生理特性影响

5.3.1　留茬高度对四合木生长特性的影响分析

5.3.1.1　留茬高度对四合木株高和冠幅的影响

1）平茬后前两个生长季株高生长情况

如图 5-3 所示，平茬处理后的前两个生长季内，各处理组平均株高年生长量均极显著大于未平茬四合木株高年生长量($P<0.01$)。图 5-3A 为平茬后第一生长季株高生长情况,可以看出,–3 cm 处理组平均株高年生长量最大,达到 14.60 cm,0 cm 处理次之,为 14.35 cm,分别较对照组平均株高年生长量 3.21 cm 增加了 355% 和 347%;5 cm 处理、10 cm 处理、15 cm 处理株高年生长量分别为 10.96 cm、8.95 cm、7.21 cm,较对照组分别增加了 241%、179%、115%。5 种留茬高度处理植株均在 5 月和 6 月株高增长最快,两个月的株高生长量分别占到了年株高生长量的 67.1%、59.6%、66.2%、70.3%、63.4%,且从 8 月开始株高增长趋势明显放缓;而未平茬植株在 7 月株高增长较快,占到了株高年生长量的 33.03%。

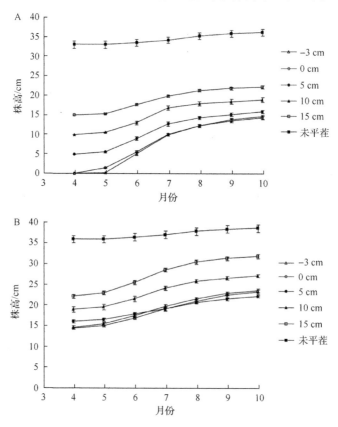

图 5-3 不同平茬高度四合木株高年生长量变化

A.2011 年;B.2012 年

平茬后第二生长季各处理组株高生长情况如图 5-3B 所示,各处理组株高年生长量分别为 8.88 cm、8.72 cm、6.04 cm、8.18 cm、9.7 cm,分别较对照组平均株高年生长量 2.68 cm 增加了 231%、225%、125%、205%、262%;各处理组虽在 6

月株高增长略快,分别占到株高年增长量的 26.6%、26.9%、20.5%、31.0%、31.6%,但从整个生长季来看,在 5~8 月各月株高长势较为均匀,直到 9 月才出现明显放缓迹象,未平茬植株仍在 7 月增长较快,占到了株高年生长量的 29.1%。各组 2012 年株高年生长量分别为 2011 年株高年生长量的 60.8%、60.7%、55.1%、91.4%、134.5%、83.5%。可以看出,平茬后第二生长季–3 cm 处理、0 cm 处理和 5 cm 处理株高增长趋势较平茬后第一生长季明显减缓,10 cm 处理株高增长趋势略微减缓,而 15 cm 处理株高增长趋势明显增加。

2) 平茬后前两个生长季冠幅生长情况

平茬后第一生长季,5 cm 处理、10 cm 处理和 15 cm 处理冠幅年生长量均极显著大于未平茬四合木冠幅年生长量($P<0.01$),–3 cm 处理和 0 cm 处理冠幅年生长量显著大于 CK($P<0.05$)。由表 5-1 可知,平茬后第一生长季冠幅年生长量可以看出,冠幅年生长量最大的为 5 cm 处理,达到 0.2225 m²,较对照组(0.043 m²)增加了 417%;其次为 10 cm 处理和 15 cm 处理,分别较对照组增加了 397% 和 339%;–3 cm 处理和 0 cm 处理相对于其他处理组冠幅增长幅度较小,但仍较对照组冠幅年增长量增加了 117% 和 65%。各处理组冠幅在 5 月和 6 月均快速增长,0 cm、5 cm、10 cm 和 15 cm 的留茬处理在这两个月的冠幅生长量分别占到了各自整个生长季冠幅生长量的 66.7%、67.7%、77.0%、69.3%,–3 cm 处理冠幅在 7 月仍保持了较高增长速度,其在 5~7 月的冠幅生长量占到了整个生长季冠幅生长量的 83.8%。

表 5-1　平茬后第一生长季冠幅年生长量　　　　　　　(单位：m²)

处理	月份						年生长量
	4	5	6	7	8	9	
–3 cm	0.0024 ±0.0007	0.0247 ±0.0013	0.0248 ±0.0015	0.0288 ±0.0014	0.008 ±0.0007	0.0048 ±0.0007	0.0934 ±0.0026
0 cm	0.0092 ±0.0013	0.0230 ±0.0028	0.0243 ±0.004	0.0104 ±0.0020	0.0028 ±0.0006	0.0011 ±0.0004	0.0707 ±0.0041
5 cm	0.0133 ±0.0019	0.0778 ±0.0096	0.0728 ±0.0074	0.0227 ±0.0034	0.0208 ±0.0022	0.0150 ±0.0033	0.2225 ±0.0089
10 cm	0.0097 ±0.0045	0.0793 ±0.0032	0.0660 ±0.0048	0.0182 ±0.0026	0.0114 ±0.0016	0.0041 ±0.0005	0.1888 ±0.0011
15 cm	0.0062 ±0.0007	0.0732 ±0.0062	0.0748 ±0.0091	0.033 ±0.0003	0.0210 ±0.002	0.0056 ±0.0009	0.2137 ±0.0014
未平茬	0.0060 ±0.0004	0.0144 ±0.0017	0.0105 ±0.0017	0.0067 ±0.0009	0.0027 ±0.0002	0.0027 ±0.0005	0.0430 ±0.0014

注：表中数据为平均值±标准差($n=5$)。

平茬后第二生长季,除 0 cm 处理冠幅年生长量大于对照但不显著以外,其他处理组冠幅年生长量仍显著大于对照($P<0.05$)，5 cm 处理极显著大于对照($P<0.01$)。由表 5-2 平茬后第二生长季冠幅年生长量可以看出，冠幅年生长量最大的为 5 cm 处理，达到 0.1159 m^2，较对照组(0.0452 m^2)增加了 156%；15 cm 处理和 10 cm 处理冠幅年生长量较对照分别增加了 97%和 83%；−3 cm 处理和 0 cm 处理冠幅年生长量最低。对比平茬后前两个生长季冠幅年生长量变化情况，可以看出，各处理组平茬后第二生长季较平茬第一生长季冠幅生长速度减缓，各处理组 2012 年冠幅年生长量分别为 2011 年冠幅年生长量的 62.5%、69.4%、55.1%、43.6%、41.6%。

表 5-2　平茬后第二生长季冠幅年生长量　　　　　　(单位：m^2)

处理	月份						年生长量
	4	5	6	7	8	9	
−3 cm	0.0085 ±0.0002	0.0091 ±0.0004	0.0117 ±0.0004	0.0153 ±0.0004	0.0097 ±0.0003	0.0041 ±0.0002	0.0584 ±0.0009
0 cm	0.0056 ±0.0008	0.0107 ±0.0007	0.0126 ±0.0003	0.0101 ±0.0003	0.0064 ±0.0009	0.0037 ±0.0007	0.0491 ±0.0024
5 cm	0.0131 ±0.0012	0.0193 ±0.0009	0.0425 ±0.0022	0.0194 ±0.0010	0.0139 ±0.0017	0.0077 ±0.0009	0.1159 ±0.0041
10 cm	0.0075 ±0.0011	0.0205 ±0.0014	0.0252 ±0.0007	0.0149 ±0.0007	0.0096 ±0.0013	0.0051 ±0.0009	0.0828 ±0.0029
15 cm	0.0083 ±0.0004	0.0207 ±0.0007	0.0295 ±0.0011	0.0176 ±0.0007	0.0074 ±0.0005	0.0054 ±0.0004	0.0890 ±0.0013
未平茬	0.0067 ±0.0007	0.0162 ±0.0013	0.0092 ±0.001	0.0074 ±0.0008	0.0037 ±0.0004	0.0021 ±0.0003	0.0452 ±0.0026

注：表中数据为平均值±标准差($n=5$)。

5.3.1.2　留茬高度对四合木萌条生长状况的影响

由表 5-3 可知，平茬后第一生长季内，各组萌条枝长平均值大小顺序为：15 cm 处理>5 cm 处理>10 cm 处理>−3 cm 处理>0 cm 处理>对照；各组萌条基径平均值大小顺序为：15 cm 处理>10 cm 处理>5 cm 处理>−3 cm 处理>0 cm 处理>对照。平茬后第二生长季，各组萌条枝长平均值大小顺序为：15 cm 处理>10 cm 处理>−3 cm 处理>0 cm 处理>5 cm 处理>对照；各组萌条基径平均值大小顺序为：15 cm 处理>5 cm 处理>10 cm 处理>−3 cm 处理>0 cm 处理>对照。在前两个生长季内各组萌条数量大小顺序均为：5 cm 处理>0 cm 处理>−3 cm 处理>10 cm 处理>15 cm 处理>对照。

通过 Duncan 多重比较可得，平茬后前两个生长季内，各处理组萌条枝长和基径极显著大于对照组($P<0.01$)。平茬后第一生长季内各处理组之间，15 cm 处理萌条枝长平均年生长量最大，为 14.51 cm，显著大于其他处理组($P<0.05$)；0 cm

处理和–3 cm 处理萌条枝长平均年生长量分别为 10.73 cm 和 10.75 cm，显著小于其他处理组($P<0.05$)；5 cm 处理和 10 cm 处理萌条枝长年生长量差异不显著($P<0.05$)。

表 5-3 萌条生长指标统计分析

测定时间	处理	萌条枝长/cm	萌条基径/mm	萌条数量
2011	–3 cm	10.75±0.99($n=200$) cB	1.34±0.28($n=200$) cB	249±35($n=5$)
	0 cm	10.73±1.13($n=200$) cB	1.32±0.27($n=200$) cB	293±31($n=5$)
	5 cm	12.51±0.98($n=200$) bAB	1.43±0.14($n=200$) bB	324±38($n=5$)
	10 cm	12.37±1.17($n=200$) bcAB	1.63±0.31($n=200$) aA	229±27($n=5$)
	15 cm	14.51±1.41($n=200$) aA	1.67±0.33($n=200$) aA	221±26($n=5$)
	未平茬	3.56±0.14($n=200$) dC	0.99±0.14($n=200$) dC	159±49($n=5$)
2012	–3 cm	18.25±0.10($n=200$) bB	1.85±0.04($n=200$) bB	311±42($n=5$)
	0 cm	17.98±0.09($n=200$) bB	1.82±0.03($n=200$) bB	335±39($n=5$)
	5 cm	17.24±0.07($n=200$) cC	2.02±0.04($n=200$) aA	374±37($n=5$)
	10 cm	19.90±0.08($n=200$) aAB	1.98±0.06($n=200$) aA	264±41($n=5$)
	15 cm	20.40±0.13($n=200$) aA	2.06±0.04($n=200$) aA	252±46($n=5$)
	未平茬	4.80±0.02($n=200$) dD	1.16±0.03($n=200$) cC	183±53($n=5$)

注：数据为平均值±标准差；同列不同小写字母表示差异显著($P<0.05$)，不同大写字母表示差异极显著($P<0.01$)。

各处理组之间，15 cm 处理和 10 cm 处理萌条基径平均年生长量分别为 1.67 mm 和 1.63 mm，两者无显著差异，但极显著大于其他处理组($P<0.01$)；0 cm 处理和–3 cm 处理萌条基径年生长量平均值分别为 1.32 mm 和 1.34 mm，显著小于其他处理组($P<0.05$)。平茬后第二生长季，各处理组之间，15 cm 处理和 10 cm 处理萌条枝长分别为 20.40 cm 和 19.90 cm，显著大于其他处理组($P<0.05$)，较平茬后第一生长季分别增长了 5.89 cm 和 7.53 cm；0 cm 处理和–3 cm 处理萌条枝长显著大于 5 cm 处理($P<0.05$)，三者大小分别为 18.25 cm、17.98 cm 和 17.24 cm，较平茬后第一生长季分别增长了 7.50 cm、7.25 cm 和 4.73 cm。各处理组之间，15 cm 处理、5 cm 处理和 10 cm 处理萌条基径平均值分别为 2.06 mm、2.02 mm 和 1.98 mm，三个处理组间无显著差异，但极显著大于–3 cm 处理和 0 cm 处理($P<0.01$)；–3 cm 处理和 0 cm 处理萌条基径平均值分别为 1.85 mm 和 1.82 mm。–3 cm 处理、0 cm 处理、5 cm 处理、10 cm 处理、15 cm 处理和未平茬组 2012 年萌条枝长年生长量分别占各自 2011 年萌条枝长年生长量的 69.8%、67.6%、37.8%、60.9%、40.6% 和 34.8%；各组 2012 年萌条基径年生长量分别占各组 2011 年基径枝长年生长量的 38.1%、37.9%、41.3%、21.5%、23.4%、17.2%；各组 2012 年新增萌条数量分

别占各组 2011 年新增萌条数量的 24.9%、14.3%、15.4%、15.3%、14%、15.1%。

5.3.2 留茬高度对四合木生理特性的影响分析

5.3.2.1 不同留茬高度四合木光合作用日动态变化规律

由图 5-4 四合木净光合速率日变化曲线可知，两个生长季内 7 月未平茬四合木净光合速率日变化均呈现"双峰"趋势，"午休"现象明显。由图 5-4A 可知，平茬后第一生长季 7 月测定的各处理组净光合速率日变化均呈现"单峰"趋势，

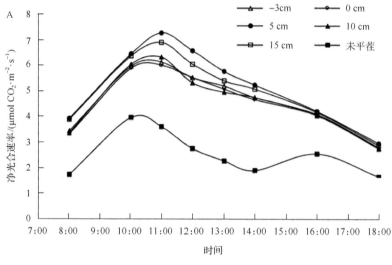

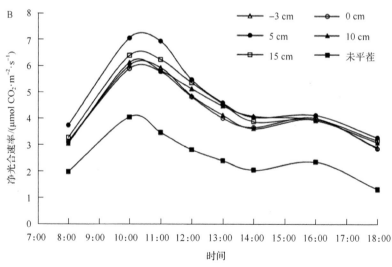

图 5-4 不同留茬高度四合木净光合速率日变化曲线

A.2011 年 7 月；B.2012 年 7 月

峰值出现时间(11:00左右)较对照组第一峰值出现时间(10:00左右)推迟约1 h。11:00的各组净光合速率大小关系为:5 cm处理(7.26 µmol $CO_2 \cdot m^{-2} \cdot s^{-1}$)>15 cm处理(6.89 µmol $CO_2 \cdot m^{-2} \cdot s^{-1}$)>10 cm处理(6.32 µmol $CO_2 \cdot m^{-2} \cdot s^{-1}$)>-3 cm处理(6.13 µmol $CO_2 \cdot m^{-2} \cdot s^{-1}$)>0 cm处理(6.01 µmol $CO_2 \cdot m^{-2} \cdot s^{-1}$),均大于对照10:00时的净光合速率(3.62 µmol $CO_2 \cdot m^{-2} \cdot s^{-1}$)。此后,净光合速率开始下降,处理组未出现第二高峰,对照组于14:00左右降到谷底,于16:00左右出现第二高峰,峰值为2.54 µmol $CO_2 \cdot m^{-2} \cdot s^{-1}$,约为第一峰值的64%。

各处理组的净光合速率值全天均高于对照组,其日均值大小关系为:5 cm处理(5.29 µmol $CO_2 \cdot m^{-2} \cdot s^{-1}$)>15 cm处理(5.09 µmol $CO_2 \cdot m^{-2} \cdot s^{-1}$)>-3 cm处理(4.73 µmol $CO_2 \cdot m^{-2} \cdot s^{-1}$)>10 cm处理(4.69 µmol $CO_2 \cdot m^{-2} \cdot s^{-1}$)>0 cm处理(4.66 µmol $CO_2 \cdot m^{-2} \cdot s^{-1}$)>对照(2.55 µmol $CO_2 \cdot m^{-2} \cdot s^{-1}$),其中,5 cm处理净光合速率日均值日均值最大,为对照组的2.07倍。

由图5-4B可知,平茬后第二生长季7月测定的各处理组同对照组净光合速率日变化均呈现明显的"双峰"趋势。第一峰值出现时间均为10:00左右,此后,净光合速率开始下降,于14:00左右降到谷底,于16:00左右到达第二高峰。10:00时的各组净光合速率大小关系为:5 cm处理(7.06 µmol $CO_2 \cdot m^{-2} \cdot s^{-1}$)>15 cm处理(6.39 µmol $CO_2 \cdot m^{-2} \cdot s^{-1}$)>10 cm处理(6.12 µmol $CO_2 \cdot m^{-2} \cdot s^{-1}$)>-3 cm处理(6.02 µmol $CO_2 \cdot m^{-2} \cdot s^{-1}$)>0 cm处理(5.89 µmol $CO_2 \cdot m^{-2} \cdot s^{-1}$)>对照(4.06 µmol $CO_2 \cdot m^{-2} \cdot s^{-1}$)。

不同平茬处理第二峰值基本相同(3.94~4.12 µmol $CO_2 \cdot m^{-2} \cdot s^{-1}$),对照组第二峰值(2.34 µmol $CO_2 \cdot m^{-2} \cdot s^{-1}$)为处理组的56.8%~59.3%。

各处理组的净光合速率值全天均高于对照组,其日均值大小顺序为:5 cm处理(4.90 µmol $CO_2 \cdot m^{-2} \cdot s^{-1}$)>15 cm处理(4.61 µmol $CO_2 \cdot m^{-2} \cdot s^{-1}$)>10 cm处理(4.46 µmol $CO_2 \cdot m^{-2} \cdot s^{-1}$)>-3 cm处理(4.32 µmol $CO_2 \cdot m^{-2} \cdot s^{-1}$)>0 cm处理(4.27 µmol $CO_2 \cdot m^{-2} \cdot s^{-1}$)>对照(2.56 µmol $CO_2 \cdot m^{-2} \cdot s^{-1}$),其中,5 cm处理净光合速率日均值日均值最大,为对照组的1.91倍。

5.3.2.2 不同留茬高度四合木蒸腾速率日动态变化规律

试验分别于平茬后前两个生长季即2011年和2012年的7月测定各组的蒸腾速率,结果如图5-5所示。平茬后前两个生长季7月的四合木蒸腾速率日变化,未平茬四合木蒸腾速率日变化均呈现"双峰"趋势,"午休"现象明显。

由图5-5A可知,2011年7月测定的各处理组蒸腾速率日变化均呈现"单峰"趋势,峰值出现时间(13:00左右)较对照组第一个峰值出现时间(12:00左右)推迟约1 h。13:00时各处理组蒸腾速率大小顺序为:15 cm处理(4.16 mmol $H_2O \cdot m^{-2} \cdot s^{-1}$)>-3 cm处理(3.82 mmol $H_2O \cdot m^{-2} \cdot s^{-1}$)>0 cm处理(3.77 mmol $H_2O \cdot m^{-2} \cdot$

s^{-1})＞10 cm 处理（3.45 mmol $H_2O \cdot m^{-2} \cdot s^{-1}$）＞5 cm 处理（3.38 mmol $H_2O \cdot m^{-2} \cdot s^{-1}$），均大于对照组 12:00 时的蒸腾速率（2.01 mmol $H_2O \cdot m^{-2} \cdot s^{-1}$）。

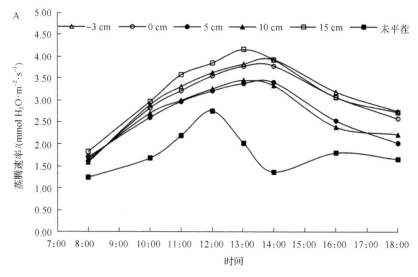

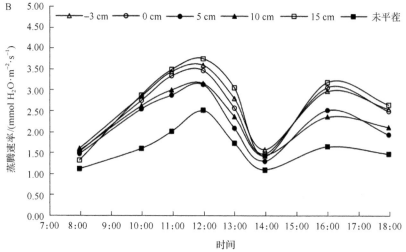

图 5-5　不同留茬高度四合木蒸腾速率日变化曲线

A.2011 年 7 月；B.2012 年 7 月

此后，蒸腾速率开始下降，各处理组未出现第二高峰，对照组于 14:00 左右降到谷底，于 16:00 左右出现第二高峰，峰值为 1.81 mmol $H_2O \cdot m^{-2} \cdot s^{-1}$，约为第一峰值的 66%。

各处理组的蒸腾速率值全天均高于对照组，其日均值的大小顺序为：15 cm 处理（3.27 mmol $H_2O \cdot m^{-2} \cdot s^{-1}$）＞–3 cm 处理（3.14 mmol $H_2O \cdot m^{-2} \cdot s^{-1}$）＞0 cm 处理

(3.05 mmol $H_2O \cdot m^{-2} \cdot s^{-1}$) >10 cm 处理(2.75 mmol $H_2O \cdot m^{-2} \cdot s^{-1}$) >5 cm 处理(2.73 mmol $H_2O \cdot m^{-2} \cdot s^{-1}$) >对照(1.84 mmol $H_2O \cdot m^{-2} \cdot s^{-1}$),其中,15 cm 处理蒸腾速率日均值最大,为对照组蒸腾速率日均值的 1.78 倍。

由图 5-5B 可知,2012 年 7 月测定的各处理组同对照组蒸腾速率日变化规律均呈现"双峰"趋势,第一峰值出现时间均为 12:00 左右,此后,蒸腾速率开始下降,于 14:00 左右降到谷底,于 16:00 左右到达第二高峰。12:00 各组的蒸腾速率大小顺序为:15 cm 处理(3.74 mmol $H_2O \cdot m^{-2} \cdot s^{-1}$) >-3 cm 处理(3.59 mmol $H_2O \cdot m^{-2} \cdot s^{-1}$) >0 cm 处理(3.46 mmol $H_2O \cdot m^{-2} \cdot s^{-1}$) >10 cm 处理(3.15 mmol $H_2O \cdot m^{-2} \cdot s^{-1}$) >5 cm 处理(3.12 mmol $H_2O \cdot m^{-2} \cdot s^{-1}$) >对照(2.51 mmol $H_2O \cdot m^{-2} \cdot s^{-1}$)。

16:00 各组的蒸腾速率大小顺序为:15 cm 处理(3.17 mmol $H_2O \cdot m^{-2} \cdot s^{-1}$) >0 cm 处理(3.06 mmol $H_2O \cdot m^{-2} \cdot s^{-1}$) >-3 cm 处理(2.96 mmol $H_2O \cdot m^{-2} \cdot s^{-1}$) >10 cm 处理(2.51 mmol $H_2O \cdot m^{-2} \cdot s^{-1}$) >10 cm 处理(2.35 mmol $H_2O \cdot m^{-2} \cdot s^{-1}$) >对照(1.64 mmol $H_2O \cdot m^{-2} \cdot s^{-1}$)。

各处理组的蒸腾速率值全天均高于对照组,其日均值的大小顺序为:15 cm 处理(2.71 mmol $H_2O \cdot m^{-2} \cdot s^{-1}$) >-3 cm 处理(2.66 mmol $H_2O \cdot m^{-2} \cdot s^{-1}$) >0 cm 处理(2.58 mmol $H_2O \cdot m^{-2} \cdot s^{-1}$) >10 cm 处理(2.32 mmol $H_2O \cdot m^{-2} \cdot s^{-1}$) >5 cm 处理(2.22 mmol $H_2O \cdot m^{-2} \cdot s^{-1}$) >对照(1.64 mmol $H_2O \cdot m^{-2} \cdot s^{-1}$),其中,15 cm 处理蒸腾速率日均值最大,为对照组蒸腾速率日均值的 1.65 倍。

5.3.2.3 不同留茬高度四合木水分利用效率的日动态变化规律

如图 5-6 所示,未平茬四合木水分利用效率日变化在两次测定中均呈现明显"双峰"趋势。由图 5-6A 可知,2011 年 7 月,各组水分利用效率速率日变化均呈现"双峰"趋势,但第二峰值不明显。其中,5 cm 处理在 11:00 左右出现第一峰值,较其他组推迟约 1 h;各组均在 16:00 左右出现第二峰值。对照组在 8:00 时的水分利用效率值明显小于处理组,但在 8:00~10:00 对照组水分利用效率上升速度非常快,在 10:00 达到峰值时超过了除 5 cm 处理组外的其他处理组的峰值,且 16:00 的第二峰值也大于除 5 cm 处理组外的其他处理组的第二峰值。各组水分利用效率日均值大小顺序为:5 cm 处理(1.95 mmol $CO_2 \cdot mol^{-1} H_2O$) >10 cm 处理(1.72 mmol $CO_2 \cdot mol^{-1} H_2O$) >15 cm 处理(1.60 mmol $CO_2 \cdot mol^{-1} H_2O$) >0 cm 处理(1.57 mmol $CO_2 \cdot mol^{-1} H_2O$) >-3 cm 处理(1.41 mmol $CO_2 \cdot mol^{-1} H_2O$) >对照(1.41 mmol $CO_2 \cdot mol^{-1} H_2O$)。

由图 5-6B 可知,2012 年 7 月各组水分利用效率日变化均呈现明显的"双峰"趋势,-3 cm 处理、0 cm 处理、5 cm 处理、10 cm 处理与对照组均于 10:00 左右达到第一峰值,而 15 cm 处理于 8:00 已达较高值(认定该值为第一峰值),各组

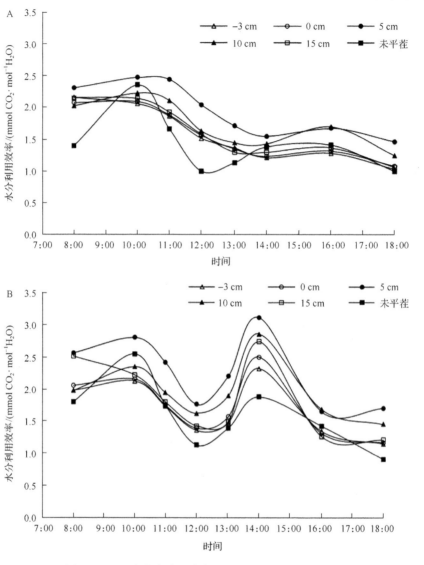

图 5-6 不同留茬高度四合木水分利用效率日变化曲线
A.2011 年 7 月；B.2012 年 7 月

均于 12:00 左右降到谷底，继而上升，于 14:00 左右达到第二峰值。8:00 时，5 cm 处理和 15 cm 处理的水分利用效率明显大于其他处理组和对照组；10:00 时，各处理组中只有 5 cm 处理的水分利用效率大于对照组，而在第二峰值(14:00)时各处理组的水分利用效率均大于对照组，且 –3 cm 处理、0 cm 处理、5 cm 处理、10 cm 处理和 15 cm 处理水分利用效率分别达到了对照组水分利用效率的 1.23 倍、1.322 倍、1.65 倍、1.52 倍和 1.45 倍。平茬后第二生长季各组水分利用效率日均值大小顺序为：5 cm 处理(2.27 mmol $CO_2 \cdot mol^{-1}$ H_2O)＞10 cm 处理(1.97 mmol

$CO_2 \cdot mol^{-1} H_2O) > 15$ cm 处理$(1.83$ mmol $CO_2 \cdot mol^{-1} H_2O) > 0$ cm 处理$(1.73$ mmol $CO_2 \cdot mol^{-1} H_2O) > -3$ cm 处理$(1.68$ mmol $CO_2 \cdot mol^{-1} H_2O) > $对照$(1.60$ mmol $CO_2 \cdot mol^{-1} H_2O)$。

5.3.2.4　不同留茬高度四合木小枝水势日动态变化规律

如图 5-7A 所示，2011 年 7 月测得的各组四合木小枝水势日变化趋势均表现为先降低后升高。在 15：00 时，各处理组与对照组的小枝水势值相近，其他时间各处理组小枝水势值相近但明显高于对照组。凌晨（5：00 左右）小枝水势为白天中的最大值，此时–3 cm 处理、0 cm 处理、5 cm 处理、10 cm 处理和 15 cm 处理小

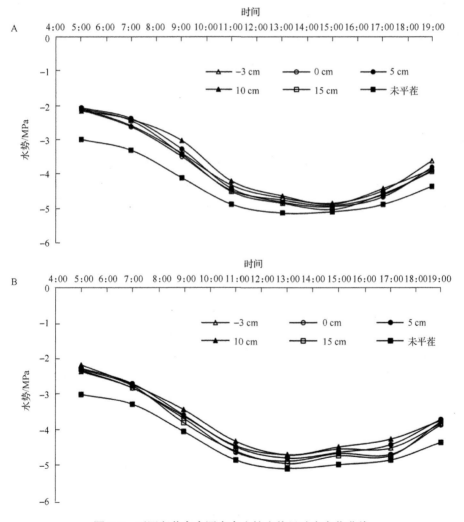

图 5-7　不同留茬高度四合木小枝水势日动态变化曲线
A.2011 年 7 月；B.2012 年 7 月

枝水势值分别为–2.11 MPa、–2.13 MPa、–2.05 MPa、–2.15 MPa、–2.09 MPa，对照组为–3.00 MPa；随着光照强度、气温的增加，从 7∶00 以后小枝水势急剧下降，到 11∶00 下降幅度趋于平缓，对照组在 13∶00 左右到达谷底(–5.15 MPa)，各处理组均于 15∶00 左右达到最低点，分别为–4.85 MPa、–4.92 MPa、–4.95 MPa、–4.89 MPa、–5.04 MPa。各组白天时间小枝水势最高值与最低值的差别并不相同，变化幅度大小顺序为：15 cm 处理(2.95 MPa)＞5 cm 处理(2.9 MPa)＞–3 cm 处理(2.79 MPa)＞10 cm 处理(2.74 MPa)＞10 cm 处理(2.73 MPa)＞对照(2.15 MPa)。

如图 5-7B 所示，2012 年 7 月测得的各组四合木枝水势日变化趋势基本一致，凌晨 5∶00 时小枝水势为全天最高，从 7∶00 以后小枝水势急剧下降，到 11∶00 时下降幅度趋于平缓，于 13∶00 左右到达谷底之后有所上升，15∶00 以后再次下降，在 16∶00 出现第二个谷底后再次升高；5∶00～9∶00 为各组小枝水势下降最快时段，且处理组水势下降幅度明显大于对照组。各组在 13∶00 的小枝水势值均为全天最低值，此时各组小枝水势大小顺序为：10 cm 处理(–4.74 MPa)＞–3 cm 处理(–4.84 MPa)＞0 cm 处理(–4.93 MPa)＞15 cm 处理(–4.99 MPa)＞对照(–5.13 MPa)；各处理组的小枝水势全天均高于对照组。

5.3.3　不同留茬高度四合木对人工模拟小强度降雨的响应

观测气象资料显示，2012 年 4 月初至 6 月中旬，研究区观测到的有效降水(≥5 mm)包括：4 月 11 日降雨 6.0 mm、5 月 21 日降雨 9.9 mm、5 月 28 日降雨 5.6 mm。至 6 月 6 日，研究区内各样地 0～10 cm、10～20 cm、20～30 cm、30～40 cm、40～50 cm、50～60 cm 的平均土壤水分含量分别为 0.63%、1.79%、2.61%、2.73%、2.18%、2.47%。土壤干旱状况突出，根据试验设计，于 6 月 6 日进行人工模拟小强度降雨，详见图 5-8。

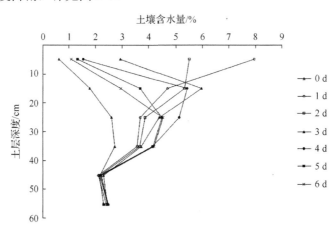

图 5-8　模拟降雨前后四合木不同深度土壤水分含量变化

5.3.3.1 膜脂过氧化系统和保护酶活性对人工模拟降雨的响应

植物的耐旱能力与其体内有效的酶促系统密切相关,通过水分胁迫下保护酶系统的变化寻找抗旱品种是一种有效的方法,通过研究不同留茬高度植株体内丙二醛含量和酶促系统的变化同样可以区分其抗旱能力差异。

1) 丙二醛(MDA)含量对人工模拟降雨的响应

植物在干旱胁迫等逆境条件下,体内不断累积的活性氧会作用于膜系统中的不饱和脂肪酸,使膜脂产生过氧化,膜脂组分发生变化,膜的流通性下降,生物膜的结构和功能遭受损伤或破坏,其主要产物之一就是 MDA。MDA 对许多生物大分子均会产生不同程度的破坏,对植物而言是一种毒性物质,MDA 含量的大量积累最终会导致植物死亡,因此,MDA 常常被作为膜脂过氧化指标来表示膜脂过氧化程度和植物对逆境条件反应的强弱。

如图 5-9 所示,−3 cm 处理和 0 cm 处理叶片 MDA 含量在人工模拟降雨前后变化幅度极小,认为−3 cm 处理和 0 cm 处理植株并没有产生明显的膜脂过氧化现象,表明其几乎没有遭受干旱胁迫。10 cm 处理、15 cm 处理和对照组叶片 MDA 含量在人工模拟降雨后显著下降,到模拟降雨后第 6 天,MDA 含量分别较模拟降雨之前下降了 13.04%、20.69%、25.77%,且普遍表现为人工模拟降雨后前 3 天 MDA 含量下降幅度大于第 4~6 天,前 3 天下降幅度分别占到了各自总下降幅度的 62.74%、68.47% 和 70.51%,认为 10 cm 处理、15 cm 处理和对照组植株在人工模拟降雨之前均受到了一定程度的活性氧积累的毒害,在人工模拟降雨之后的前 3 天内 MDA 含量的快速下降表明补充水分迅速减弱了膜脂过氧化作用。5 cm 处理叶片 MDA 含量在人工模拟降雨后变化趋势表现为先小幅升高后降低,认为人

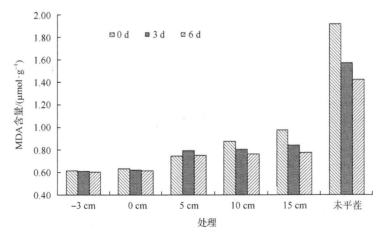

图 5-9　人工模拟降雨前后不同留茬高度四合木 MDA 含量动态变化

工模拟降雨之前四合木受到一定程度干旱胁迫，激发自身体内的保护机制如相关保护酶类活性的增加，使得膜脂过氧化程度减缓，有效降低了 MDA 的含量，这与李在军等的研究结果一致。

人工模拟降雨后 MDA 含量先小幅增加而后降低，可能是因为补充水分之后短时间内打破了细胞内氧自由基产生和消除的平衡，积累了一定量的活性氧，导致轻微的膜脂过氧化，而随后又快速达到新的平衡确保植株膜脂系统免受伤害，表明 5 cm 处理植株对这种程度的干旱胁迫具有较强的适应能力。人工模拟降雨之后各组 MDA 含量大小顺序均为：5 cm 处理＜10 cm＜处理 15 cm＜处理＜对照组，表明各组膜脂系统受损程度依次增加，其中，对照组 MDA 含量极显著大于各处理组，说明未平茬的老龄化四合木植株此时已经受到了活性氧大量累积产生的较为严重的毒害。

2) 超氧化物歧化酶(SOD)活性对人工模拟降雨的响应

SOD 作为植物体内清除氧自由基的重要保护酶，是植物抗氧化保护系统的第一道防线，其主要功能是清除氧自由基。如图 5-10 所示，各组 SOD 活性在人工模拟降雨后均下降，说明在人工模拟降雨前各组植株活性氧清除系统尚未受到不可逆转的破坏，此时各组植株 SOD 活性的相对大小可以表明各自体内氧自由基积累量的大小，从而说明受干旱胁迫的程度。–3 cm 处理和 0 cm 处理 SOD 活性在人工模拟降雨前后变化不大，表明这两组四合木植株并未受到干旱胁迫；5 cm 处理、10 cm 处理、15 cm 处理和对照组植株在人工模拟降雨之后的 SOD 活性均低于人工模拟降雨之前 SOD 的活性，表明这几组植株均受到了一定程度的干旱胁迫。从图中还可以看出，5 cm 处理、10 cm 处理、15 cm 处理和对照组植株在人工模拟降雨之前的 SOD 活性依次增大，表明其受到干旱胁迫的程度依次增加。

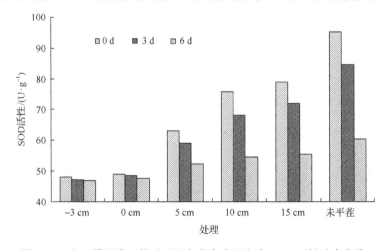

图 5-10　人工模拟降雨前后不同留茬高度四合木 SOD 活性动态变化

3) 过氧化物酶(POD)活性对人工模拟降雨的响应

过氧化物酶(POD)广泛存在于植物体内不同组织中，它作为活性较高的适应性酶，能够反映植物生长发育的特点、体内代谢状况及对外界环境的适应性。如图 5-11 所示，人工模拟降雨前后–3 cm 处理和 0 cm 处理植株 POD 活性变化不显著；5 cm 处理、15 cm 处理和对照组植株 POD 活性大幅度下降，分别下降了21.25%、24.94%和 16.99%；10 cm 处理植株 POD 活性先升高而后降低到低于模拟降雨前的水平。5 cm 处理、15 cm 处理和对照组植株 POD 活性在模拟降雨后的第 4～6 天下降幅度大于前 3 天下降幅度，分别占到了各自总下降幅度的63.95%、70.23%、66.24%。模拟降雨后第 6 天，对照组 POD 活性显著大于各处理组，各处理 POD 活性大小顺序为：15 cm 处理＞10 cm 处理＞5 cm 处理＞0 cm处理＞–3 cm 处理。

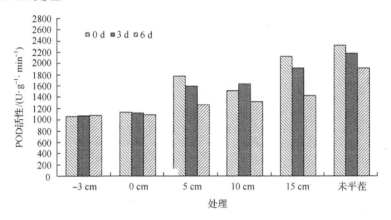

图 5-11　人工模拟降雨前后不同留茬高度四合木 POD 活性动态变化

POD 作用具有双重性，一方面，可在逆境或衰老初期表达，清除 H_2O_2，表现为保护效应，为细胞活性氧保护酶系统的成员之一；另一方面，POD 也可在逆境或衰老后期表达，参与活性氧的生成、叶绿素的降解，并能引发膜脂过氧化作用，表现为伤害效应。–3 cm 处理和 0 cm 处理 POD 活性在人工模拟降雨前后维持相对稳定状态，表明其并未遭受干旱胁迫，此时 POD 活性是各自体内维持氧自由基产生与消除平衡时的活性。5 cm 处理和 15 cm 处理植株 POD 活性变化表明，在人工模拟降雨之前，两者体内 H_2O_2 浓度有所增加，植株受到了一定程度的干旱胁迫。对照组植株 POD 活性降低也表明其受到了干旱胁迫，但在人工模拟降雨之后对照组植株 POD 活性仍显著大于各处理组 POD 活性，笔者认为这可能是由于对照组植株衰老现象严重所引起，此时 POD 对植株而言表现为伤害效应。

4) 过氧化氢酶(CAT)活性对人工模拟降雨的响应

CAT 定位于线粒体、过氧化物体和乙醛酸循环体中，起到专一清除 H_2O_2 的作用(叶绿体中 H_2O_2 的清除是通过 Halliwell-Asada 途径进行的)，是酶促系统中的重要一员。很多研究表明，多种植物在轻度水分胁迫胁迫时 CAT 活性会升高，而在重度水分胁迫时 CAT 活性又下降。周红兵等在研究四合木抗氧化系统对干旱胁迫响应时指出，四合木 CAT 活性在轻度水分胁迫时会上升，而在重度水分胁迫时会下降。由图 5-12 可以看出，3 cm 和 0 cm 处理植株 CAT 活性在人工模拟降雨前后的变化微弱；5 cm 处理、10 cm 处理、15 cm 处理和对照组植株 CAT 活性在人工模拟降雨后较之前分别下降了 26.85%、43.12%、38.69%和 39.41%，表明各组均没有受到重度水分胁迫。5 cm 处理和对照组植株 CAT 活性在模拟降水后第 4～6 天的下降幅度占各自总下降幅度的 56.19%和 67.81%，而 10 cm 处理和 15 cm 处理植株 CAT 活性则在模拟降雨后的前 3 天下降幅度较大，分别占各自总下降幅度的 78.15%和 61.47%。模拟降雨后的第 6 天，对照组 CAT 活性显著大于各处理组，各处理 CAT 活性大小顺序为：15 cm 处理＞10 cm 处理＞5 cm 处理＞0 cm 处理＞−3 cm 处理。

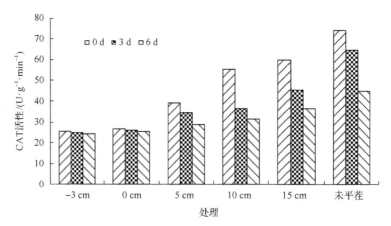

图 5-12　人工模拟降雨前后不同留茬高度四合木 CAT 活性动态变化

5.3.3.2　光合速率与蒸腾速率对人工模拟降雨的响应

试验在人工模拟降雨前后连续测定了各组四合木植株的净光合速率和蒸腾速率，计算了水分利用效率，以期通过人工增加土壤水分含量的方式反映不同留茬高度植株应对相同环境时水分代谢特征的区别，为确定合理的留茬高度提供依据。

由图 5-13 可以看出，人工模拟降雨前后，各处理组净光合速率显著大于对照组。模拟降雨前，各组净光合速率大小顺序为：5 cm 处理(4.21 μmol $CO_2 \cdot m^{-2} \cdot s^{-1}$)＞−3 cm 处理(4.04 μmol $CO_2 \cdot m^{-2} \cdot s^{-1}$)＞15 cm 处理(4.01 μmol $CO_2 \cdot m^{-2} \cdot s^{-1}$)＞0 cm 处理(3.98 μmol $CO_2 \cdot m^{-2} \cdot s^{-1}$)＞10 cm 处理(3.76 μmol $CO_2 \cdot m^{-2} \cdot s^{-1}$)＞对照(2.76 μmol $CO_2 \cdot m^{-2} \cdot s^{-1}$)。人工模拟降雨后，各组净光合速率出现不同幅度上升，其中，−3 cm

处理和 0 cm 处理植株的净光合速率保持了平稳的上升趋势；其他各组呈现先上升后下降的趋势，模拟降雨后的 15～39 h 为净光合速率上升较快的时段，5 cm 处理、10 cm 处理和对照组净光合速率在模拟降雨后的第 2～5 天上升幅度有所减缓，而 15 cm 处理植株净光合速率大幅增长保持到了模拟降雨后的第 4 天，且在第 3 天时其值已经超过了 5 cm 处理。这四组处理的净光合速率值均在模拟降雨后的第 5 天达到最大，在第 6 天时测定的净光合速率有所减小但均大于模拟降雨前。

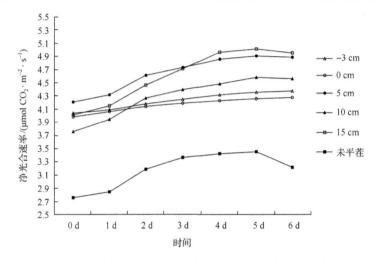

图 5-13　人工模拟降雨前后不同留茬高度四合木净光合速率动态变化

人工模拟降雨后第 5 天（模拟降雨后约 111 h）各组净光合速率大小顺序为：15 cm 处理（4.96 μmol $CO_2 \cdot m^{-2} \cdot s^{-1}$）>5 cm 处理（4.85 μmol $CO_2 \cdot m^{-2} \cdot s^{-1}$）>10 cm 处理（4.48 μmol $CO_2 \cdot m^{-2} \cdot s^{-1}$）>–3 cm 处理（4.35 μmol $CO_2 \cdot m^{-2} \cdot s^{-1}$）>0 cm 处理（4.26 μmol $CO_2 \cdot m^{-2} \cdot s^{-1}$）>对照（3.45 μmol $CO_2 \cdot m^{-2} \cdot s^{-1}$）。

由图 5-14 可以看出，人工模拟降雨前，蒸腾速率最大的为 0 cm 处理（2.76 mmol $H_2O \cdot m^{-2} \cdot s^{-1}$）和–3 cm 处理（2.75 mmol $H_2O \cdot m^{-2} \cdot s^{-1}$），其次为 15 cm 处理（2.63 mmol $H_2O \cdot m^{-2} \cdot s^{-1}$），再次为 10 cm 处理（2.41 mmol $H_2O \cdot m^{-2} \cdot s^{-1}$）和 5 cm 处理（2.39 mmol $H_2O \cdot m^{-2} \cdot s^{-1}$），各处理组蒸腾速率显著大于未平茬组（1.69 mmol $H_2O \cdot m^{-2} \cdot s^{-1}$）。人工模拟降雨后，除–3 cm 处理和 0 cm 处理外的其他各组蒸腾速率均表现出增大趋势，且在模拟降雨后 15～63 h 内蒸腾速率增大幅度明显。15 cm 处理组蒸腾速率在模拟降雨后第 2 天超过了–3 cm 处理和 0 cm 处理，并继续增大，到第 5 天达到最大值，模拟降雨后第 3～6 天的蒸腾速率显著大于其他处理组；5 cm 处理蒸腾速率同样是在模拟降雨后第 5 天达到最大值，但第 3～5 天时段内的增加幅度很小；10 cm 处理蒸腾速率从模拟降雨后第 3 天起增大趋势不再明显，蒸腾速率值略低于除 15 cm 处理外的其他对照组；对照组蒸腾速率模拟降雨后第 5 天达到最大值，第 6 天开始出现明显下降。

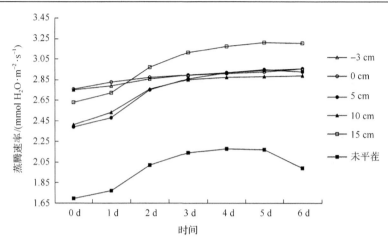

图 5-14　人工模拟降雨前后不同留茬高度四合木蒸腾速率动态变化

各组蒸腾速率最大值大小顺序为：15 cm 处理（第 5 天，3.212 mmol $H_2O \cdot m^{-2} \cdot s^{-1}$）＞0 cm 处理（第6天，2.952 mmol $H_2O \cdot m^{-2} \cdot s^{-1}$）＞–3 cm 处理（第6天，2.951 mmol $H_2O \cdot m^{-2} \cdot s^{-1}$）＞10 cm 处理（第 6 天，2.833 mmol $H_2O \cdot m^{-2} \cdot s^{-1}$）＞5 cm 处理（第 5 天，2.948 mmol $H_2O \cdot m^{-2} \cdot s^{-1}$）＞对照（第 5 天，2.173 mmol $H_2O \cdot m^{-2} \cdot s^{-1}$）。

如图 5-15 所示，人工模拟降雨前，各处理组中只有 5 cm 处理的水分利用效率高于对照。人工模拟降雨后，5 cm 处理水分利用效率开始下降，模拟降雨后15～39 h 内下降速度较快，之后趋于平稳，在第 6 天时水分利用效率较前一天略微增大；对照组水分利用效率在模拟降雨之后先降低，第 3 天时降到最低，之后开始

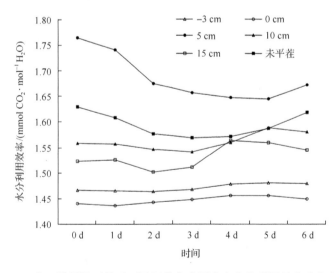

图 5-15　人工模拟降雨前后不同留茬高度四合木水分利用效率动态变化

回升，第 6 天时测定值已与模拟降雨前的测定值相近；10 cm 处理水分利用效率在模拟降雨后的前 3 天小幅下降，从第 4 天起开始回升，第 5 天达到最大值后再次下降，但第 6 天时测定值仍高于模拟降雨前的测定值；15 cm 处理水分利用效率在模拟降雨后先降低，第 2 天即达到最低值，随后回升并于第 4 天达到最大值，第 5 天和第 6 天持续下降但仍高于模拟降雨前测定值；–3 cm 处理和 0 cm 处理水分利用效率在人工模拟降雨前后维持相对稳定的水平，前者处理水分利用效率略大于后者。

5.3.4　不同留茬高度四合木蒸腾扩散系数特征的影响

　　如图 5-16 所示，平茬后第二生长季 7 月，就未浇水植株而言，未平茬组全天蒸腾扩散系数高于各平茬组，各组自然生长的四合木 h_{at} 值日变化曲线呈现了明显的"双谷"趋势。各组四合木蒸腾扩散系数在上午 8:00 处在较高水平；随后快速下降，约 12:00 到达第一谷值；之后开始回升，在 13:00～14:00 时间段内回升幅度明显，于 14:00 达到峰值，且峰值为全天最大值；h_{at} 到达峰值之后再次回落，于 16:00 达到第二谷值，最后小幅回升。

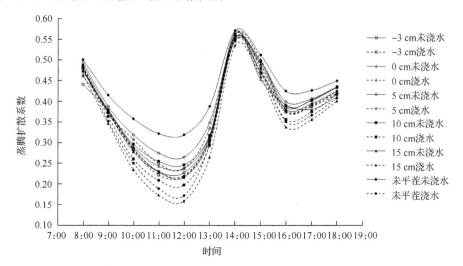

图 5-16　浇水对不同留茬高度四合木蒸腾扩散系数日变化的影响

　　各组未浇水植株 h_{at} 日均值大小顺序为：未平茬组＞5 cm 处理＞10 cm 处理＞0 cm 处理＞–3 cm 处理＞15 cm 处理。经过浇水处理的植株 h_{at} 值日变化曲线也呈现了明显的"双谷"趋势，且谷值均低于未浇水植株，使得"双谷"趋势更加显著，但不同留茬高度的四合木浇水与未浇水植株 h_{at} 变化幅度有所不同。由图 5-17 还可以看出，各组浇水植株 h_{at} 日均值大小顺序为：5 cm 处理＞0 cm 处理＞–3 cm 处理＞10 cm 处理＞未平茬组＞15 cm 处理；各组浇水植株 h_{at} 日均值均小于未浇水

植株 h_{at} 日均值，未平茬组 h_{at} 日均值减小幅度显著大于各平茬处理组 h_{at} 日均值减小幅度，−3 cm 处理和 0 cm 处理浇水植株较未浇水植株 h_{at} 日均值降低幅度很小，其他平茬处理组浇水植株与未浇水植株 h_{at} 日均值差别幅度大小排序为：5 cm 处理＜10 cm 处理＜15 cm 处理。

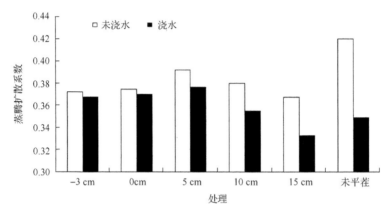

图 5-17 浇水对不同留茬高度四合木蒸腾扩散系数日均值的影响

根据"三温模型" h_{at} 值与蒸腾速率的对应关系，对于未浇水植株，蒸腾速率日均值大小关系为：15 cm 处理＞−3 cm 处理＞0 cm 处理＞10 cm 处理＞5 cm 处理＞对照，这与前文中，2012 年 7 月利用 Li-6400 光合测定仪测定的蒸腾速率日均值大小顺序一致。

小　结

萌动之前进行平茬处理的老龄化四合木植株，平茬后的前两个生长季内促进了四合木植株的复壮更新，平茬后第一生长季各平茬植株生长迅速，第二生长季长势较第一生长季略有减缓。未平茬老龄化四合木植株新生萌条数量较少，部分前一生长季新生萌条在第二生长季开始之前出现脱落现象，使第二生长季开始时冠幅和株高测定值小于前一生长季末；留茬高度为−3 cm 和 0 cm 的平茬处理植株在平茬后前两个生长季内，新生萌条竖直生长现象明显，萌条数量显著少于其他留茬高度处理；5 cm 处理萌条数量最多且长势均匀，但其在第二生长季枝长增长速度减慢现象最为明显；10 cm 处理和 15 cm 处理萌条数量较少且多为侧平生长，冠幅增长明显。

平茬后第一生长季的 7 月，各平茬植株蒸腾速率和净光合速率均呈现明显的"单峰"趋势，而在平茬后第二生长季的 7 月均转变为"双峰"趋势；平茬后前两个生长季 7 月水分利用效率大小顺序均为 5 cm 处理＞10 cm 处理＞15 cm 处理＞0 cm 处理>–3 cm 处理>未平茬植株,且各处理植株平茬后第二生长季的 7 月水分利用效率均高于平茬后第一生长季的 7 月水分利用效率。

平茬后前两个生长季的 7 月,各平茬处理植株的小枝水势全天高于未平茬植株,平茬处理提高了四合木植株体内水分含量。

平茬后第二生长季的 7 月,相同自然环境条件下,–3 cm 处理和 0 cm 处理植株没有受到干旱胁迫,5 cm 处理、10 cm 处理、15 cm 处理和未平茬植株遭受干旱胁迫程度依次增加;未平茬四合木老龄化植株浇水以后体内 MDA 含量仍然显著高于各平茬处理植株,单纯水分供应不足以彻底改善其遭受过氧化物累积所产生的伤害效应。

平茬后第二生长季的 7 月,各组自然生长四合木植株蒸腾扩散系数 h_{at} 日均值大小顺序为:未平茬组>5 cm 处理>10 cm 处理>0 cm 处理>–3 cm 处理>15 cm 处理;各平茬处理组浇水植株较未浇水植株 h_{at} 日均值差别幅度大小排序为:–3 cm 处理<0 cm 处理<5 cm 处理<10 cm 处理<15 cm 处理。

6 霸王硬枝扦插繁殖技术

关于霸王的扦插育苗试验，季蒙等在塑料棚内以河沙为基质，采用 GGR1#及 ABT6#生根粉以 50 ppm、100 ppm、150 ppm、200 ppm、300 ppm 等 5 种浓度处理半木质化嫩枝，清水处理作为对照，结果只有 GGR1# 50 ppm 和 100 ppm 两个处理生根，生根率分别为 3.1%和 1.7%，包括水浸和其他处理均未生根。生根插穗生根部位为愈合组织，生根数量为 2～5 条，最长根 14 cm，平均根长 6.5 cm。由此可以看出，霸王扦插育苗难度较大，为了获取较高的成活率还需进一步研究。本研究依托前人研究成果，对西鄂尔多斯国家级自然保护区的珍稀濒危植物进行扦插育苗技术研究，该项研究可以弥补前人对珍稀濒危植物研究的部分空缺，也可以实现珍稀濒危植物种群繁育、更新、复壮与扩大。

6.1 霸王扦插育苗土壤基质的筛选

6.1.1 土壤基质的配比

育苗基质采用当地土壤(棕钙土)和河沙。因当地土壤含砾石较多，选作扦插基质的土壤需去除其中的砾石。扦插前 1 周用 800 倍的多菌灵溶液充分处理基质，进行消毒，3 天后用清水冲洗，然后在温室内将土壤基质铺成厚度为 10～15 cm，长 1.5 m、宽 0.6 m 的高苗床以备扦插。不同土壤基质配比试验在花盆中进行。

选择生长状况相同的采穗母株，采其 1～2 年生枝条。插穗基部用 100 mg·L^{-1} IAA 浸泡 3 h。将当地土(棕钙土)与河沙分别以 1:0、3:1、1:1、1:3 和 0:1 的比例进行混合，置于花盆中并编号。

6.1.2 插穗制作与处理

试验在 4 月初进行。采穗时间选在清晨温度较低时进行，在当地选择生长健壮且无病虫害的植株作为采穗母株。根据试验采集所需龄级的插穗，采后及时喷水、制穗。上切口剪平(为减少水分散失)，下切口平滑斜切(为增加吸收水分面积)，呈马蹄形，然后按试验要求选择不同激素溶液和浸泡时间来处理插穗基部。扦插采用完全随机区组设计，每种处理 3 个重复，每个重复扦插 50 枝，株行距 10 cm×10 cm。

6.1.3 扦插方法与插后管理

采用引洞扦插法，在扦插时，首先用比插穗稍粗的硬质木棍插入基质中，插入的深度要与将要扦插的深度一致,再将插穗顺着洞放入,然后将周围的基质压实。

插后的田间管理对霸王扦插有重要的作用。插后要用手压实土壤基质,并立即浇透水 1 次。温室内平均气温控制在 20~30℃,最低气温不低于 20℃。由于扦插环境内的温度较高,必须严格按时喷水,如果插穗失水萎蔫或因水分过多导致插穗基部腐烂,都将影响扦插效果。晴天一般每天浇水 4~5 次,每次喷灌时间为 10 min,以保证土壤湿润,还需根据天气状况灵活改变浇水次数和浇水量。当大量插穗开始生根的时候,逐渐减少喷水次数。扦插后立即全面喷洒 800 倍多菌灵溶液对插穗进行全面消毒灭菌。在高温高湿的环境下,细菌也容易滋生,插穗感染细菌后易腐烂,为抑制扦插环境中的病菌滋生,需每隔一周对土壤和插穗进行一次消毒。

6.1.4 土壤基质对插穗生根状况的影响

选择生长状况相同的采穗母株,采 1~2 年生枝条,将插穗长度设置成 20 cm,插穗基部在 100 mg·L^{-1} IAA 中浸泡 3 h,自扦插后开始,每隔 7 天抽样 100 株,调查其生根状况,统计出现愈伤组织的插穗数和生根的插穗数。

由表 6-1 可知,当地土与河沙比例为 1:1 时的生根率、生根插穗的平均根长和平均根数均最大,分别达 82.2%、7.0 cm 和 4.0 条;当地土与河沙比例为 3:1 时的生根状况仅次于当地土与河沙土比例为 1:1 的土壤基质,生根率平均达 48.9%,为配比 1:1 时的 0.59 倍;根长为 6.4 cm,为配比 1:1 时的 0.91 倍;根数为 3.6 条为配比 1:1 时的 0.90 倍。

表 6-1 土壤基质对霸王硬枝扦插生根状况的影响

当地土与河沙混合比	生根率/%	根长/cm	根数/条
1:0	42.2±1.1 aA	5.8±0.1 aA	2.5±0.7 aA
3:1	48.9±1.4 bB	6.4±0.1 bB	3.6±0.1 bB
1:1	82.2±1.8 cC	7.0±0.1 cC	4.0±0.3 bB
1:3	37.8±0.8 dD	6.0±0.1 dA	3.0±0.4 abB
0:1	24.4±1.4 eE	4.8±0.2 eD	2.3±0.3 aA

注:大小写字母分别表示在 0.01 和 0.05 水平,字母相同表示差异不显著,字母不同表示差异显著;下同。

由表 6-2 的方差分析可知,不同土壤基质对霸王扦插的生根率、根系长度及根数的影响均具有极显著差异。经多重均值检验(表 6-1)可知,当地土与河沙土比例为 1:1 时,生根率和根长均极显著高于其他 4 种基质;扦插在 3 种复配土上的霸王根数明显高于扦插在 2 种纯土上的根数。综合来看,当地土与河沙比例为 1:1 时,霸王插穗生根状况最好。

表 6-2　土壤基质对霸王硬枝扦插生根状况影响的方差分析

	自由度	平方和			均方			F			显著性		
		生根率	根长	根数	生根率	根长	根数	生根率	根长	根数	生根率	根长	根数
组间	4	5576.63	8.37	6.38	1394.16	2.09	1.59	790.94	169.56	9.06	0.000	0.000	0.002
组内	10	17.63	0.12	1.76	1.76	0.01	0.18	—	—	—			
总数	14	5594.26	8.49	8.14									

6.1.5　土壤基质对插穗地上部分生长状况的影响

由表 6-3 可知，当地土与河沙比例为 1:1 时，平均新枝长最大，可达 14.0 cm；当地土与河沙比例为 1:3 时，为 7.3 cm，为配比 1:1 时的 0.52 倍。当地土与河沙比例为 3:1 时，平均新枝数最大，为 2.3 条；当地土与河沙比例为 1:1 时，为 2.1 条。

表 6-3　土壤基质对霸王硬枝扦插地上部分生长状况影响

当地土与河沙混合比	新枝长/cm	新枝数/条
1:0	4.9±0.1 aA	1.7±0.3 aA
3:1	5.2±0.2 aA	2.3±0.2 aA
1:1	14.0±0.8 bB	2.1±0.4 aA
1:3	7.3±0.8 cC	1.8±0.1 aA
0:1	2.4±0.4 dD	2.0±0.2 aA

由表 6-4 的方差分析可知，不同土壤基质对霸王扦插生根插穗的新枝长具有极显著的影响，而对新枝数无显著影响。由多重均值检验可知(表 6-3)，当地土与河沙比例为 1:1 时，新枝长极显著地高于其他 4 种土壤基质。

表 6-4　土壤基质对霸王硬枝扦插地上部分生长状况影响的方差分析

	自由度	平方和		均方		F		显著性	
		枝长	枝数	枝长	枝数	枝长	枝数	枝长	枝数
组间	4	234.32	0.27	58.58	0.07	201.94	1.00	0.000	0.452
组内	10	2.9	0.67	0.29	0.07	—	—		
总数	14	237.22	0.93						

综合来看，当地土与河沙比例为 1:1 时，霸王插穗地上部分生长状况最好。

6.2　外源激素对霸王扦插的作用

6.2.1　激素配置

选用吲哚乙酸(IAA)、萘乙酸(NAA)、1 号生根粉(ABT1)、2 号生根粉(ABT2)

和6号生根粉(ABT6)5种激素,分别配置成浓度为50 mg·L^{-1}、100 mg·L^{-1}、250 mg·L^{-1}的溶液。

6.2.2　外源激素试验

选择生长状况相同的采穗母株,采1~2年生枝条,插穗长度选用20 cm。将制好的插穗基部分别浸泡在配好的激素溶液(浓度分别为0 mg·L^{-1}、50 mg·L^{-1}、100 mg·L^{-1}和250 mg·L^{-1}的IAA、NAA、ABT1、ABT2和ABT6)中,浸泡时间设置为3 h和8 h。

6.2.3　IAA对霸王硬枝扦插生长的影响

6.2.3.1　IAA对霸王硬枝扦插生根状况的影响

1)IAA对霸王硬枝扦插生根率的影响

吲哚乙酸(IAA)对霸王硬枝扦插生根率的影响结果如图6-1所示,处理时间相同的情况下,插穗生根率随着激素浓度的增加呈先增大后减小的趋势。处理时间为3 h时,浓度为100 mg·L^{-1}时最大(为75.6%),其次是浓度为50 mg·L^{-1}(为71.3%);处理时间为8 h时,浓度为50 mg·L^{-1}的生根率最大(为66.7%),其次是浓度为100 mg·L^{-1}(为58.7%)。在IAA的浓度相同的情况下,处理时间为3 h的插穗生根率均高于8 h。

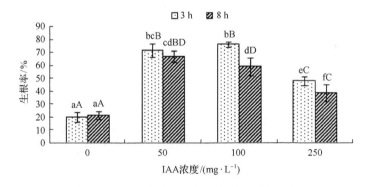

图6-1　IAA对霸王硬枝扦插生根率的影响

小写字母表示浸泡同一浓度差异显著;大写字母表示浸泡不同浓度间差异显著($P<0.01$);下同

通过对IAA浓度和处理时间2个因素共8个处理下的生根率进行多重均值检验(图6-1)发现,在处理时间相同时,50 mg·L^{-1}与100 mg·L^{-1}两个浓度下的平均生根率无显著差异,但均极显著高于其他浓度。浓度相同的情况下,不同处理时间对生根率影响的差异性因浓度的不同而不同,浓度为50 mg·L^{-1}时,两个处理时间之间无显著差异;浓度为100 mg·L^{-1}和250 mg·L^{-1}时,处理时间为3 h的生根率显著高于8 h。50 mg·L^{-1}处理3 h和100 mg·L^{-1}处理3 h的插穗生根率之间差异不显著。配置相同体积的溶液,浓度越小,需要的溶质质量也越小,从成本上来考虑，选择 50 mg·L⁻¹ 处理 3 h 更适合。

2）IAA 对霸王硬枝扦插根长的影响

IAA 对霸王硬枝扦插生根插穗根长的影响结果如图 6-2 所示，处理时间相同的情况下，根长随着浓度的增加呈先增大后减小的趋势。处理时间为 3 h 时，浓度为 100 mg·L⁻¹ 时根系最长（为 7.3 cm），其次是 250 mg·L⁻¹（为 6.8 cm）；处理时间为 8 h 时，浓度为 50 mg·L⁻¹ 时根系最长（为 7.0 cm），其次是 100 mg·L⁻¹（为 5.5 cm）。IAA 浓度为 50 mg·L⁻¹ 的情况下，处理时间为 8 h 的根长大于 3 h 的根长；当 IAA 浓度为 100 mg·L⁻¹ 和 250 mg·L⁻¹ 时，处理时间为 3 h 的根长大于 8 h 的根长。

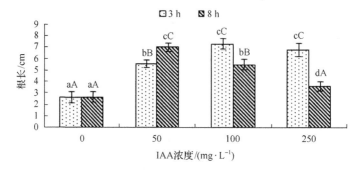

图 6-2　IAA 对霸王硬枝扦插根长的影响

通过对 IAA 浓度和处理时间 2 个因素共 8 个处理下的根长进行多重均值检验（图 6-2）发现，在处理时间为 3 h 的情况下，100 mg·L⁻¹ 与 250 mg·L⁻¹ 之间无显著差异，二者均极显著高于其他浓度；在处理时间为 8 h 的情况下，50 mg·L⁻¹ 极显著高于其他浓度。浓度相同的情况下，处理时间之间均有极显著差异，浓度为 50 mg·L⁻¹ 时，8 h 极显著高于 3 h；浓度为 100 mg·L⁻¹ 和 250 mg·L⁻¹ 时，3 h 极显著高于 8 h。50 mg·L⁻¹ 处理 8 h、100 mg·L⁻¹ 处理 3 h 和 250 mg·L⁻¹ 处理 3 h 三者之间差异不显著，从成本上来看，最佳的处理是 50 mg·L⁻¹ 处理 8 h。

3）IAA 对霸王硬枝扦插生根数的影响

IAA 对霸王硬枝扦插生根插穗根数的影响结果如图 6-3 所示。处理时间相同的情况下，根数随着浓度的增加呈先增大后减小的趋势。处理时间为 3 h 时，浓度为 100 mg·L⁻¹ 时，根数最大（为 6.5 条），其次是 250 mg·L⁻¹（为 4.3 条）；处理时间为 8 h 时，浓度为 100 mg·L⁻¹ 时，根数最大（为 6 条），其次是 50 mg·L⁻¹（为 5.5 条）。IAA 浓度为 50 mg·L⁻¹ 的情况下，处理时间为 8 h 的生根插穗的根数大于 3 h 的根数；当 IAA 浓度为 100 mg·L⁻¹ 和 250 mg·L⁻¹ 时，处理时间为 3 h 的根数大于 8 h 的根数。

通过对 IAA 浓度和处理时间 2 个因素共 8 个处理下的根数进行多重均值检验（图 6-3）发现，在处理时间为 3 h 的情况下，50 mg·L⁻¹ 与 250 mg·L⁻¹ 之间无显著

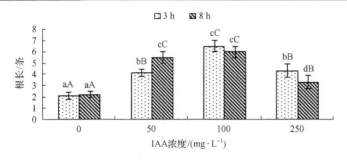

图 6-3　IAA 对霸王硬枝扦插生根数的影响

差异；在处理时间为 8 h 的情况下，50 mg·L^{-1} 与 100 mg·L^{-1} 之间无显著差异。当浓度相同时，浓度为 50 mg·L^{-1}，3 h 极显著高于 8 h，其余浓度下，处理时间之间无显著差异。50 mg·L^{-1} 处理 8 h、100 mg·L^{-1} 处理 8 h 和 100 mg·L^{-1} 处理 3 h 的生根插穗的根数之间差异不显著。在考虑成本时，最佳处理是 50 mg·L^{-1} 处理 8 h。

4）IAA 对霸王硬枝扦插生根状况影响的方差分析

由表 6-5 可知，IAA 浓度对霸王插穗生根率、生根插穗的根长及根数影响均极显著（sig.<0.01），不同处理时间对插穗生根率、根长有极显著影响（sig.<0.01），对根数影响不显著（sig.>0.05）；IAA 浓度与时间交互作用下对生根率的影响显著（0.05<sig.<0.01），对根长和根数的影响极显著（sig.<0.01）。

表 6-5　IAA 浓度和处理时间对霸王硬枝扦插生根状况影响的方差分析

变异源	因变量	III 型平方和	自由度	均方	F	Sig.
IAA 浓度	生根率	9 350.72	3	3 116.91	159.00	0.000
	根长	34.30	3	11.43	87.11	0.000
	根数	55.50	3	18.50	34.15	0.000
处理时间	生根率	307.45	1	307.45	15.68	0.001
	根长	17.34	1	17.34	132.11	0.000
	根数	1.50	1	1.50	2.77	0.116
IAA 浓度* 处理时间	生根率	259.29	3	86.43	4.41	0.019
	根长	10.94	3	3.65	27.78	0.000
	根数	4.56	3	1.52	7.38	0.003
误差	生根率	313.65	16	19.60	—	—
	根长	2.10	16	0.13	—	—
	根数	8.67	16	0.54	—	—
总误差	生根率	70 301.13	24	—	—	—
	根长	627.28	24	—	—	—
	根数	436.00	24	—	—	—

*表示 IAA 浓度与处理时间对新枝长有极显著影响；下同。

6.2.3.2 IAA 对霸王硬枝扦插地上部分生长状况的影响

1) IAA 对霸王硬枝扦插萌蘖新枝长的影响

霸王插穗经 IAA 处理后，生根插穗的萌蘖新枝长结果见图 6-4。IAA 处理时间相同的情况下，新枝长随着浓度的增加先增大后减小，处理时间为 3 h 时，浓度为 100 mg·L^{-1} 时最大(为 14.0 cm)，其次是 50 mg·L^{-1}(为 12.6 cm)；处理时间为 8 h 时，浓度为 50 mg·L^{-1} 的新枝长最大(为 8.0 cm)，其次是 100 mg·L^{-1}(为 6.2 cm)。在 IAA 的浓度相同的情况下，处理时间为 3 h 的新枝长均高于 8 h。

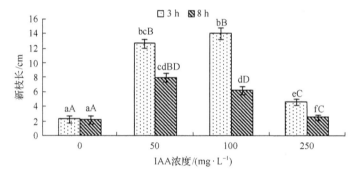

图 6-4　IAA 对霸王硬枝扦插新枝长的影响

通过对 IAA 浓度和处理时间 2 个因素共 8 个处理下的新枝长进行多重均值检验(图 6-4)发现，在处理时间相同的情况下，50 mg·L^{-1} 与 100 mg·L^{-1} 的新枝长之间差异不显著，但均与 250 mg·L^{-1} 有极显著差异。在浓度为 50 mg·L^{-1} 时，处理时间对新枝长的影响显著或极显著；100 mg·L^{-1} 时，处理时间为 3 h 的新枝长极显著高于 8 h；浓度为 250 mg·L^{-1} 时，处理时间为 3 h 的新枝长显著高于 8 h。50 mg·L^{-1} 处理 3 h 和 100 mg·L^{-1} 处理 3 h 处理之间差异不显著。在考虑成本的情况下，最佳处理是 50 mg·L^{-1} 处理 3 h。

2) IAA 对霸王硬枝扦插平均萌蘖新枝数的影响

霸王插穗经 IAA 处理后，生根插穗的萌蘖新枝数结果如图 6-5 所示，在处理时间相同的情况下，插穗萌蘖新枝数随着 IAA 浓度的升高有先增大后减少的趋势；在 IAA 激素浓度相同的情况下，处理时间为 3 h 的插穗萌蘖新枝数均略高于处理时间为 8 h 的新枝数；其中，IAA 浓度为 50 mg·L^{-1} 时浸泡 3 h 的处理新枝数最多，为 2.3 枝·株$^{-1}$。方差分析结果(表 6-5)表明 IAA 对萌蘖新枝数无显著影响，故无须再进行多重比较。

3) IAA 对霸王硬枝扦插地上部分生长状况影响的方差分析

由表 6-6 可知，IAA 浓度和处理时间对插穗新枝长均有极显著(sig.<0.01)的影响，对新枝数均无显著(sig.>0.05)影响；IAA 浓度与时间交互作用下对新枝长有极显著(sig.<0.01)影响,对新枝数无显著(sig.>0.05)影响。

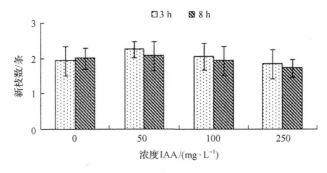

图 6-5 IAA 对霸王硬枝扦插新枝数的影响

表 6-6 IAA 浓度和处理时间对霸王硬枝扦插地上部分生长状况影响的方差分析

变异源	因变量	III 型平方和	自由度	均方	F	Sig.
IAA 浓度	新枝长	310.49	3	103.50	437.72	0.000
	新枝数	0.13	3	0.04	1.00	0.418
处理时间	新枝长	80.30	1	80.30	339.62	0.000
	新枝数	0.04	1	0.04	1.00	0.332
IAA 浓度* 处理时间	新枝长	51.00	3	17.00	71.90	0.000
	新枝数	0.13	3	0.04	1.00	0.418
误差	新枝长	3.78	16	0.24	—	—
	新枝数	0.67	16	0.04	—	—
总误差	新枝长	1500.01	24	—	—	—
	新枝数	93.00	24	—	—	—

6.2.4 NAA 对霸王硬枝扦插的影响

6.2.4.1 NAA 对霸王硬枝扦插生根状况的影响

1)NAA 对霸王硬枝扦插生根率的影响

萘乙酸(NAA)对霸王硬枝扦插生根率的影响如图 6-6 所示。处理时间相同的情况下,插穗生根率随着浓度的增加先增大后减小。处理时间为 3 h 时,NAA 浓度为 100 mg·L^{-1} 的生根率最大(为 59.3%),其次是 250 mg·L^{-1}(为 51.3%);处理时间为 8 h 时,浓度为 50 mg·L^{-1} 的生根率最大(为 54.7%),其次是 100 mg·L^{-1}(为 44.7%)。在 NAA 浓度为 50 mg·L^{-1} 时,处理时间为 8 h 的生根率大于 3 h 的生根率;在浓度为 100 mg·L^{-1} 和 250 mg·L^{-1} 时,处理时间为 3 h 的插穗生根率高于 8 h。

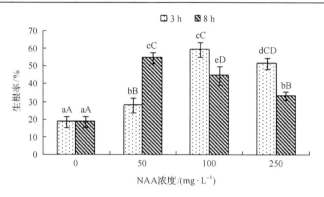

图 6-6　NAA 对霸王硬枝扦插生根率的影响

通过对 NAA 浓度和处理时间 2 个因素共 8 个处理下的生根率进行多重均值检验(图 6-6)发现，在处理时间为 3 h 的情况下，100 mg·L⁻¹ 与 250 mg·L⁻¹ 之间无显著差异，却极显著高于浓度为 50 mg·L⁻¹ 时的生根率；在处理时间为 8 h 的情况下，50 mg·L⁻¹ 时的生根率极显著高于其他浓度。当浓度相同时，浓度为 50 mg·L⁻¹ 时，8 h 的处理时间极显著高于 3 h 的处理时间；其余浓度下，3 h 的处理时间极显著高于 8 h 的处理时间。浓度为 50 mg·L⁻¹ 的 NAA 处理 8 h 和浓度为 100 mg·L⁻¹ 处理 3 h 之间差异不显著，在考虑成本之后，得到最佳处理是 50 mg·L⁻¹ 的 NAA 处理 8 h。

2)NAA 对霸王硬枝扦插根长的影响

NAA 对霸王硬枝扦插生根插穗根长的影响如图 6-7 所示。处理时间为 3 h 时，根长随着浓度的增加而增大，浓度为 100 mg·L⁻¹ 和 250 mg·L⁻¹ 时，根最长(均为 6.2 cm)；处理时间为 8 h 时，根长随着浓度的增加先增大后减小，浓度为 100 mg·L⁻¹ 达到最大(为 6.2 cm)。NAA 浓度为 50 mg·L⁻¹ 的情况下，处理时间为 8 h 的生根插穗的根长大于 3 h 的根长；当 IAA 浓度为 100 mg·L⁻¹ 和 250 mg·L⁻¹ 时，处理时间为 3 h 的根长大于 8 h 的根长。

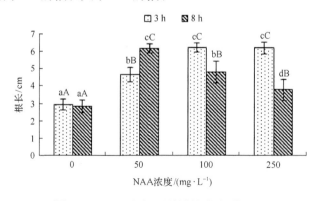

图 6-7　NAA 对霸王硬枝扦插根长的影响

通过对 NAA 浓度和处理时间 2 个因素共 8 个处理下生根插穗的根长进行多重均值检验(图 6-7)可知,在处理时间为 3 h 的情况下,100 mg·L^{-1} 与 250 mg·L^{-1} 之间无显著差异,却极显著高于其他浓度;在处理时间为 8 h 的情况下,50 mg·L^{-1} 的根长极显著高于其他浓度。当浓度相同时,处理时间之间有极显著差异,浓度为 50 mg·L^{-1} 时,8 h 极显著高于 3 h;浓度为 100 mg·L^{-1} 和 250 mg·L^{-1} 时,3 h 极显著高于 8 h。所有经过 NAA 处理的根长均显著高于对照。50 mg·L^{-1} 处理 8 h、100 mg·L^{-1} 处理 3 h 和 250 mg·L^{-1} 处理 3 h 的根长之间差异不显著,考虑成本之后得到的最佳处理是 50 mg·L^{-1} 处理 8 h。

3) NAA 对霸王硬枝扦插生根数的影响

NAA 对霸王硬枝扦插生根数的影响结果如图 6-8 所示。处理时间为 3 h 时,根数随着浓度的增大而增加,浓度为 100 mg·L^{-1} 和 250 mg·L^{-1} 时生根数最大,均为 4.1 条;处理时间为 8 h 时,生根数随着浓度的增大先增大后减小,浓度为 50 mg·L^{-1} 和 100 mg·L^{-1} 时,生根数最大,均为 4.0 条。NAA 浓度为 50 mg·L^{-1} 时,处理时间为 8 h 的生根插穗的根数均大于 3 h 的生根数;浓度为 100 mg·L^{-1} 和 250 mg·L^{-1} 时,处理时间为 3 h 的生根数大于 8 h。

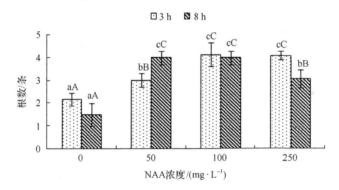

图 6-8 NAA 对霸王硬枝扦插生根数的影响

通过对 NAA 浓度和处理时间 2 个因素 8 个处理下的根数进行多重均值检验(图 6-8)发现,处理时间为 3 h 时,浓度为 100 mg·L^{-1} 和 250 mg·L^{-1} 的生根数之间无显著差异,均极显著高于浓度为 50 mg·L^{-1} 时的生根数;处理时间为 8 h 时,浓度为 50 mg·L^{-1} 和 100 mg·L^{-1} 的生根数无显著差异,均极显著高于 250 mg·L^{-1} 时的生根数。当浓度相同时,浓度为 50 mg·L^{-1} 的 8 h 的根数极显著高于 3 h;浓度为 100 mg·L^{-1} 时处理时间之间无显著差异;浓度为 250 mg·L^{-1} 时处理 3 h 的生根数极显著高于 8 h。经过 NAA 处理的插穗生根数均极显著高于对照。浓度 100 mg·L^{-1} 处理 3 h、250 mg·L^{-1} 处理 3 h、50 mg·L^{-1} 处理 8 h 和 100 mg·L^{-1} 处理 8 h 之间差异不显著,考虑成本后得到的最佳处理是 50 mg·L^{-1} 处理 8 h。

4)NAA 对霸王硬枝扦插生根状况影响的方差分析

由表6-7可知，NAA浓度对插穗生根率、根长及生根数都有极显著(sig.＜0.01)的影响，不同处理时间对插穗生根率和根数无显著(sig.＞0.05)影响，但对根长有极显著(sig.＜0.01)的影响；NAA浓度与时间交互作用下对生根率、根长和生根数均有极显著(sig.＜0.01)影响。

表 6-7 NAA 浓度和处理时间对霸王硬枝扦插生根状况影响的方差分析

变异源	因变量	III 型平方和	自由度	均方	F	Sig.
NAA 浓度	生根率	3 589.83	3	1 196.61	94.47	0.000
	根长	27.85	3	9.28	53.30	0.000
	根数	17.09	3	5.70	42.98	0.000
处理时间	生根率	13.50	1	13.50	1.06	0.317
	根长	2.10	1	2.10	12.06	0.003
	根数	0.26	1	0.26	1.97	0.180
NAA 浓度* 处理时间	生根率	1 861.83	3	620.61	48.99	0.000
	根长	13.02	3	4.34	24.92	0.000
	根数	3.54	3	1.18	8.89	0.001
误差	生根率	202.67	16	12.67	—	—
	根长	2.79	16	0.17	—	—
	根数	2.12	16	0.13	—	—
总误差	生根率	41 396.00	24	—	—	—
	根长	580.63	24	—	—	—
	根数	275.85	24	—	—	—

6.2.4.2 NAA 对霸王硬枝扦插地上部分生长状况的影响

1)NAA 对霸王硬枝扦插平均萌蘖新枝长的影响

霸王插穗经 NAA 处理后，生根插穗的萌蘖新枝长结果如图 6-9 所示。处理时间相同的情况下，新枝长随着浓度的增加先增大后减小。处理时间为 3 h 时，新枝长在 100 mg·L^{-1} 时最大(为 10.9 cm)；处理时间为 8 h 时，50 mg·L^{-1} 的新枝长最大(为 10.2 cm)。在浓度为 50 mg·L^{-1} 的情况下，处理时间为 8 h 的新枝长大于3 h；100 mg·L^{-1} 和 250 mg·L^{-1} 时，处理时间为 3 h 的新枝长大于 8 h。

通过对 NAA 浓度和处理时间 2 个因素 8 个处理下生根插穗的萌蘖新枝长进行多重均值检验(图 6-9)发现，在处理时间为 3 h 的情况下，浓度为 100 mg·L^{-1}时的新枝长极显著高于其他浓度的处理；在处理时间为 8 h 的情况下，浓度为50 mg·L^{-1} 时的新枝长显著高于其他浓度的处理。浓度为 50 mg·L^{-1} 的情况下，处理时间为 8 h 的新枝长显著高于 3 h；100 mg·L^{-1} 时，3 h 的新枝长极显著高于 8 h；250 mg·L^{-1} 时，处理时间之间无显著差异。经过 NAA 处理的插穗新枝长均极显著大于对照。浓度为 100 mg·L^{-1} 处理 3 h 和浓度为 50 mg·L^{-1} 处理 8 h 的新枝长之间具有显著差异，最佳处理是 100 mg·L^{-1} 处理 3 h。

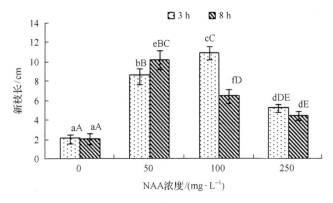

图 6-9 NAA 对霸王硬枝扦插平均萌蘖新枝长的影响

2）NAA 对霸王扦插平均萌蘖新枝数的影响

霸王插穗经 NAA 处理后，其萌蘖新枝数结果如图 6-10 所示。在处理时间为 3 h 时，经过 NAA 处理后的插穗新枝数均为 2.3 枝·株$^{-1}$；处理时间为 8 h 时，插穗萌蘖新枝数随着 NAA 浓度的升高有先增大后减少的趋势，100 mg·L^{-1} 时最多，为 2.6 枝·株$^{-1}$。方差分析结果表明，NAA 对萌蘖新枝数无显著影响，故无须再进行多重比较。

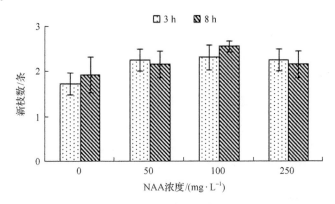

图 6-10 NAA 对霸王硬枝扦插平均萌蘖新枝数的影响

3）NAA 对霸王硬枝扦插地上部分生长状况影响的方差分析

由表 6-8 可知，NAA 浓度对插穗新枝长具有极显著（sig.＜0.01）影响，对新枝数具有显著（sig.＞0.05）影响；处理时间对插穗新枝长有极显著（sig.＜0.01）影响，对新枝数无显著(sig.>0.05)影响;NAA浓度与时间交互作用下对新枝长有极显著(sig.<0.01)影响,对新枝数无显著(sig.>0.05)影响。

表 6-8　NAA 浓度和处理时间对霸王硬枝扦插地上部分生长状况影响的方差分析

变异源	因变量	III 型平方和	自由度	均方	F	Sig.
NAA 浓度	新枝长	152.36	3	50.79	128.04	0.000
	新枝数	1.18	3	0.39	5.08	0.052
处理时间	新枝长	5.80	1	5.80	14.63	0.001
	新枝数	0.02	1	0.02	0.27	0.614
NAA 浓度*	新枝长	88.38	3	29.46	74.27	0.000
处理时间	新枝数	0.15	3	0.05	0.65	0.592
误差	新枝长	6.35	16	0.40	—	—
	新枝数	1.23	16	0.08	—	—
总误差	新枝长	1200.42	24	—	—	—
	新枝数	116.55	24	—	—	—

6.2.5　ABT1 对霸王硬枝扦插的影响

6.2.5.1　ABT1 对霸王硬枝扦插生根状况的影响

1)ABT1 对霸王硬枝扦插生根率的影响

一号生根粉(ABT1)对霸王硬枝扦插生根率的影响如图 6-11 所示。当处理时间为 3 h 时,插穗生根率随着浓度的增加而增大,ABT1 浓度为 250 mg·L^{-1} 时最大(为 70.7%);处理时间为 8 h 时,插穗生根率是随着浓度的升高先增大后减小,浓度为 50 mg·L^{-1} 的生根率最大(为 68.0%)。在 ABT1 浓度为 50 mg·L^{-1} 时,处理时间为 8 h 的生根率大于 3 h;在浓度为 100 mg·L^{-1} 和 250 mg·L^{-1} 时,处理时间为 3 h 的生根率高于 8 h。

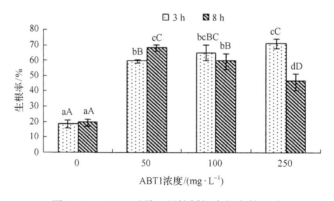

图 6-11　ABT1 对霸王硬枝扦插生根率的影响

通过对 ABT1 浓度和处理时间 2 个因素 8 个处理下插穗的生根率进行多重均值检验(图 6-11)发现,处理时间为 3 h 的情况下,浓度为 50 mg·L^{-1} 和 100 mg·L^{-1} 时的生根率之间无显著差异,100 mg·L^{-1} 和 250 mg·L^{-1} 时的生根率之间无显著差异,250 mg·L^{-1} 的生根率极显著高于 50 mg·L^{-1};处理时间为 8 h 的情况下,浓度为 50 mg·L^{-1} 时的生根率极显著高于其他浓度下。经过 ABT1 处理后的插穗生根率均极显著高于对照。浓度为 100 mg·L^{-1} 处理 3 h、250 mg·L^{-1} 处理 3 h 和浓度为 50 mg·L^{-1} 处理 8 h 生根率之间无显著差异,考虑成本后得到的最佳处理是 50 mg·L^{-1} 处理 8 h。

2) ABT1 对霸王硬枝扦插根长的影响

ABT1 对霸王硬枝扦插根长的影响见图 6-12。处理时间为 3 h 时,根长随着浓度的增加而增大,浓度为 250 mg·L^{-1} 时,根最长为 7.7 cm;处理时间为 8 h 时,浓度为 50 mg·L^{-1} 时根最长,为 7.1 cm。浓度为 50 mg·L^{-1} 的情况下,处理时间为 8 h 的根长大于 3 h 的根长;浓度为 100 mg·L^{-1} 和 250 mg·L^{-1} 时,处理时间为 3 h 的根长大于 8 h 的根长。

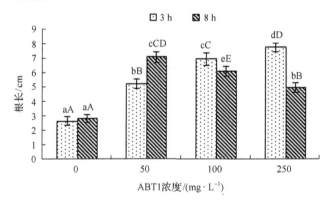

图 6-12　ABT1 对霸王硬枝扦插根长的影响

通过对 ABT1 浓度和处理时间 2 个因素 8 个处理下生根插穗的根长进行多重均值检验(图 6-12)发现,处理时间为 3 h 的情况下,浓度为 250 mg·L^{-1} 时的根长极显著高于其他浓度;处理时间为 8 h 的情况下,浓度为 50 mg·L^{-1} 时的根长极显著高于其他浓度下。浓度为 50 mg·L^{-1},处理时间为 8 h 的根长极显著高于 3 h;浓度为 100 mg·L^{-1} 和 250 mg·L^{-1} 时,处理时间为 3 h 的根长极显著高于 8 h。经过 ABT1 处理后的根长均极显著高于对照。浓度为 250 mg·L^{-1} 处理 3 h 的根长显著高于 50 mg·L^{-1} 处理 8 h 的根长,可知最佳处理是浓度为 250 mg·L^{-1} 处理 3 h。

3) ABT1 对霸王硬枝扦插生根数的影响

ABT1 对霸王硬枝扦插生根数的影响如图 6-13 所示。处理时间为 3 h 时,生根数随着浓度的增加呈增大的趋势,浓度为 250 mg·L^{-1} 时生根数最大(为 6.4 条);处理时间为 8 h 时,生根数随着浓度的增加呈先增大后减小的趋势,浓度为 50 mg·L^{-1} 时生根数最大(为 5.9 条)。浓度为 50 mg·L^{-1} 时,处理时间为 8 h 的生根数大于 3 h 的生根数;在 ABT1 浓度为 100 mg·L^{-1} 和 250 mg·L^{-1} 时,处理时间为 3 h 的生根数均大于 8 h 的生根数。经过 ABT1 处理的插穗生根数均高于对照。

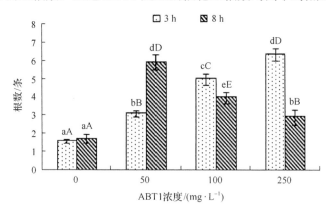

图 6-13　ABT1 对霸王硬枝扦插生根数的影响

通过对 ABT1 浓度和处理时间 2 个因素 8 个处理下生根插穗的生根数进行多重均值检验(图 6-13)发现,处理时间为 3 h 时,浓度为 250 mg·L^{-1} 时的生根数极显著高于其他浓度下的生根数;处理时间为 8 h 的情况下,浓度为 50 mg·L^{-1} 时极显著高于其他浓度下的生根数。浓度为 50 mg·L^{-1} 时,8 h 的生根数极显著大于 3 h 的生根数;浓度为 100 mg·L^{-1} 和 250 mg·L^{-1} 时,3 h 的生根数极显著大于 8 h 的生根数。经过 ABT1 处理后的插穗的生根数均极显著高于对照。浓度为 250 mg·L^{-1} 处理 3 h 与浓度为 50 mg·L^{-1} 处理 8 h 的生根数之间差异不显著,在考虑成本之后,得到最佳处理是 50 mg·L^{-1} 处理 8 h。

4)ABT1 对霸王硬枝扦插生根状况影响的方差分析

由表 6-9 可知,ABT1 浓度对插穗生根率、根长及生根数都有极显著(sig.<0.01)的影响;不同处理时间对插穗生根率和生根数有极显著(sig.<0.01)影响,但对根长有显著(0.01<sig.<0.05)的影响;ABT1 浓度与时间交互作用下对生根率、根长和生根数均有极显著(sig.<0.01)影响。

6.2.5.2　ABT1 对霸王硬枝扦插地上部分生长状况的影响

1)ABT1 对霸王硬枝扦插平均萌蘖新枝长的影响

霸王插穗经 ABT1 处理后,其萌蘖枝条的新枝长如图 6-14 所示。ABT1 处理时间为 3 h 时,新枝长随着浓度的增加而增大,浓度为 250 mg·L^{-1} 时最大(为 10.5 cm);处理时间为 8 h 时,新枝长随着浓度的增加先增大后减小,ABT1 浓度为 50 mg·L^{-1}

时的新枝长最大（为 11.3 cm）。在 ABT1 浓度为 50 mg·L⁻¹ 和 100 mg·L⁻¹ 的情况下，处理时间为 8 h 的新枝长高于 3 h；ABT1 浓度为 250 mg·L⁻¹ 时，处理时间为 3 h 的新枝长高于 8 h。

表6-9　ABT1 浓度和处理时间对霸王硬枝扦插生根状况影响的方差分析

变异源	因变量	III 型平方和	自由度	均方	F	Sig.
ABT1 浓度	生根率	8 153.83	3	2 717.94	209.07	0.000
	根长	59.45	3	19.82	176.14	0.000
	根数	37.20	3	12.40	138.44	0.000
处理时间	生根率	160.17	1	160.17	12.32	0.003
	根长	0.96	1	0.96	8.53	0.010
	根数	0.84	1	0.84	9.42	0.007
ABT1 浓度* 处理时间	生根率	908.50	3	302.83	23.29	0.000
	根长	16.65	3	5.55	49.32	0.000
	根数	30.39	3	10.13	113.10	0.000
误差	生根率	208.00	16	13.00	—	—
	根长	1.80	16	0.11	—	—
	根数	1.43	16	0.09	—	—
总误差	生根率	71 244.00	24	—	—	—
	根长	787.36	24	—	—	—
	根数	423.31	24	—	—	—

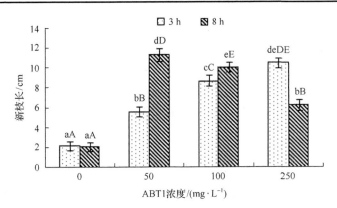

图6-14　ABT1 对霸王硬枝扦插平均萌蘖新枝长的影响

通过对 ABT1 浓度和处理时间 2 个因素 8 个处理下平均萌蘖新枝长进行多重均值检验（图 6-14）发现，处理时间为 3 h 时，浓度为 250 mg·L⁻¹ 时的新枝长极显著高于其他浓度下；处理时间为 8 h 的情况下，浓度为 50 mg·L⁻¹ 时的新枝长极显著高于其他浓度下。浓度为 50 mg·L^{-1} 和 100 mg·L^{-1} 时，处理时间为 8 h 的新枝长极显著高于 3 h；浓度为 250 mg·L^{-1} 时，处理时间为 3 h 的新枝长极显著高于 8 h。经过 ABT1 处理后的插穗的新枝长均极显著高于对照。浓度为 250 mg·L^{-1} 处理 3 h 与浓度为 50 mg·L^{-1} 处理 8 h 的新枝长之间无显著差异，考虑成本后得到的最佳处理是 50 mg·L^{-1} 处理 8 h。

2）ABT1 对霸王硬枝扦插平均萌蘖新枝数的影响

霸王插穗经 ABT1 处理后萌蘖新枝数如图 6-15 所示。在处理时间为 3 h 时，新枝数随浓度的增加呈先增大后减小的趋势，浓度为 100 mg·L^{-1} 和 250 mg·L^{-1} 时，新枝数最多（为 2.4 枝/株）；处理时间为 8 h 时，浓度为 50 mg·L^{-1} 和 250 mg·L^{-1} 时最多，为 2.3 枝/株；浓度为 50 mg·L^{-1} 时，8 h 的处理时间大于 3 h，浓度为 100 mg·L^{-1} 和 250 mg·L^{-1} 时，处理时间为 3 h 的插穗新枝数大于 8 h 的新枝数。方差分析结果表明 ABT1 对萌蘖新枝数无显著影响，故无须再进行多重比较。

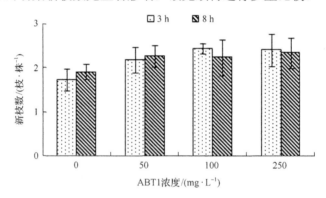

图 6-15　ABT1 对霸王硬枝扦插平均萌蘖新枝数的影响

3）ABT1 对霸王硬枝扦插地上部分生长状况影响的方差分析

由表 6-10 可知，ABT1 浓度对生根插穗萌蘖新枝长影响极显著（sig.＜0.01），对新枝数影响显著（0.01＜sig.＜0.05）；处理时间对新枝长影响极显著（sig.＜0.01），对新枝数影响不显著（sig.＞0.05）；ABT1 浓度与时间交互作用下对新枝长影响极显著（sig.＜0.01），对新枝数影响不显著（sig.＞0.05）。

表 6-10　ABT1 浓度和处理时间对霸王硬枝扦插地上部分生长状况影响的方差分析

变异源	因变量	III 型平方和	自由度	均方	F	Sig.
ABT1 浓度	新枝长	199.38	3	66.46	242.41	0.000
	新枝数	1.17	3	0.39	4.66	0.016
处理时间	新枝长	2.73	1	2.73	9.97	0.006
	新枝数	0.00	1	0.00	0.00	0.983

变异源	因变量	III 型平方和	自由度	均方	F	Sig.
ABT1 浓度*	新枝长	75.98	3	25.33	92.38	0.000
处理时间	新枝数	0.13	3	0.04	0.51	0.681
误差	新枝长	4.39	16	0.27	—	—
	新枝数	1.34	16	0.08	—	—
总误差	新枝长	1496.59	24	—	—	—
	新枝数	116.92	24	—	—	—

6.2.6　ABT2 对霸王硬枝扦插的影响

6.2.6.1　ABT2 对霸王硬枝扦插生根状况的影响

1）ABT2 对霸王硬枝扦插生根率的影响

二号生根粉（ABT2）对霸王硬枝扦插生根率的影响如图 6-16 所示。当处理时间相同时，插穗生根率随着浓度的增加有先增大后减小的趋势。处理时间为 3 h 的情况下，浓度为 100 mg·L^{-1} 时最大（为 46.0%）；处理时间为 8 h 时，浓度为 50 mg·L^{-1} 的生根率最大（为 45.3%），其次是浓度为 100 mg·L^{-1}（为 40.0%）。在 ABT2 浓度为 50 mg·L^{-1} 和 250 mg·L^{-1} 时，处理时间为 8 h 的生根率高于 3 h；在 ABT2 浓度为 100 mg·L^{-1} 时，处理时间为 3 h 的插穗生根率高于 8 h。

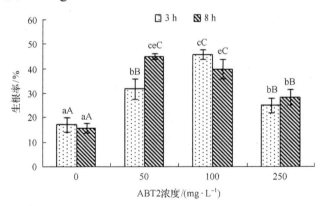

图 6-16　ABT2 对霸王硬枝扦插生根率的影响

通过对 ABT2 浓度和处理时间 2 个因素 8 个处理下插穗的生根率进行多重均值检验（图 6-16）发现，处理时间为 3 h 的情况下，浓度为 100 mg·L^{-1} 时的生根率极显著高于其他浓度；处理时间为 8 h 的情况下，浓度为 50 mg·L^{-1} 和 100 mg·L^{-1} 时的生根率之间无显著差异，极显著高于 250 mg·L^{-1} 浓度下的生根率。浓度为 50 mg·L^{-1} 时，处理时间为 8 h 的插穗生根率极显著高于 3 h；浓度为 100 mg·L^{-1}

时，处理时间为 3 h 的生根率显著高于 8 h；浓度为 250 mg·L^{-1} 时，处理时间之间无显著差异。经过 ABT2 处理后的插穗生根率均极显著高于对照。100 mg·L^{-1} 处理 3 h、50 mg·L^{-1} 处理 8 h 及 100 mg·L^{-1} 处理 8 h 三个处理之间差异不显著，考虑成本之后得到最佳处理是 50 mg·L^{-1} 处理 8 h。

2）ABT2 对霸王硬枝扦插平均根长的影响

ABT2 对霸王硬枝扦插根长的影响如图 6-17 所示。处理时间相同的情况下，根长随着浓度的增加呈先增大后减小的趋势。处理时间为 3 h 的情况下，浓度为 100 mg·L^{-1} 时，根长达到最大值（为 7.2 cm）；处理时间为 8 h 的情况下，浓度为 50 mg·L^{-1} 时根长最大（为 6.3 cm）。浓度为 50 mg·L^{-1} 的情况下，处理时间为 8 h 的根长大于 3 h；浓度为 100 mg·L^{-1} 和 250 mg·L^{-1} 的情况下，处理时间为 3 h 的根长大于 8 h。

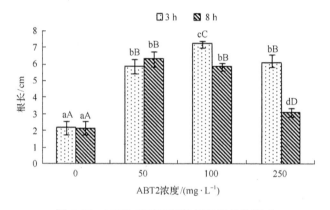

图 6-17 ABT2 对霸王硬枝扦插根长的影响

通过对 ABT2 浓度和处理时间 2 个因素 8 个处理下生根插穗的根长进行多重均值检验（图 6-17）发现，处理时间为 3 h 的情况下，浓度为 100 mg·L^{-1} 时极显著高于其他浓度的根长；处理时间为 8 h 的情况下，浓度为 50 mg·L^{-1} 和 100 mg·L^{-1} 之间无显著差异，二者极显著高于 250 mg·L^{-1} 的根长。经过 ABT2 处理后的根长均极显著高于对照。最佳处理是浓度为 100 mg·L^{-1} 处理 3 h。

3）ABT2 对霸王硬枝扦插平均根数的影响

ABT2 对霸王硬枝扦插生根插穗根数的影响如图 6-18 所示。处理时间相同的情况下，根数随着浓度的增加呈先增大后减小的趋势。处理时间为 3 h 时，浓度为 100 mg·L^{-1} 根数最大，为 4.4 条；处理时间为 8 h 时，浓度为 50 mg·L^{-1} 根数最大，为 4.5 条。在 ABT2 浓度为 50 mg·L^{-1} 时，处理时间为 8 h 的根数大于 3 h；浓度为 100 mg·L^{-1} 和 250 mg·L^{-1} 时，处理时间为 3 h 的根数均大于 8 h。

通过对 ABT2 浓度和处理时间 2 个因素 8 个处理下生根插穗的根数进行多重均值检验（图 6-18）发现，处理时间为 3 h 的情况下，浓度为 50 mg·L^{-1}、100 mg·L^{-1}

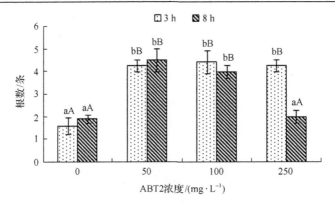

图 6-18　ABT2 对霸王硬枝扦插生根数的影响

和 250 mg·L^{-1} 时生根数之间均无显著差异；处理时间为 8 h 的情况下，浓度为 50 mg·L^{-1} 和 100 mg·L^{-1} 之间无显著差异，极显著高于 250 mg·L^{-1} 浓度下的生根数。浓度为 50 mg·L^{-1} 和 100 mg·L^{-1} 时，处理时间对生根数的影响不显著；250 mg·L^{-1} 时，处理 3 h 的生根数极显著高于 8 h。浓度为 50 mg·L^{-1}、100 mg·L^{-1} 和 250 mg·L^{-1} 处理 3 h、浓度为 50 mg·L^{-1} 和 100 mg·L^{-1} 处理 8 h，这 5 个处理之间无显著差异，考虑成本之后得出最佳处理是浓度为 50 mg·L^{-1} 处理 3 h。

4）ABT2 对霸王硬枝扦插生根状况影响的方差分析

由表 6-11 可知，ABT2 浓度对霸王硬枝扦插的生根率、根长和生根数影响均

表 6-11　ABT2 浓度和处理时间对霸王硬枝扦插生根状况影响的方差分析

变异源	因变量	III 型平方和	自由度	均方	F	Sig.
ABT2 浓度	生根率	2 542.67	3	847.56	97.80	0.000
	根长	69.91	3	23.30	170.50	0.000
	根数	26.55	3	8.85	72.23	0.000
处理时间	生根率	32.67	1	32.67	3.77	0.070
	根长	5.90	1	5.90	43.17	0.000
	根数	1.76	1	1.76	14.37	0.002
ABT2 浓度* 处理时间	生根率	307.33	3	102.44	11.82	0.000
	根长	10.69	3	3.56	26.06	0.000
	根数	6.45	3	2.15	17.54	0.000
误差	生根率	138.67	16	8.67	—	—
	根长	2.19	16	0.14	—	—
	根数	1.96	16	0.12	—	—
总误差	生根率	26 584.00	24	—	—	—
	根长	650.31	24	—	—	—
	根数	309.41	24	—	—	—

极显著(sig.<0.01);不同处理时间对插穗生根率影响不显著(sig.>0.05),对根长和生根数影响极显著(sig.<0.01);ABT2 浓度与时间交互作用下对生根率、生根插穗的根长和生根数影响均极显著(sig.<0.01)。

6.2.6.2　ABT2 对霸王扦插地上部分生长状况的影响

1)ABT2 对霸王硬枝扦插平均萌蘖新枝长的影响

霸王插穗经 ABT2 处理后,萌蘖枝条新枝长结果如图 6-19 所示。处理时间相同的情况下,新枝长随着浓度的增加表现出先增大后减小的趋势。处理时间为 3 h 的情况下,浓度为 100 mg·L⁻¹ 时新枝长最大(为 6.4 cm);处理时间为 8 h 的情况下,浓度为 50 mg·L⁻¹ 时新枝长最大(为 5.6 cm)。在浓度为 50 mg·L⁻¹ 的情况下,处理时间为 8 h 的新枝长大于 3 h;浓度为 100 mg·L⁻¹ 和 250 mg·L⁻¹ 的情况下,处理时间为 3 h 的新枝长大于 8 h。

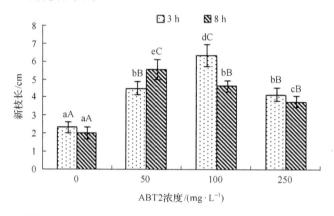

图 6-19　ABT2 对霸王硬枝扦插平均萌蘖新枝长的影响

通过对 ABT2 浓度和处理时间 2 个因素 8 个处理下平均萌蘖新枝长进行多重均值检验(图 6-19)发现,处理时间为 3 h 的情况下,浓度为 100 mg·L⁻¹ 时的新枝长极显著高于其他浓度;处理时间为 8 h 的情况下,浓度为 50 mg·L⁻¹ 时的新枝长极显著高于其他浓度。浓度为 50 mg·L⁻¹ 时,8 h 的新枝长极显著高于 3 h;浓度为 100 mg·L⁻¹ 时,3 h 的新枝长极显著高于 8 h;浓度为 250 mg·L⁻¹ 时,处理时间为 3 h 的新枝长显著高于 8 h。经过 ABT2 处理后平均萌蘖的新枝长均极显著高于对照。浓度为 100 mg·L⁻¹ 处理 3 h 的新枝数显著高于浓度为 50 mg·L⁻¹ 处理 8 h,可知最佳处理浓度为 100 mg·L⁻¹ 处理 3 h。

2)ABT2 对霸王硬枝扦插平均萌蘖新枝数的影响

ABT2 处理对霸王生根插穗萌蘖新枝数的影响如图 6-20 所示。在处理时间为 3 h 的情况下,新枝数随浓度的增加呈增大趋势,浓度为 100 mg·L⁻¹ 和 250 mg·L⁻¹

时新枝数最多（为 2.3 枝/株）；处理时间为 8 h 的情况下，插穗萌蘖新枝数随着 ABT2 浓度的升高有先增大后减少的趋势，浓度为 100 mg·L⁻¹ 时最多（为 2.2 枝/株）。浓度为 50 mg·L⁻¹ 时，处理时间为 8 h 的插穗新枝数大于 3 h 的新枝数；浓度为 50 mg·L⁻¹ 时，处理时间为 3 h 的新枝数大于 8 h 的新枝数。方差分析结果表明 ABT2 对萌蘖新枝数无显著影响，故无须再进行多重比较。

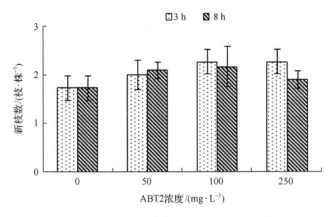

图 6-20　ABT2 对霸王硬枝扦插平均萌蘖新枝数的影响

3）ABT2 对霸王硬枝扦插地上部分生长状况影响的方差分析

由表 6-12 可知，ABT2 浓度对插穗新枝长影响极显著（sig.<0.01），对新枝数影响显著（0.01<sig.<0.05）；处理时间对插穗新枝长和新枝数影响不显著（sig.>0.05）；ABT2 浓度与时间交互作用下对新枝长影响极显著（sig.<0.01），对新枝数影响不显著（sig.>0.05）。

表 6-12　ABT2 浓度和处理时间对霸王硬枝扦插地上部分生长状况影响的方差分析

变异源	因变量	III 型平方和	自由度	均方	F	Sig.
ABT2 浓度	新枝长	38.578	3	12.859	75.091	0.000
	新枝数	0.755	3	0.252	3.489	0.040
处理时间	新枝长	0.700	1	0.700	4.090	0.060
	新枝数	0.050	1	0.050	0.699	0.415
ABT2 浓度*处理时间	新枝长	5.611	3	1.870	10.922	0.000
	新枝数	0.181	3	0.060	0.838	0.493
误差	新枝长	2.740	16	0.171	—	—
	新枝数	1.153	16	0.072	—	—
总误差	新枝长	470.150	24	—	—	—
	新枝数	100.150	24	—	—	—

6.2.7 ABT6 对霸王扦插的影响

6.2.7.1 ABT6 对霸王扦插生根状况的影响

1）ABT6 对霸王扦插生根率的影响

六号生根粉（ABT6）对霸王硬枝扦插生根率的影响如图 6-21 所示。处理时间为 3 h 的情况下，插穗生根率随着浓度的增加而增大，浓度为 250 $mg \cdot L^{-1}$ 时最大（为 52.0%）；处理时间为 8 h 的情况下，插穗生根率是随着浓度的升高先增大后减小，浓度为 50 $mg \cdot L^{-1}$ 时的生根率最大（为 48.0%）。在浓度为 50 $mg \cdot L^{-1}$ 的情况下，处理时间为 8 h 的生根率高于 3 h；浓度为 100 $mg \cdot L^{-1}$ 和 250 $mg \cdot L^{-1}$ 的情况下，处理时间为 3 h 的生根率均高于 8 h。

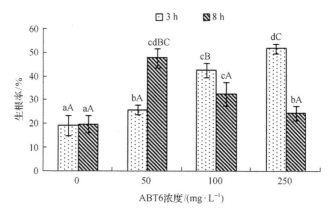

图 6-21 ABT6 对霸王硬枝扦插生根率的影响

通过对 ABT6 浓度和处理时间 2 个因素 8 个处理下插穗的生根率进行多重均值检验（图 6-21）发现，处理时间为 3 h 的情况下，浓度为 250 $mg \cdot L^{-1}$ 时的生根率极显著高于其他浓度下的生根率；处理时间为 8 h 的情况下，浓度为 50 $mg \cdot L^{-1}$ 的生根率极显著高于其他浓度下的生根率。在浓度为 50 $mg \cdot L^{-1}$ 时，8 h 的插穗生根率极显著高于 3 h；100 $mg \cdot L^{-1}$ 和 250 $mg \cdot L^{-1}$ 时，处理时间为 3 h 的生根率均极显著高于 8 h。经过 ABT6 处理后的生根率均极显著高于对照。浓度为 250 $mg \cdot L^{-1}$ 处理 3 h 与浓度为 50 $mg \cdot L^{-1}$ 处理 8 h 的生根率之间无显著差异，在考虑成本之后，最佳处理是 50 $mg \cdot L^{-1}$ 处理 8 h。

2）ABT6 对霸王硬枝扦插根长的影响

ABT6 对霸王硬枝扦插根长的影响如图 6-22 所示。处理时间为 3 h 时，根长随着浓度的增加呈增大的趋势，浓度为 250 $mg \cdot L^{-1}$ 时根最长（为 7.6 cm）；处理时间为 8 h 时，根长随着浓度的增加呈先增大后减小的趋势，浓度为 100 $mg \cdot L^{-1}$ 时，根最长(为 5.1 cm)。浓度为 50 mg·L^{-1} 的情况下，处理时间为 8 h 的根长大于 3 h 的根长；浓度为 100 mg·L^{-1} 和 250 mg·L^{-1} 的情况下，处理时间为 3 h 的根长大于 8 h。

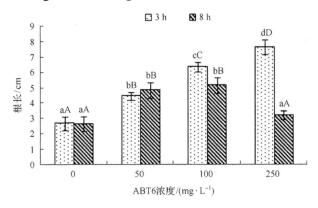

图 6-22 ABT6 对霸王硬枝扦插根长的影响

通过对 ABT6 浓度和处理时间 2 个因素 8 个处理下根长进行多重均值检验 (图 6-22)发现，处理时间为 3 h 的情况下，浓度为 250 mg·L^{-1} 时极显著高于其他浓度的根长；处理时间为 8 h 的情况下，浓度为 50 mg·L^{-1} 和 100 mg·L^{-1} 之间无显著差异，二者极显著高于 250 mg·L^{-1} 下的根长。浓度为 50 mg·L^{-1} 时，处理时间对根长的影响不显著；浓度为 100 mg·L^{-1} 和 250 mg·L^{-1} 时，处理时间为 3 h 的根长极显著高于 8 h 的根长。浓度为 250 mg·L^{-1} 时处理 8 h 后的根长与对照差异不显著，其余各处理均极显著高于对照。浓度为 250 mg·L^{-1} 时处理 3 h 后的根长极显著高于浓度为 50 mg·L^{-1} 和 100 mg·L^{-1} 处理 8 h 的根长，可知最佳处理是浓度为 250 mg·L^{-1} 处理 3 h。

3) ABT6 对霸王硬枝扦插生根数的影响

ABT6 对霸王硬枝扦插生根数的影响如图 6-23 所示。在处理时间相同的情况下，根数随着浓度的增加呈先增大后减小的趋势。处理时间为 3 h 的情况下，浓度为 100 mg·L^{-1} 时，生根数最大(为 4.3 条)；处理时间为 8 h 的情况下，浓度为 50 mg·L^{-1} 时，生根数最大(为 4.0 条)。浓度为 50 mg·L^{-1} 时，处理时间为 8 h 的生根数大于 3 h；浓度为 100 mg·L^{-1} 和 250 mg·L^{-1} 时，处理时间为 3 h 的生根数均大于 8 h，均高于对照。

通过对 ABT6 浓度和处理时间 2 个因素 8 个处理下生根数进行多重均值检验 (图 6-23)发现，处理时间为 3 h 的情况下，100 mg·L^{-1} 浓度下的生根数极显著高于其他浓度处理下的生根数；处理时间为 8 h 的情况下，50 mg·L^{-1} 浓度下的生根数极显著高于其他浓度。浓度为 50 mg·L^{-1} 时，处理时间为 8 h 的生根数极显著高于 3 h；浓度为 100 mg·L^{-1} 时，处理时间为 3 h 的生根数极显著高于 8 h；浓度为 250 mg·L^{-1} 时，处理时间为 3 h 的生根数显著高于 8 h。经过 ABT6 处理后的生根数均极显著高于对照。50 mg·L^{-1}处理 8 h 与 100 mg·L^{-1}处理 3 h 之间差异不显著，考虑经济成本之后可知最佳处理为 50 mg·L^{-1}处理 8 h。

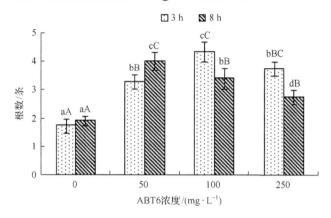

图 6-23　ABT6 对霸王硬枝扦插生根数的影响

4）ABT6 对霸王硬枝扦插生根状况影响的方差分析

由表 6-13 可知，ABT6 浓度对霸王硬枝扦插生根率、根长及生根数影响极显著（sig.<0.01）；不同处理时间对插穗生根率和生根数影响显著（0.01<sig.<0.05），对根长影响极显著（sig.<0.01）；ABT2 浓度与时间交互作用下对生根率、根长和生根数影响均极显著（sig.<0.01）。

表 6-13　ABT6 浓度和处理时间对霸王硬枝扦插生根状况影响的方差分析

变异源	因变量	III 型平方和	自由度	均方	F	Sig.
ABT6 浓度	生根率	1463.33	3	487.78	40.09	0.000
	根长	34.37	3	11.46	66.41	0.000
	根数	15.19	3	5.06	64.63	0.000
处理时间	生根率	80.67	1	80.67	6.63	0.020
	根长	10.27	1	10.27	59.54	0.000
	根数	0.40	1	0.40	5.11	0.038
ABT6 浓度* 处理时间	生根率	1916.67	3	638.89	52.51	0.000
	根长	21.17	3	7.06	40.91	0.000
	根数	3.26	3	1.09	13.85	0.000
误差	生根率	194.67	16	12.17	—	—
	根长	2.76	16	0.17	—	—
	根数	1.25	16	0.08	—	—
总误差	生根率	30056.00	24	—	—	—
	根长	577.33	24	—	—	—
	根数	256.35	24	—	—	—

6.2.7.2 ABT6 对霸王硬枝扦插地上部分生长状况的影响

1)ABT6 对霸王硬枝扦插平均萌蘖新枝长的影响

ABT6 对霸王硬枝扦插处理后平均萌蘖新枝长结果如图 6-24 所示。处理时间相同的情况下，新枝长随着浓度的增加表现出先增大后减小的趋势。处理时间为 3 h 的情况下，浓度为 100 mg·L^{-1} 时最大（为 8.0 cm）；处理时间为 8 h 的情况下，浓度为 50 mg·L^{-1} 的新枝长最大（为 7.3 cm）。在浓度为 50 mg·L^{-1} 的情况下，处理时间为 8 h 的新枝长高于 3 h；浓度为 100 mg·L^{-1} 和 250 mg·L^{-1} 时，处理时间为 3 h 的新枝长高于 8 h。

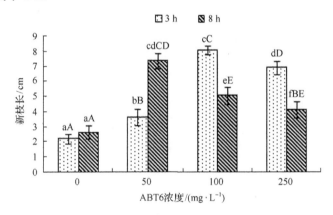

图 6-24　ABT6 对霸王硬枝扦插平均萌蘖新枝长的影响

通过对 ABT6 浓度和处理时间 2 个因素 8 个处理下生根插穗的新枝长进行多重均值检验（图 6-24）发现，处理时间为 3 h 的情况下，浓度为 100 mg·L^{-1} 时的新枝长极显著高于其他浓度下的新枝长；处理时间为 8 h 的情况下，浓度为 50 mg·L^{-1} 时极显著高于其他浓度下的新枝长。在浓度为 50 mg·L^{-1} 时，处理 8 h 的新枝长极显著高于 3 h；浓度为 100 mg·L^{-1} 和 250 mg·L^{-1} 时，处理时间为 3 h 的新枝长均极显著高于 8 h。经过 ABT6 处理后的插穗新枝长均极显著高于对照。浓度为 100 mg·L^{-1} 处理 3 h 与 50 mg·L^{-1} 处理 8 h 之间差异不显著，考虑经济成本之后得到最佳处理为浓度 50 mg·L^{-1} 处理 8 h。

2)ABT6 对霸王硬枝扦插平均萌蘖新枝数的影响

ABT6 处理对霸王插穗萌蘖新枝数的影响如图 6-25 所示。在处理时间相同的情况下，新枝数随浓度的增加呈先增大后减小的趋势。处理时间为 3 h 的情况下，浓度为 100 mg·L^{-1} 时，新枝数最多（为 2.5 枝·株$^{-1}$）；处理时间为 8 h 的情况下，浓度为 50 mg·L^{-1} 和 100 mg·L^{-1} 时最多（均为 2.3 枝·株$^{-1}$）。浓度相同的情况下，处理时间为 8 h 的插穗新枝数均小于 3 h 的新枝数。方差分析可知 ABT6 对霸王硬扦插的新枝数无枝显著影响，故无须再做多重均值检验。

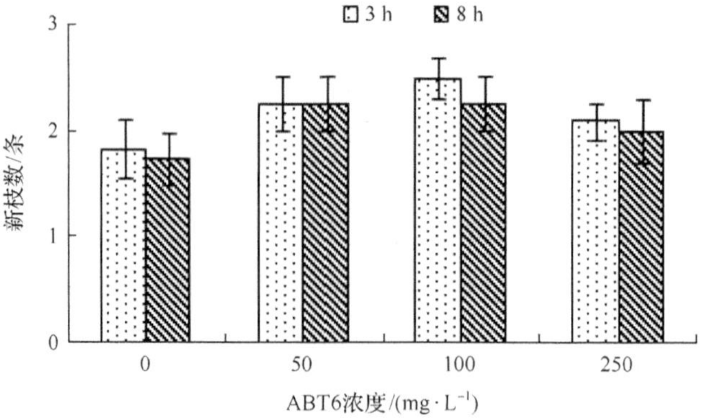

图 6-25　ABT6 对霸王硬枝扦插平均萌蘖新枝数的影响

3) ABT6 对霸王硬枝扦插地上部分生长状况影响的方差分析

由表 6-14 可知，ABT6 浓度对插穗新枝长和新枝数影响极显著(sig.<0.01)；处理时间对插穗新枝长影响显著(0.01<sig.<0.05)，对新枝数影响不显著(sig.>0.05)；ABT6 浓度与时间交互作用下对新枝长影响极显著(sig.<0.01)，对新枝数影响不显著(sig.>0.05)。

表 6-14　ABT6 浓度和处理时间对霸王硬枝扦插地上部分生长状况影响的方差分析

变异源	因变量	III 型平方和	自由度	均方	F	Sig.
ABT6 浓度	新枝长	57.77	3	19.26	86.39	0.000
	新枝数	1.26	3	0.42	6.74	0.004
处理时间	新枝长	1.00	1	1.00	4.49	0.050
	新枝数	0.07	1	0.07	1.13	0.303
ABT6 浓度 * 处理时间	新枝长	44.80	3	14.93	66.98	0.000
	新枝数	0.04	3	0.01	0.22	0.880
误差	新枝长	3.57	16	0.22	—	—
	新枝数	0.99	16	0.06	—	—
总误差	新枝长	698.17	24	—	—	—
	新枝数	110.31	24	—	—	—

6.2.8　不同激素对霸王扦插的影响

由表 6-15 可知，5 种激素处理下，生根率最高的是 IAA 和 ABT1，二者之间差异不显著，极显著高于其他 3 种激素；其次是 NAA 处理下的生根率，极显著高于 ABT2 和 ABT6 处理下的生根率；ABT2 和 ABT6 处理下，对生根率的影响差异不显著。5 种激素处理下，平均根长最大的为 ABT1、IAA 和 ABT2 处理下的插穗，三者之间差异不显著；ABT1 和 IAA 处理下的插穗根长均极显著高于 NAA 和 ABT6 处理下的插穗根长；ABT2 的处理与 NAA 和 ABT6 的处理之间无显著差异。

表 6-15　不同激素对霸王硬枝扦插的影响

	生根率/%	平均根长/cm	平均根数/条	平均新枝长/cm	平均新枝数/条
IAA	59.9 aA	6.0 aA	5.0 aA	8.0 aA	2.0 aA
NAA	45.2 bB	5.3 bB	3.7 bB	7.7 aA	2.3 aA
ABT1	61.3 aA	6.3 aA	4.6 aA	8.8 aA	2.3 aA
ABT2	36.2 cC	5.7 abAB	3.9 bB	4.9 bB	2.1 aA
ABT6	37.7 cC	5.3 bB	3.6 bB	5.8 bB	2.2 aA

　　5 种激素处理下，平均根数最多的为 IAA 和 ABT1 处理下的插穗，二者之间差异不显著，并且极显著高于其他激素。

　　5 种激素处理下，平均新枝长最大的是 IAA、NAA 和 ABT1 处理下的插穗，三者之间无显著差异，均极显著高于 ABT2 和 ABT6 处理下的插穗新枝长。

　　各激素处理下的平均新枝数之间均无显著差异，可见激素对新枝数的影响不显著。综合来看，最适合霸王扦插的激素是 IAA 和 ABT1。

6.2.9　扦插生根状况随时间的变化

　　由图 6-26 可知，扦插后第 14 天，部分插穗基部切口处开始出现愈伤组织；插后第 21 天，出现愈伤组织的插穗可达 20%，一些插穗切口完全愈合，并有一些插穗开始出现根突；第 28 天，出现愈伤组织的插穗达到 82%，并开始出现生根的插穗；第 35 天，生根率达到 31%；第 49 天生根率达到 74%，之后生根率减缓；56 天之后生根率保持在 76% 不再变化。

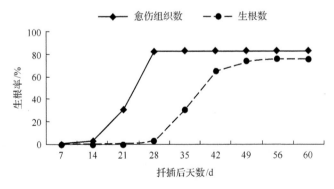

图 6-26　出现愈伤组织与生根插穗数目累积曲线图

6.3 插穗及扦插深度的筛选

6.3.1 插穗及扦插深度选择

(1)插穗龄级试验：选择生长状况相同的采穗母株，采1～2年生、3～4年生、5～6年生枝条，插穗制成20 cm的插穗。插穗基部用100 mg·L⁻¹ IAA浸泡3 h。

(2)插穗长度试验：选择生长状况相同的采穗母株，采1～2年生枝条，将插穗长度设置成10 cm、15 cm和20 cm 3个梯度。插穗基部在100 mg·L⁻¹ IAA中浸泡3 h。

(3)取穗部位试验：选择生长状况相同的采穗母株，选取45～55 cm长的3～4年生枝条，由同一枝条的上部、中部、基部制成。插穗基部在100 mg·L⁻¹ IAA中浸泡3 h。

(4)扦插深度试验：选择生长状况相同的采穗母株，选1～2年生枝条，制成20 cm的插穗长枝，扦插深度分别设为插穗长度的1/4、1/2、3/4。插穗基部在100 mg·L⁻¹ IAA中浸泡3 h。

6.3.1.1 插穗龄级

1)插穗龄级对插穗生根状况的影响

由表6-16可知，1～2年生插穗的平均生根率最高(为76.0%)，5～6年生插穗平均生根率最低(为32.7%)，前者是后者的2.4倍。这说明霸王扦插生根率具有一定的枝条年龄效应。1～2年生插穗的根最长(为7.2 cm)；5～6年生枝条生根数最多(为4.3条)。

表 6-16　插穗龄级对霸王硬枝扦插生根状况的影响

插穗龄级	生根率/%	根长/cm	生根数/条
1～2年生	76.0±1.2 aA	7.2±0.1 cB	1.7±0.1 aA
3～4年生	46.7±0.8 bB	6.5±0.1 bAB	3.4±0.1 bB
5～6年生	32.7±1.0 cC	4.3±0.3 aA	4.3±0.3 cC

由表6-17可知，不同龄级插穗对霸王扦插生根状况各项指标(平均生根率、根长及生根数)均有极显著差异。由多重均值检验可知(表6-17)，各龄级的生根插穗的平均根长之间均有显著差异，其中1～2年生插穗的根长极显著高于其他龄级的插穗；各龄级插穗生根数之间均有极显著差异；5～6年生枝条生根数极显著高于其他龄级枝条的生根数。5～6生插穗的直径较其他龄级的插穗大，下切口表面积也较大，因而根数较多。综合比较，选择1～2年生插穗的生根状况最佳。

表 6-17   插穗龄级对霸王硬枝扦插扦插生根状况影响的方差分析

	自由度	平方和			均方			F			显著性		
		生根率	根长	生根数	生根率	根长	生根数	生根率	根长	生根数	生根率	根长	生根数
组间	2	2939.07	0.07	10.31	1469.53	0.03	5.16	1459.80	19.30	129.60	0.000	0.002	0.000
组内	6	6.04	0.01	0.24	1.01	0.00	0.04	—	—	—	—	—	—
总数	8	2945.11	0.08	10.55	—	—	—	—	—	—	—	—	—

2) 插穗龄级对插穗地上部分生长状况的影响

由表 6-18 可知，1～2 年生插穗的平均新枝长和新枝数最大，分别为 14.0 cm 和 2.2 条；其次是 3～4 年生插穗；5～6 年生插穗的各项指标均为各个龄级中最低的。

表 6-18   插穗龄级对霸王硬枝扦插地上部分生长状况的影响

插穗龄级	新枝长/cm	新枝数/条
1～2 年生	14.0±0.8 aA	2.2±0.3 aA
3～4 年生	6.6±0.5 bB	1.9±0.2 aAB
5～6 年生	4.6±0.1 cC	1.5±0.1 bB

由表 6-19 可知，不同龄级插穗对霸王扦插地上部分各项指标(平均新枝长和新枝数)具有显著差异。1～2 年生插穗的平均新枝长极显著高于其他龄级；1～2 年生插穗与 3～4 年生插穗的新枝数之间差异不显著。1～2 年生插穗的地上部分生长状况最好。

表 6-19   插穗龄级对霸王硬枝扦插地上生长部分生长状况影响的方差分析

	自由度	平方和		均方		F		显著性	
		枝长	枝数	枝长	枝数	枝长	枝数	枝长	枝数
组间	2	146.21	0.69	73.11	0.35	245.65	9.91	0.000	0.013
组内	6	1.79	0.21	0.30	0.04	—	—	—	—
总数	8	148.00	0.90	—	—	—	—	—	—

6.3.1.2   插穗长度

1) 不同长度插穗生根状况

从表 6-20 可以看出，插穗生根率、根长和生根数均随着插穗长度的增加而增大。插穗长度为 20 cm 时，生根率最大(为 69.5%)，其次是 15 cm 的插穗(为 66.8%)；20 cm 的插穗根长为 7.2 cm，其次是 15 cm 的插穗(为 6.9 cm)；20 cm 的插穗根数为 5.9 条，其次是 15 cm 的插穗(为 4.8 条)。

由表 6-21 可知，不同插穗长度对霸王扦插的生根率具有显著差异，对根长和根数有极显著差异。20 cm 的插穗与 15 cm 的插穗生根率之间差异不显著，均显著高于 10 cm 插穗的生根率；20 cm 的插穗根长和生根数均极显著高于 15 cm 和 10 cm 插穗的根长和生根数。

表 6-20 插穗长度对霸王硬枝扦插生根状况的影响

插穗长度	生根率/%	根长/cm	生根数/条
10	47.8±5.3 aA	4.1±0.1 aA	3.7±0.1 aA
15	66.8±9.8 bA	6.9±0.1 bB	4.8±0.2 bB
20	69.5±8.7 bA	7.2±0.1 cC	5.9±0.1 cC

表 6-21 插穗长度对霸王硬枝扦插生根状况影响的方差分析

	自由度	平方和			均方			F			显著性		
		生根率	根长	生根数	生根率	根长	生根数	生根率	根长	生根数	生根率	根长	生根数
组间	2	837.56	17.18	7.00	418.78	8.59	3.5	6.33	1413.39	160.53	0.033	0.000	0.000
组内	6	396.83	0.04	0.13	66.14	0.01	0.02	—	—	—	—	—	—
总数	8	1234.39	17.22	7.13	—	—	—	—	—	—	—	—	—

2)不同长度插穗地上部分生长状况

由表 6-22 可知，新枝长和新枝数指标随着插穗长度的增加呈增大的趋势；插穗长度为 20 cm 时，新枝长为 14.2 cm，分别是插穗长度为 15 cm 和 10 cm 的新枝长的 1.1 倍和 3.0 倍。插穗长度为 20 cm 和 15 cm 时，新枝数均为 2.2 条。

表 6-22 插穗长度对霸王硬枝扦插地上部分生长状况的影响

插穗长度/cm	新枝长/cm	新枝数/条
10	4.8±0.7 aA	1.6±0.1 aA
15	12.8±0.8 bAB	2.2±0.3 bA
20	14.2±0.6 bB	2.2±0.2 bA

由表 6-23 可知，不同长度插穗对霸王扦插成活插穗的新枝长有极显著差异，对新枝数有显著差异。20 cm 的插穗与 15 cm 插穗的新枝长无显著差异，但均极显著高于 10 cm 的插穗；插穗长度为 20 cm 和 15 cm 时，新枝数均显著高于 10 cm 的插穗。

表 6-23 插穗长度对霸王硬枝扦插地上部分生长状况影响的方差分析

	自由度	平方和		均方		F		显著性	
		枝长	枝数	枝长	枝数	枝长	枝数	枝长	枝数
组间	2	154.17	0.61	77.09	0.31	156.30	6.40	0.000	0.032
组内	6	2.96	0.29	0.49	0.05	—	—	—	—
总数	8	157.13	0.90	—	—	—	—	—	—

6.3.2 取穗部位选择

6.3.2.1 取穗部位对霸王插穗生根的影响

由表 6-24 可知，由同一枝条的中部制成的插穗平均生根率最高(为 62.7%)，上部平均生根率为 57.3%，分别是基部制成插穗的生根率的 3.8 倍和 3.4 倍；中部制成的插穗的平均根长为 7.7 cm，上部的平均根长为 6.4 cm，分别是基部制成插穗的 1.54 倍和 1.28 倍；中部制成的插穗的平均根数为 3.8 条，上部的平均根数为 3.4 条，分别是基部制成插穗的 2.0 倍和 1.8 倍。

表 6-24　取穗部位对霸王硬枝扦插生根状况的影响

取穗部位	生根率/%	根长/cm	生根数/条
上部	57.3±5.0 aA	6.4±0.5 aA	3.4±0.2 aA
中部	62.7±8.3 aA	7.7±0.5 bA	3.8±0.2 aA
基部	16.7±3.1 bB	5.0±0.5 cB	1.9±0.3 bB

由表 6-25 可知，中部与上部的生根率和根数这两项指标差异不显著，但均极显著高于基部。三个部位制成的插穗之间平均根长差异显著，由中部制成的插穗 3 项指标最高。可见，由同一枝条的中部和上部制成的插穗生根状况最好。

表 6-25　取穗部位对霸王硬枝扦插生根状况影响的方差分析

	自由度	平方和			均方			F			显著性		
		生根率	根长	生根数	生根率	根长	生根数	生根率	根长	生根数	生根率	根长	生根数
组间	2	3798.22	10.40	5.95	1899.11	5.20	2.98	54.78	21.98	56.94	0.000	0.020	0.000
组内	6	208.00	1.42	0.31	34.67	0.24	0.05	—	—	—	—	—	—
总数	8	4006.22	11.82	6.26	—	—	—	—	—	—	—	—	—

6.3.2.2 取穗部位对霸王地上部分生长状况的影响

由表 6-26 可知，中部制成的插穗，新枝长最大(为 12.07 cm)，其次是基部制成的插穗(为 7.60 cm)；中部制成的插穗的新枝数最大(为 2.17 条)，其次是上部制成的插穗(为 2.07 条)。

表 6-26　取穗部位对霸王硬枝扦插地上部分生长状况影响

取穗部位	新枝长/cm	新枝数/条
上部	4.82±0.7 aA	2.07±0.4 aA
中部	12.07±0.8 bB	2.17±0.4 aA
基部	7.60±0.6 cC	2.00±0.3 aA

由表 6-27 可知，不同的取穗部位对霸王生根插穗的新枝长影响极显著，对新枝数影响不显著。中部制成的插穗，新枝长极显著高于其他取穗部位。可见，选用枝条中部制成的插穗地上部分生长状况最好。

表 6-27　取穗部位对霸王硬枝扦插地上部分生长状况影响的方差分析

	自由度	平方和		均方		F		显著性	
		枝长	枝数	枝长	枝数	枝长	枝数	枝长	枝数
组间	2	80.26	0.04	40.130	0.02	81.12	0.15	0.000	0.856
组内	6	2.968	0.85	0.50	0.14	—	—	—	—
总数	8	83.229	0.90	—	—	—	—	—	—

6.3.3　扦插深度选择

6.3.3.1　扦插深度对霸王插穗生根的影响

由表 6-28 可知，扦插深度对霸王扦插生根率的影响不显著，但是对平均根长具有极显著影响，对平均生根数具有显著影响。扦插深度为插穗长度的 1/4 时，根长和生根数均显著高于其他扦插深度。

表 6-28　扦插深度对霸王硬枝扦插生根状况的影响

扦插深度	生根率/%	平均根长/cm	生根数/条
1/4	66.7±5.5 Aa	7.1±0.2 Aa	5.2±0.4 Aa
1/2	63.1±1.7 Aa	6.1±0.1 Bb	4.7±0.1 ABb
3/4	62.3±1.5 Aa	5.9±0.1Bb	4.5±0.1 Bb

由表 6-29 可知，扦插深度为插穗长度的 1/4 时，生根率最高（为 66.7%），扦插深度是插穗长度的 1/2 和 3/4 时，生根率也可达到 60% 以上；扦插深度为插穗长度的 1/4 时，平均根长和平均生根数均最大，分别是 7.1 cm 和 5.2 条，且均与其他扦插深度具有显著差异。

表 6-29　扦插深度对霸王硬枝扦插生根状况影响的方差分析

	自由度	平方和			均方			F			显著性		
		生根率	根长	生根数	生根率	根长	生根数	生根率	根长	生根数	生根率	根长	生根数
组间	2	31.9	2.41	0.77	15.95	1.20	0.39	1.34	62.31	8.37	0.330	0.000	0.018
组内	6	71.26	0.12	0.28	11.88	0.02	0.05	—	—	—	—	—	—
总数	8	103.16	2.52	1.05	—	—	—	—	—	—	—	—	—

6.3.3.2 扦插深度对霸王插穗地上部分生长状况的影响

由表 6-30 可知，扦插深度是插穗长度的 1/2 时，新枝长最大(为 7.9 cm)，其次是 1/4(为 7.2 cm)；扦插深度为插穗长度的 1/4 时，新枝数最多(为 2.4 条)，其次是 1/2(为 2.0 条)。由表 6-31 可知，不同的扦插深度对霸王扦插的新枝长和新枝数均具有极显著影响。扦插深度是插穗长度的 1/2 时，极显著高于其他扦插深度；扦插深度为插穗长度的 1/4 时，极显著高于其他扦插深度。

表 6-30 扦插深度对霸王硬枝扦插地上部分生长状况的影响

扦插深度	新枝长/cm	新枝数/条
1/4	7.2±0.1 Aa	2.4±0.1 Aa
1/2	7.9±0.1 Bb	2.0±0.1 Bb
3/4	6.6±0.1 Cc	1.7±0.1 Cc

表 6-31 扦插深度对霸王硬枝扦插地上部分生长状况影响的方差分析

	自由度	平方和		均方		F		显著性	
		枝长	枝数	枝长	枝数	枝长	枝数	枝长	枝数
组间	2	2.64	0.65	1.32	0.32	191.27	82.51	0.000	0.000
组内	6	0.04	0.02	0.01	0.00	—	—	—	—
总数	8	2.69	0.67	—	—	—	—	—	—

6.4 沙藏处理对霸王扦插的作用

6.4.1 沙藏池准备

挖 1.0 m×1.0 m、深 60 cm 的池(以枝条不受冻害，并维持一定的温度为原则)，铲平池底，铺 10 cm 厚的湿细沙。将捆好的插穗置于湿沙上(分为正放、横放和倒放)，用手轻按，使各插穗下切口与湿沙密接，防止插穗悬空，以促进愈伤组织充分形成。插穗只排放一层，用湿润细沙填充空隙，一捆接一捆放置。沙藏池中央和四周各插入玉米秆，以便通气。在插穗上端覆盖 20~30cm 厚的湿沙，再覆塑料薄膜。当日所剪插穗，当日沙藏，以防失水和受冻。沙藏其间要注意检查。一般坑内温度控制在(5±2)℃为宜。坑内沙土要保持湿润，湿度以用手捏成团但挤不出水为宜。

6.4.2 沙藏试验设计

在冬末春初土壤结冻期(3 月初)，选择生长状况相同的采穗母株，选 1~2 年生枝条，制成 20 cm 长的插穗，分别采用正放、横放和倒放三种放置方式进行沙藏，并设置对照。在土壤解冻后(4 月初)将沙藏后的插穗取出，及时扦插。

6.4.3　沙藏对霸王扦插生根的影响

由表 6-32 可知，采用倒放的沙藏方式，扦插的生根率最高(为 76.7%)，其次是横放沙藏下扦插的生根率(为 73.2%)；正放沙藏下，插穗的平均根长最长(为 26.2 cm)。倒放处理下根数最多(为 4.8 条)，其次是横放沙藏(为 3.6 条)。经过沙藏的插穗生根状况三项指标均高于对照。

表 6-32　沙藏对霸王硬枝扦插生根状况的影响

沙藏方式	生根率/%	平均根长/cm	生根数/条
倒	76.7±3.3 aA	23.5±1.1 aA	4.8±0.3 aA
横	73.2±1.6 aA	20.9±0.7 bB	3.6±1.7 aA
正	56.7±3.3 bB	26.2±0.5 cC	2.5±0.5 aA
CK	23.3±3.3 cC	13.7±1.1 dD	2.3±0.3 aA

由表 6-33 可知，沙藏对霸王扦插生根率和根长具有极显著的影响，对生根数无显著影响。倒放沙藏与横放沙藏插穗的生根率之间无显著差异，但均极显著高于正放沙藏；经过沙藏的插穗生根率极显著高于对照。正放沙藏的插穗根长极显著高于其他沙藏方式。综合来看，倒放沙藏的生根状况最佳。

表 6-33　沙藏对霸王硬枝扦插生根状况影响的方差分析

	自由度	平方和			均方			F			显著性		
		生根率	根长	生根数	生根率	根长	生根数	生根率	根长	生根数	生根率	根长	生根数
组间	3	5348.86	222.88	2.08	1782.95	74.29	0.69	197.70	88.85	3.75	0.000	0.000	0.060
组内	8	72.15	6.69	1.48	9.02	0.84	0.19	—	—	—	—	—	—
总数	11	5421.00	229.56	3.56	—	—	—	—	—	—	—	—	—

6.4.4　沙藏对霸王扦插地上部分生长状况的影响

由表 6-34 可知，倒放沙藏的新枝长最大(为 19.4 cm)，其次是横放沙藏(为 19.2 cm)；倒放沙藏下新枝数最多(为 2.8 条)；地上部分生长状况的各项指标，经过沙藏处理后的插穗均极显著优于对照。

由表 6-35 可知，不同的沙藏处理方式下，对新枝长具有极显著差异，新枝数具有显著差异。倒放和横放沙藏处理后的插穗新枝长之间无显著差异，极显著高于正放沙藏处理后的插穗新枝长。三种沙藏方式处理后的插穗新枝数之间差异不显著，均显著高于对照。可见，经过倒放和横放沙藏的插穗地上部分生长状况最好。

表 6-34 沙藏对霸王硬枝扦插地上部分生长状况的影响

沙藏方式	新枝长/cm	新枝数/条
倒	19.4±0.8 aA	2.8±0.6 aA
横	19.2±1.1 aA	2.1±0.5 aA
正	27.3±1.0 bB	2.7±0.3 aA
CK	15.5±0.7 cC	1.8±0.3 bA

表 6-35 沙藏对霸王硬枝扦插地上部分生长状况影响的方差分析

	自由度	平方和		均方		F		显著性	
		枝长	枝数	枝长	枝数	枝长	枝数	枝长	枝数
组间	3	261.82	11.97	87.27	3.99	106.60	4.94	0.000	0.032
组内	8	6.55	6.46	0.82	0.81	——	——	——	——
总数	11	268.37	18.44	——	——	——	——	——	——

小　结

（1）不同土壤基质对霸王扦插的生根率、根长及生根数均具有极显著差异。土壤基质对霸王扦插生根率的影响不同，棕钙土与河沙土比例为 1:1 时，最适合霸王扦插繁殖。

（2）采用吲哚乙酸(IAA)作为霸王硬枝扦插的处理激素时，浓度为 50 mg·L^{-1} 处理 3 h 效果最好；选用萘乙酸(NAA)、一号生根粉(ABT1)、二号生根粉(ABT2)、六号生根粉(ABT6)作为霸王硬枝扦插的处理激素时，浓度均为 50 mg·L^{-1} 处理 8 h 效果最好。

（3）最适合霸王扦插的激素是 IAA 和 ABT1，平均生根率分别可达 59.9% 和 61.3%。扦插生根随时间有如下的变化：扦插后第 14 天，部分插穗开始出现愈伤组织；插后第 21 天，出现愈伤组织的插穗可达 20%，一些插穗切口完全愈合，并有一些插穗开始出现根突；第 28 天，出现愈伤组织的插穗达到 82%；第 28 天开始出现生根插穗；第 35 天，生根率达到 31%；第 49 天生根率达到 74%，之后生根率减缓；第 56 天之后生根率保持在 76% 不再变化。

（4）霸王扦插生根率具有一定的枝条年龄效应；选用 1～2 年生插穗扦插效果最好。插穗生根率随着插穗长度的增加而增大；20 cm 插穗的扦插效果最好。由同一枝条的中部和上部制成的插穗更适合扦插。扦插深度是插穗长度的 1/4 时扦插效果最好。沙藏方式对扦插效果具有一定的影响，倒放和横放效果最好。

7 珍稀濒危植物固碳能力

碳循环(carbon cycle)是指地球上的碳元素在生物圈、地圈、水圈及大气圈中的交换过程。碳的主要来源有四个，分别是大气、陆上的生物圈(包括淡水系统及无生命的有机化合物)、海洋及沉积物。由于碳循环不仅是地球上最大的物质循环，而且也是物质循环与能量循环联系的纽带，因此碳循环研究受到各国学者的关注。其中最重要的是 CO_2 循环，其次是 CH_4 和 CO 的循环。

陆地生态系统在全球碳收支平衡中占有主导地位，其碳储量是估算陆地生态系统碳循环的关键要素。一方面，陆地生态系统通过植被的光合作用将大气中的 CO_2 固定为碳水化合物；另一方面，生态系统通过土壤和植被呼吸、凋落物分解等将 CO_2 释放到大气中。由于植物光合作用和呼吸作用受植被、土壤和环境因子等多种因素调控，而陆地生态系统的气候、水分和养分又处在不断的变化之中，因此任何一个陆地生态系统的碳储量、碳源和碳汇性质均处于动态变化之中。植物通过光合固定碳与动、植物呼吸和微生物的分解作用向大气中释放碳的量大体保持平衡。随着工业革命后人类活动加剧，人类向大气中排放的碳剧增，极大地影响了生态系统碳平衡，使陆地生态系统的碳收支存在很大不确定性。

明确当前各种生态系统碳库的大小、位置，以及各碳库的碳排放和碳吸收通量，对不同类型植被和土壤的碳存储能力进行准确评估，是制定合理政策措施、提高世界植被和土壤的碳吸收速率、增加陆地碳存储量的必要前提。目前有关陆地生态系统碳收支研究多集中在碳源/汇的时空格局、碳储量、碳循环的自然和人为控制机制，以及预测未来碳循环趋势等方向。减少在全球变化背景下陆地生态系统碳收支评价的不确定性、了解碳循环动态的控制与反馈机制，以及生态系统对全球变化的适应机制，预测未来全球碳循环的可能动态，评价全球变化条件下的 CO_2 施肥效应和生态系统的有机碳动态平衡，分析陆地生态系统碳收支动态和响应机制，对预测未来全球变化具有重要的意义。

诸多学者对人类活动造成的 CO_2 排放量进行了统计，但结果差异较大。据 Houghton 等的统计结果表明，化石燃料燃烧和土地利用方式变化导致向大气中排放的 CO_2 量约为 $7.0\,Pg\,C\cdot a^{-1}$，其中保留在大气中的 CO_2 量为 3.4 Pg C，而被海洋吸收 2.0 Pg C，剩余 1.6 Pg C 的"未知碳汇"不知去向。Tans 等的研究表明，海洋对"未知碳汇"的贡献十分有限。然而，IPCC(1995)报告指出，由于 CO_2 升高产生的施肥效应使陆地生态系统吸收大气中 CO_2 达到 1 Pg C，因此可认为这部分

"未知碳汇"被陆地植被所吸收。诸多学者对陆地生态系统的碳收支进行了估算，但碳汇的具体位置及强度仍有争议。

在当前全球气候变化是以人为干扰为主要驱动力的背景下，植被碳库净变化常被认为是预测全球碳平衡的主要不确定性因子。然而，目前国内外学者对陆地生态系统碳收支的研究还主要集中在低纬度、低海拔地区，对高纬度、高海拔地区的研究还相对不足，且研究对象主要为森林、草地、湿地及农田。森林生态系统是陆地最大的碳库，众多研究显示森林和部分草地生态系统起到了碳汇(carbon sequestration)作用，该现象在北半球的中高纬度地区表现最为典型。但森林和草地每年所吸收固定的碳仍少于消失汇的碳量，即有相当一部分碳失汇去向不明。鉴于此，众多研究者将研究对象转移到其他生态系统，而长期未被注意到的荒漠生态系统或许是可能存在的碳汇之一。

干旱、半干旱地区这两种类型景观面积占全球陆地表面的 30%～45%，是沙漠化高发区。中国 77% 以上的沙漠都发生在干旱、半干旱及半湿润区，干旱、半干旱区长期被认为是陆地生态系统重要的碳源，其每年约向大气中排放 224 g $CO_2 \cdot m^{-3} \cdot a^{-1}$。一些研究者将荒漠地区作为去向不明的 CO_2 的分布区，以及未来传统化石燃料 CO_2 排放后的潜在吸收区域。世界荒漠平均生物量碳密度远低于森林和草地生态系统，平均仅有 3.5 $t \cdot hm^{-2}$，这也是荒漠地区生物量碳被长期忽视的原因所在。中国荒漠生态系统主要分布在边远贫困地区，这些地区条件恶劣，一般表现为气候干燥、降水稀少、风大沙多、自然灾害频发、区内经济发展滞后。受限于自然禀赋较差，居民大多数聚居在绿洲，而广大的荒漠、戈壁和草原地区人烟稀少。近些年人口激增、植被破坏、耕作制度不合理、无节制砍伐樵牧、水资源浪费、大规模石油开发等，更加导致荒漠地区的贫穷及生态环境恶化。对于荒漠生态系统而言，它不仅是干旱区的复合生态系统，更是涉及荒漠地区广大人民群众生产生活的生态经济系统，定量评估荒漠生态系统碳储量，分析不同植被碳储量，是合理开展荒漠地区经济活动与植被保护及建设综合决策的重要依据。对荒漠地区生态系统碳储功能进行定量评价，有利于该地区生态系统的保护和恢复，对保护荒漠地区生态系统有重要的现实意义，对区域内的经济社会持续发展和人民生活、生产安全等具有重要的战略性意义。因此，对荒漠生态系统植被碳储量的研究是必要和紧迫的。

7.1 荒漠灌丛生物量分配格局及预测模型

以 5 种荒漠灌丛为研究对象，为排除水热因子空间差异的影响，选择在伊克布拉格草原化荒漠区设置灌丛样地群落调查，选取标准灌丛，以整株收获法获得各器官生物量，探讨不同灌丛种各营养器官生物量分配策略等生态适应性；

同时建立荒漠灌丛地上、地下部分及总生物量的回归方程，最终通过决定系数（R^2）、估计值的标准误差（SEE）和 F 检验显著水平筛选出各灌丛最优生物量预测模型。

7.1.1　样地的设置

在西鄂尔多斯国家级自然保护区伊克布拉格草原化荒漠试验区分别选择 5 种典型天然荒漠灌丛群落：沙冬青群落、霸王群落、四合木群落、半日花群落和红砂群落（依据试验目的，尽可能选取灌丛纯林），在每个群落样区采用对角线等距离设置样方，每个样方大小为 20 m×20 m，样方数依据 5 种荒漠灌丛样区面积大小和灌丛植株生长密度而定，其中沙冬青灌丛样方 6 个、霸王灌丛样方 8 个、四合木灌丛样方 10 个、半日花灌丛样方 26 个、红砂灌丛样方 15 个，共计 65 个样方。

7.1.2　荒漠灌丛群落调查及样品采集

记录每个样区灌丛盖度、丰富度，在对样方内灌丛每木检尺的基础上，以株高（H，height，cm）、地径（D，diameter，mm）、冠幅（C，the area of crown，m^2）为指标参数，将灌丛分为上、中、下 3 层，按照由下至上的顺序分别测定每个枝条的地径和枝长，计算出各层的平均地径和枝长。然后在每个样方中选择大、中、小 3 株灌丛，将其对应的参数值累加求得平均值，即株标准灌丛，可较好地代表每个样方中单株灌丛的生长情况（表 7-1）。

表 7-1　试验区灌丛样方调查统计表

灌丛种类	样丛数/个	纬度(N)	经度(E)	海拔/m	株高/cm	地径/mm	冠幅面积(C)/m^2
沙冬青	6	40°04′41.3″	106°52′37.90″	1149	40～96	9.89～25.26	2.52～8.70
霸王	8	40°04′42.32″	106°52′34.90″	1152	80～103	11.82～49.39	3.83～8.04
四合木	10	40°03′48.44″	106°55′05.75″	1209	17～52	1.13～5.72	1.33～3.36
半日花	26	40°03′41.87″	106°55′14.62″	1213	11～19	8.55～16.25	0.08～0.19
红砂	15	40°03′37.67″	106°55′19.69″	1224	30～44	9.16～32.6	0.82～2.31

注：C，冠幅面积（$C=\pi\times C_l\times C_w$）；$C_l$，灌丛最长轴；$C_w$，灌丛最短轴。

7.1.2.1　生物量测定方法

以标准灌丛主根为中心，采用地上部分全部收获法获得地上生物量；采用根系"全挖法"将灌丛根系分层全部挖出，挖坑所涉及深度为根系分布所达范围。

由于 5 种天然荒漠灌丛生长形态各异，具体挖坑范围如下：沙冬青灌丛挖坑直径为（258±64）cm，深（110±25）cm；霸王灌丛挖坑直径为（225±51）cm，深

(130±29) cm；四合木灌丛挖坑直径为(245±38) cm，深(104±16) cm；半日花灌丛挖坑直径为(54±5) cm，深(52±12) cm；红砂灌丛挖坑直径为(63±10) cm，深(69±17) cm。整个灌丛分按照叶片、枝条、根系三个营养器官，又分别将沙冬青、霸王根系按径级分为一级根(>20 mm)、二级根(10~20 mm)、三级根(<10 mm)，将四合木、半日花和红砂按径级分为一级根(≥5 mm)、二级根(3~5 mm)、三级根(<3 mm)分别进行收集，然后用蒸馏水冲洗干净根系上附着的土壤并在野外样地现场进行各器官生物量鲜重称量，再按照比例称取各器官样品带回实验室，在105℃干燥箱内杀青 30 min 后调至 65℃烘干至恒重，采用 1/100 天平进行称重获得标准灌丛生物量。通过 5 种灌丛的各器官生物量鲜重、干重计算出各器官生物量干鲜比，求和计算出各标准灌丛生物量。

7.1.2.2 草本样品收集

在每个灌丛样区内机设置 3 个 1 m×1 m 的草本样方，采用齐地收获法获得草本地上生物量，并收集地表枯落物。地下生物量采用内径 8 cm 的根钻按照 0~5 cm、5~10 cm、10~20 cm、20~30 cm、30~50 cm 分层取样，每个草本样方内按照对角线法则等间距钻取 8 个钻孔收获草本根系生物量，将 8 个钻孔的样品进行分层收集混合后用水冲洗干净根系上附着的土壤，获得草本根系样品。将草本的地上、地下样品分别带回实验室在 105℃干燥箱内杀青 30 min，再调至烘箱内 65℃烘干至恒重。

7.1.2.3 枯落物收集

在试验监测前清除样地内的所有枯落物，经过 1 年后在每个灌丛样区随机用 20 cm×20 cm 的铝质金属方形框(设置 5 处)收集框内的枯落物，5 种荒漠灌丛样区共计 45 个，将枯落物带回实验室放置烘箱内 65℃烘干至恒重。

7.1.2.4 土壤样品收集

土壤样品与灌丛和草本样品同步收集，在收集完地表枯落物后紧邻根钻钻孔采用内径 5 cm 土钻获得土壤样品，土壤样品取样深度为 0~5 cm、5~10 cm、10~20 cm、20~30 cm 和 30~50 cm。所取土壤样品在室内风干后分别过 2 mm 的筛去除根系、石块等杂物后用研钵磨碎，过 0.25 mm 筛后放置样品待测土壤有机质；在采集根系时，用 100 cm³ 环刀按照上述取样深度进行土壤样品采集后带回试验室在 105℃烘箱内烘干至恒重，进而计算出土壤容重。

7.1.3 荒漠灌丛生物量模型的构建

以冠幅(C)和株高(H)易测因子的复合因子(CH)作为荒漠灌丛生物量模型建

立参数自变量，分别建立了线性函数、幂指数函数和二次函数方程。其中，CH可以反映灌丛投影的纵断面积和灌丛地上部分体积。

$$线性函数： W=(a+b)CH$$

$$幂函数： W=a(CH)^b$$

$$二次函数： W=a+bCH+c(CH)^2$$

在影响灌丛生物量的诸多因素中，地径(D)和丛高(H)易于准确测量，是表达生物量的理想参数，而且其与生物量间有很好的相关性，在以往的很多研究中均采用地径和丛高为生物量模型拟合参数，并达到了较高的精度。一般而言，随着丛高和地径的增加，灌丛生物量随之增大。因此，本研究选择地径和丛高组成的D^2H作为生物量(W)预测模型指标参数。

$$线性函数： W=a+b(D^2H)$$

$$幂函数： W=a(D^2H)^b$$

$$二次函数： W=a+b(D^2H)+c(D^2H)^2$$

7.1.4　荒漠灌丛个体生物量分配特征

平衡假说认为植物在应对环境变化时，通过调节各营养器官生物量的分配比例来获取最多的受限资源，如光照、水分、养分等，从而达到植物的快速生长。同时，资源分布的多寡也影响植物各器官生物量的分配，而植物的根茎比可以较好地反映植物地下-地上生物量的分配比例，这也成为陆地生态系统碳储量及碳循环的重要参数。

由表7-2可知，5种荒漠灌丛平均生物量大小顺序为四合木＞沙冬青＞霸王＞半日花＞红砂。灌丛生物量干鲜比可以反映不同灌丛/器官含水率状况，同时可以为区域碳储量研究折算干生物量提供参考。从表7-2中发现，5种灌丛单株总生物量干鲜比大小表现为：半日花和红砂(0.82)＞沙冬青(0.61)＞四合木(0.51)＞霸王(0.16)。其中，各营养器官生物量干鲜比在灌丛种间表现差异性显著($P<0.05$)。沙冬青灌丛表现为：根系＞枝条＞叶片；霸王灌丛表现为：叶片＞根系＞枝条；四合木灌丛表现为：枝条＞根系＞叶片；半日花灌丛表现为：叶片＞枝条＞根系；红砂灌丛表现为：枝条＞根系＞叶片。

表 7-2　西鄂尔多斯地区 5 种荒漠灌丛种生物量分配

灌丛种类		生物量/g				
		叶片	枝条	地上	地下	总体
沙冬青	FW	320.44±28.35[b]	740.37±100.23[b]	1060.81±104.11[b]	783.00±15.76[c]	1843.81±120.24[c]
	DW	158.86±30.62[a]	428.22±40.01[b]	587.08±60.85[b]	530.99±23.01[b]	1118.07±75.59[b]
	DW/FW	0.50±0.04[c]	0.58±0.09[c]	0.55±0.06[b]	0.68±0.09[a]	0.61±0.08[b]
霸王	FW	135.18±10.73[c]	1905.95±215.42[a]	2041.13±257.13[a]	2063.49±194.22[a]	4104.62±296.35[a]
	DW	34.23±4.56[b]	290.28±31.34[c]	324.51±22.67[c]	328.08±40.13[b]	652.59±70.54[c]
	DW/FW	0.25±0.03[d]	0.15±0.02[d]	0.16±0.03[c]	0.16±0.04[d]	0.16±0.02[c]
四合木	FW	869.11±85.59[a]	944.17±78.14[b]	1813.28±149.26[a]	761.05±89.35[b]	2574.33±162.45[b]
	DW	193.38±12.42[a]	690.90±50.33[a]	884.28±79.05[a]	435.78±40.10[a]	1320.06±104.33a
	DW/FW	0.22±0.05d	0.73±0.08[b]	0.49±0.04[b]	0.57±0.10[c]	0.51±0.06[b]
半日花	FW	17.32±3.01[d]	182.77±19.30[c]	200.09±15.60[c]	199.76±20.14[c]	399.85±35.42[d]
	DW	17.16±2.50[c]	152.72±15.69[d]	169.88±8.34[d]	156.24±10.33[c]	326.12±20.75[d]
	DW/FW	0.99±0.04[a]	0.84±0.11[a]	0.85±0.09[a]	0.78±0.05[b]	0.82±0.09[a]
红砂	FW	25.50±4.13[d]	35.14±3.85[d]	60.64±4.55[d]	57.79±8.16[d]	118.43±10.65[e]
	DW	16.18±2.69[c]	31.15±4.01[e]	47.33±3.69[e]	49.67±5.25[d]	97.00±6.21[e]
	DW/FW	0.63±0.07[b]	0.89±0.06a	0.78±0.04[a]	0.86±0.07a	0.82±0.05[a]

注：FW，试验样地当时所称样品鲜重；DW，样品烘干至恒重的干重；DW/FW，各样品的干鲜比；不同小写字母代表不同灌丛种间差异显著($P<0.05$)。

5 种荒漠灌丛不同营养器官生物量占单株灌丛总生物量比例见图 7-1。5 种荒漠灌丛枝条和根系生物量所占比例之和均在 80%以上，其中霸王和半日花灌丛枝条及根系生物量占总生物量的比例高达 95%，即根系和枝条是荒漠灌丛生物量的

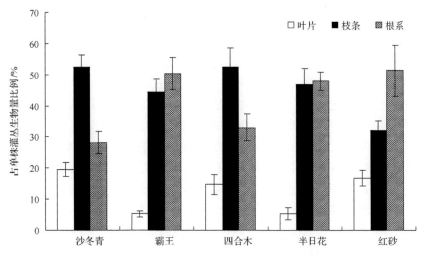

图 7-1　5 种荒漠灌丛各营养器官生物量分配比例

主要贡献者。枝条生物量占单株灌丛生物量比例由高到低依次为沙冬青、四合木、半日花、霸王、红砂；根系生物量占单株灌丛生物量比例由高到低依次为红砂、霸王、半日花、四合木、沙冬青灌丛；叶片生物量占单株灌丛总生物量比例的差异较大，其比例由高到低顺序依次为沙冬青(19.42%)、红砂(16.68%)、四合木(14.65%)、半日花(5.26%)、霸王(5.25%)。

5种荒漠灌丛各营养器官相关关系结果表明(表 7-3)，叶片生物量与枝条生物量间存在极显著相关性($P<0.01$)；枝条生物量与根系生物量间相关性除了四合木和红砂相关性显著相关($P<0.05$)外，其他灌丛种间相关性较差；枝条生物量与根系生物量间相关性中，半日花灌丛达到极显著水平($P<0.01$)，霸王灌丛达到显著水平($P<0.05$)，其他3种灌丛枝条生物量与根系生物量间相关性不显著($P>0.05$)。

表 7-3 5种荒漠灌丛不同营养器官生物量间的相关关系

灌丛种类	样本数(n)	叶-枝	叶-根	枝-根
沙冬青	6	0.992**	0.355	0.192
霸王	3	0.995**	0.206	0.844*
四合木	5	0.992**	0.813*	0.683
半日花	6	0.994**	0.651	0.915**
红砂	5	0.876*	0.835*	0.148

**表示在 0.01 水平下双侧显著相关；*表示在 0.05 水平下双侧显著相关。

7.1.5 荒漠灌丛地下生物量特征

7.1.5.1 荒漠优势灌丛根系生物量垂直分布

尽管荒漠灌丛根系具有防风固沙、吸收和运移灌丛生长所需水分等重要作用，是灌丛群落生态学和荒漠生态系统物质循环的重要组成部分，但对荒漠地区灌丛根系生物量的研究依然报道较少。西鄂尔多斯地区 5 种荒漠灌丛地下生物量空间分布主要体现在根系生物量垂直分布的差异性，也就是说根系生物量在空间梯度上的分布是呈不均匀状态。从图 7-2 可以看出，除了沙冬青灌丛表现为主根较侧根发达外，其他 4 种荒漠灌丛均表现出侧根比较发达，其中霸王灌丛、四合木灌丛、半日花灌丛和红砂灌丛侧根生物量分别比主根生物量高出 84.33%、86.74%、803.66%和138.48%。从主根分布的深度来看，5 种荒漠灌丛表现为沙冬青灌丛>霸王灌丛>半日花和红砂灌丛>四合木灌丛。从侧根分布的深度来看，5 种荒漠灌丛表现为沙冬青和霸王灌丛>四合木灌丛>半日花和红砂灌丛。其中，沙冬青灌丛侧根的生物量分布深度在 20～110 cm 范围内，表层 0～20 cm 土层没有侧根分布；霸王灌丛的主根和四合木灌丛侧根主要分布深度在 0～80 cm 范围内。

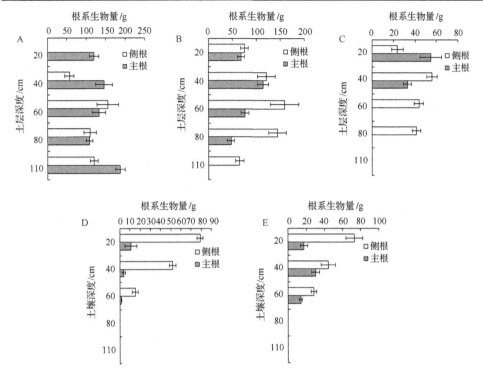

图 7-2　5 种荒漠灌丛不同土层深度根系生物量垂直分布

A. 沙冬青；B. 霸王；C. 四合木；D. 半日花；E. 红砂

由图 7-3 可以看出：半日花灌丛和红砂灌丛表现为随着土层深度的增加主根和侧根生物量均表现出递减的趋势。沙冬青灌丛和霸王灌丛的侧根在 40～60 cm 土层根系生物量分配比最高，霸王灌丛主根生物量在 20～40 cm 土层分配比最高。

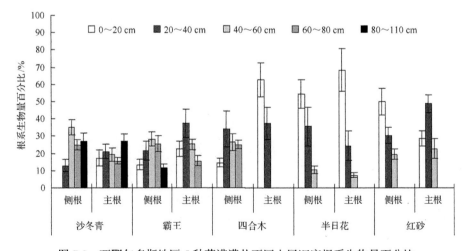

图 7-3　西鄂尔多斯地区 5 种荒漠灌丛不同土层深度根系生物量百分比

　　整体而言,灌丛主根分布深度表现为沙冬青灌丛主根生物量分布最深,其根系生物量分布在0～110 cm 土层中,在0～80 cm 深度范围内分布较为均匀。四合木灌丛的主根分布最浅,仅分布在0～40cm 深度范围内,但其侧根比较发达。半日花灌丛和红砂灌丛根系分布较浅,分布在0～60 cm 深度范围,其中半日花灌丛92.7%的主根 89.6%的侧根分布在0～40 cm 深度范围;红砂灌丛 77.4%的主根和80.5%的侧根分布在0～40 cm 深度范围内(图 7-3)。

7.1.5.2　荒漠灌丛不同等级根系生物量比例

　　灌丛根系是灌丛地上部分健康生长的基本保障,根系的分布和生物量可以体现出灌丛对荒漠地区地下水分和养分吸收的能力。由于西鄂尔多斯地区特殊的气候条件,导致灌丛地下根系生物量所占单株灌丛总生物量的比重较大,所以研究荒漠灌丛根系生物量可以进一步了解灌丛潜在生产力,从而揭示荒漠灌丛对区域水资源利用及土壤养分利用途径和效率。

　　西鄂尔多斯地区 5 种荒漠灌丛根系生物量分配表现为一级根＞二级根＞三级根,其中沙冬青、霸王、半日花灌丛一级根生物量分别占根系总生物量的61.12%、64.83%、58.32%;四合木和红砂灌丛一级根生物量分别占根系总生物量的34.87%和29.54%;沙冬青和半日花灌丛一级根和二级根生物量占根系总生物量的90%以上,红砂灌丛三级根系生物量占根系生物量总量比重最大为47.08%。四合木灌丛二、三级根系生物量占根系总生物量的 75.13%(图 7-4)。

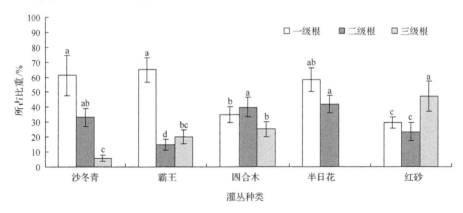

图 7-4　荒漠灌丛地下生物量分布格局

7.1.5.3　荒漠优势灌丛不同等级根系生物量关系

　　由表 7-4 不同等级根系生物量间相关关系可以看出,5 种荒漠灌丛中沙冬青和半日花灌丛的一级根与二级根生物量间相关性达到了极显著水平($P<0.01$),四合木和红砂灌丛的一级根与二级根生物量间相关性达到了显著水平($P<0.05$),而霸王灌丛

的一级根与二级根生物量间相关性尚未达到显著水平($P>0.05$)；二级根与三级根生物间相关关系，除了四合木灌丛达到了显著水平($P<0.05$)外，其他 4 种灌丛相关性较差；四合木灌丛三级根与一级根生物量间相关性达到显著水平($P>0.05$)。

表 7-4 5 种荒漠灌丛不同等级根系生物量间相关关系

灌丛种类	一级根-二级根	二级根-三级根	三级根-一级根
沙冬青	0.945**	0.451	0.229
霸王	0.265	0.692	0.581
四合木	0.748*	0.822*	0.769*
半日花	0.917**	—	—
红砂	0.855*	−0.165	0.158

** 表示在 0.01 水平下双侧显著相关；* 表示在 0.05 水平下双侧显著相关；— 表示无数据(半日花根系没有三级根)。

7.1.6 荒漠灌丛生物量根冠比

根冠比(R/S)可以反映荒漠地区灌丛植物通过光合作用所生产的干物质在地上和地下部分的分配格局，也是灌丛生态系统碳储量计算的重要参数。由图 7-5 可以看出：5 种荒漠灌丛根冠比间均存在差异，其中霸王灌丛和红砂灌丛根冠比间差异不显著($P<0.05$)。荒漠灌丛根冠比由大到小排序为红砂(1.05)＞霸王(1.01)＞沙冬青(0.90)＞四合木(0.49)＞半日花(0.33)。这说明 5 种荒漠灌丛将积累的生物量在地上和地下部分分配策略不同。红砂、霸王灌丛将较多的生物量分配在地下根系部分，而沙冬青、四合木和半日花灌丛将较多的生物量分配在地上部分，其中四合木和半日花灌丛地上部分生物量显著大于地下部分($P<0.05$)。

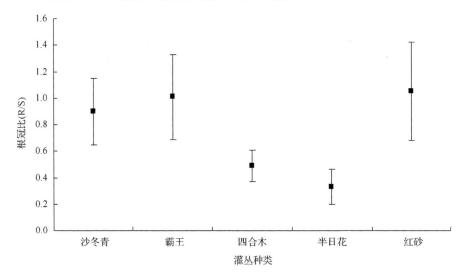

图 7-5 西鄂尔多斯地区 5 种荒漠灌丛生物量根冠比

7.1.7 荒漠灌丛生物量模型建立

7.1.7.1 荒漠灌丛地上部分生物量模型

5 种荒漠灌丛均以 CH、D^2H 作为自变量，选取线性模型、指数模型和二次函数模型 3 种模型拟合，分别建立 5 种荒漠灌丛生物量回归方程（表 7-5）。通过拟合生物量方程发现：5 种荒漠灌丛地上生物量与 CH 和 D^2H 的拟合关系均较好，R^2 分布范围为 0.754～0.959。此外发现，并非可以认为荒漠灌丛地上生物量与 CH 拟合关系好或者与 D^2H 的拟合关系好，不同灌丛地上部分生物量拟合效果与生物量拟合模型的选择有密切关系。

通过对 5 种荒漠灌丛所拟合的 6 个回归方程进行显著性检验，经决定系数 R^2、F 值检验，通过模型间的比较，利用模型间拟合优度的推断结果，筛选出 5 种荒漠灌丛最优地上生物量模型（表 7-5），然后采用最小二乘法求出各自生物量模型中的参数 a、b、c。其中，沙冬青、四合木灌丛地上部分生物量最优模型为 $W = a+bCH+c\,(CH)^2$，霸王、红砂灌丛地上部分生物量最优模型为 $W = a\,(D^2H)^b$，半日花灌丛地上部分生物量最优模型为 $W = a\,(C^2H)^b$。

表 7-5 西鄂尔多斯地区 5 种荒漠灌丛地上生物量回归方程

灌丛种类	生物量方程	a	b	c	R^2	F	SEE
沙冬青	$W = a+bCH$	31.42	5.25	—	0.826	48.81	0.730
	$W = a\,(CH)^b$	1.65	1.26	—	0.832	53.27	0.952
	$W = a+bCH+c\,(CH)^2$	36.34	2.24	0.028	0.930	25.61	1.154
	$W = a+b\,(D^2H)$	47.71	6.21×10^{-4}	—	0.757	84.90	0.469
	$W = a\,(D^2H)^b$	1.34	0.45	—	0.891	65.02	0.831
	$W = a+b\,(D^2H)+c\,(D^2H)^2$	−5.88	4.03×10^{-3}	3.06×10^{-8}	0.904	31.05	1.008
霸王	$W = a+bCH$	37.48	0.42	—	0.825	92.38	0.259
	$W = a\,(CH)^b$	0.31	1.07	—	0.913	84.35	0.426
	$W = a+bCH+c\,(CH)^2$	−104.25	0.27	5.23×10^{-3}	0.800	104.21	0.182
	$W = a+b\,(D^2H)$	1.30	2.94×10^{-4}	—	0.811	70.33	0.381
	$W = a\,(D^2H)^b$	2.38	0.36	—	0.959	37.05	1.253
	$W = a+b\,(D^2H)+c\,(D^2H)^2$	−147.99	2.15×10^{-4}	4.05×10^{-10}	0.872	48.17	1.503
四合木	$W = a+bCH$	20.47	1.74	—	0.803	93.42	0.468
	$W = a\,(CH)^b$	1.31	1.05	—	0.896	85.62	0.696
	$W = a+bCH+c\,(CH)^2$	34.65	0.21	3.03×10^{-3}	0.925	40.60	0.843
	$W = a+b\,(D^2H)$	116.44	8.31×10^{-5}	—	0.754	148.93	0.302
	$W = a\,(D^2H)^b$	3.23	0.35	—	0.836	73.55	0.529
	$W = a+b\,(D^2H)+c\,(D^2H)^2$	148.67	2.24×10^{-5}	6.19×10^{-12}	0.882	51.06	0.722

续表

灌丛种类	生物量方程	a	b	c	R^2	F	SEE
半日花	$W=a+bCH$	44.36	10.83	—	0.813	71.04	0.235
	$W=a(CH)^b$	1.23	2.01	—	0.956	19.20	0.717
	$W=a+bCH+c(CH)^2$	27.96	3.90	0.720	0.904	30.82	0.945
	$W=a+b(D^2H)$	38.76	7.45×10^{-3}	—	0.821	50.46	0.801
	$W=a(D^2H)^b$	1.89	0.46	—	0.869	41.90	1.042
	$W=a+b(D^2H)+c(D^2H)^2$	−23.80	2.92×10^{-3}	4.59×10^{-7}	0.802	84.91	0.178
红砂	$W=a+bCH$	21.99	1.03	—	0.761	104.20	0.474
	$W=a(CH)^b$	1.49	1.08	—	0.794	75.65	0.702
	$W=a+bCH+c(CH)^2$	2.58	0.54	0.052	0.853	72.37	0.784
	$W=a+b(D^2H)$	8.00	1.14×10^{-3}	—	0.890	61.43	0.851
	$W=a(D^2H)^b$	3.40	0.32	—	0.922	49.55	0.897
	$W=a+b(D^2H)+c(D^2H)^2$	−0.62	5.07×10^{-3}	2.56×10^{-6}	0.836	89.24	0.635

注：— 表示无数据，R^2 为判别系数；F 为方差分析的 F 值；SEE 为估计值的标准误差。

通过表 7-6 中灌丛地上生物量模型及相关参数可以发现,利用 T 检验($\alpha=0.05$)发现 5 种荒漠灌丛地上生物量模型均存在极显著相关性,生物量模型拟合效果比较满意。其中,沙冬青灌丛和四合木灌丛地上生物量最优模型为二次函数模型,霸王、半日花和红砂灌丛地上生物量最优模型为幂函数模型。经回归拟合发现,沙冬青灌丛、四合木灌丛和半日花灌丛地上生物量与 CH 拟合关系最好,而霸王灌丛和红砂灌丛地上生物量与 D^2H 拟合关系最好。

表 7-6 西鄂尔多斯地区 5 种荒漠灌丛地上生物量最优回归方程

灌丛种类	生物量方程	a	b	c	R^2	F	SEE
沙冬青	$W=a+bCH+c(CH)^2$	36.34	2.24	0.028	0.930	25.61	1.154
霸王	$W=a(D^2H)^b$	2.38	0.36	—	0.959	37.05	1.253
四合木	$W=a+bCH+c(CH)^2$	34.65	0.21	3.03×10^{-3}	0.925	40.60	0.843
半日花	$W=a(CH)^b$	1.23	2.01	—	0.956	19.20	0.717
红砂	$W=a(D^2H)^b$	3.40	0.32	—	0.922	49.55	0.897

注：— 表示无数据，W 表示灌丛地上生物量(g)，C 表示灌丛冠幅(m^2)，D 表示灌丛基径(mm)，H 表示灌丛株高(cm)。R^2 为判别系数；F 为方差分析的 F 值；SEE 为估计值的标准误差。

综上认为,西鄂尔多斯地区 5 种荒漠灌丛地上生物量模型如下:

$$沙冬青灌丛：W=36.24+2.24CH+0.028(CH)^2$$

$$霸王灌丛：W=2.38(D^2H)^{0.36}$$

$$四合木灌丛：W=34.65+0.21CH+3.03\times10^{-3}(CH)^2$$

$$\text{半日花灌丛：} W = 1.23\,(CH)^{2.01}$$

$$\text{红砂灌丛：} W = 3.40\,(D^2H)^{0.32}$$

7.1.7.2　荒漠灌丛地下生物量模型

对地下根系生物量与 CH 和 D^2H 分别采用线性模型、幂函数模型、二次函数模型建立西鄂尔多斯地区 5 种荒漠灌丛地下生物量模型回归拟合方程(表 7-7),每一种荒漠灌丛建立 6 个回归方程,共计 30 个回归方程。

由表 7-7 结合上述灌丛地上生物量模型发现,西鄂尔多斯地区 5 种荒漠灌丛地下生物量回归方程决定系数 R^2 整体上较地上生物量回归方程低,其分布范围在 0.52～0.90,SEE 值范围在 0.384～2.430。灌丛根系的发达程度一方面由灌丛本身决定,经 F 检验发现,5 种荒漠灌丛地下生物量与地上生长指标间的相关关系存在显著性差异;另一方面是由于灌丛生长的立地条件、地下水分布情况决定,因此 5 种荒漠灌丛地下生物量与 CH 和 D^2H 的整体拟合效果相比于地上生物量回归方程较差。

表 7-7　西鄂尔多斯地区 5 种荒漠灌丛地下生物量回归方程

灌丛种类	生物量方程	a	b	c	R^2	F	SEE
沙冬青	$W=a+bCH$	13.54	1.56	—	0.65	90.32	0.492
	$W=a\,(CH)^b$	1.92	0.98	—	0.69	84.15	0.628
	$W=a+bCH+c\,(CH)^2$	2.10	0.31	1.54×10^{-2}	0.76	47.50	1.024
	$W=a+b\,(D^2H)$	78.47	1.03×10^{-3}	—	0.87	28.56	1.513
	$W=a\,(D^2H)^b$	1.48	0.41	—	0.71	72.01	0.850
	$W=a+b\,(D^2H)+c\,(D^2H)^2$	16.25	8.03×10^{-4}	0.92×10^{-8}	0.75	50.23	0.965
霸王	$W=a+bCH$	10.72	0.36	—	0.74	60.43	1.369
	$W=a\,(CH)^b$	2.18	0.72	—	0.65	94.20	0.425
	$W=a+bCH+c\,(CH)^2$	10.64	1×10^{-4}	5.12×10^{-4}	0.83	35.83	2.144
	$W=a+b\,(D^2H)$	56.47	2.84×10^{-4}	—	0.79	52.59	1.682
	$W=a\,(D^2H)^b$	1.95	0.35	—	0.62	103.25	0.384
	$W=a+b\,(D^2H)+c\,(D^2H)^2$	58.66	5.12×10^{-5}	3.45×10^{-10}	0.81	39.68	1.635
四合木	$W=a+bCH$	53.45	0.69	—	0.77	69.34	1.037
	$W=a\,(CH)^b$	3.18	0.79	—	0.90	19.95	2.011
	$W=a+bCH+c\,(CH)^2$	27.15	0.05	1.34×10^{-3}	0.72	75.96	0.696
	$W=a+b\,(D^2H)$	30.34	1.61×10^{-4}	—	0.75	58.49	0.803
	$W=a\,(D^2H)^b$	4.98	0.30	—	0.82	31.02	2.430
	$W=a+b\,(D^2H)+c\,(D^2H)^2$	33.67	5.02×10^{-5}	6.15×10^{-11}	0.87	23.46	1.801

灌丛种类	生物量方程	a	b	c	R^2	F	SEE
半日花	$W=a+bCH$	43.75	5.98	—	0.69	53.14	0.894
	$W=a(CH)^b$	1.16	0.89	—	0.58	97.26	0.402
	$W=a+bCH+c(CH)^2$	17.79	4.43	0.520	0.89	38.57	1.020
	$W=a+b(D^2H)$	25.61	4.5×10^{-3}	—	0.62	73.89	0.724
	$W=a(D^2H)^b$	2.07	0.48	—	0.73	49.02	0.917
	$W=a+b(D^2H)+c(D^2H)^2$	−31.08	3.55×10^{-3}	5.12×10^{-7}	0.88	32.93	1.215
红砂	$W=a+bCH$	34.65	1.53	—	0.60	52.98	0.613
	$W=a(CH)^b$	0.78	1.16	—	0.52	80.25	0.501
	$W=a+bCH+c(CH)^2$	3.25	0.36	0.048	0.56	73.70	0.592
	$W=a+b(D^2H)$	23.17	1.04×10^{-2}	—	0.71	49.44	0.758
	$W=a(D^2H)^b$	1.67	0.42	—	0.87	34.59	0.922
	$W=a+b(D^2H)+c(D^2H)^2$	12.38	3.02×10^{-3}	2.15×10^{-6}	0.90	27.63	1.004

注：— 表示无数据，W 表示灌丛地上生物量(g)，C 表示灌丛冠幅(m^2)，D 表示灌丛基径(mm)，H 表示灌丛株高(cm)。R^2 为判别系数；F 为方差分析的 F 值；SEE 为估计值的标准误差。

通过分别对 5 种荒漠灌丛所拟合的 6 个回归方程进行显著性检验，经决定系数 R^2、F 值检验，通过模型间的比较，利用模型间拟合优度的推断结果，筛选出 5 种荒漠灌丛最优地下生物量模型(表 7-8)，然后采用最小二乘法求出各自生物量模型中的参数 a、b、c。其中沙冬青灌丛地下部分生物量最优模型为 $W=a+b(D^2H)$，霸王、半日花灌丛地下部分生物量最优模型为 $W=a+bCH+c(CH)^2$，四合木灌丛地下部分生物量最优模型为 $W=a(CH)^b$，红砂灌丛地下部分生物量最优模型为 $W=a+b(D^2H)+c(D^2H)^2$。

表 7-8　5 种荒漠灌丛地下生物量最优回归方程

灌丛种类	生物量方程	a	b	c	R^2	F	SEE
沙冬青	$W=a+b(D^2H)$	78.47	1.03×10^{-3}	—	0.87	28.56	1.513
霸王	$W=a+bCH+c(CH)^2$	10.64	1.00×10^{-4}	5.12×10^{-4}	0.83	35.83	2.144
四合木	$W=a(CH)^b$	3.18	0.79		0.90	19.95	2.011
半日花	$W=a+bCH+c(CH)^2$	17.79	4.43	0.52	0.89	38.57	1.020
红砂	$W=a+b(D^2H)+c(D^2H)^2$	12.38	3.02×10^{-3}	2.15×10^{-6}	0.90	27.63	1.004

表 7-8 显示了西鄂尔多斯地区 5 种荒漠灌丛地下生物量模型及相关参数，利用 T 检验($\alpha=0.05$ 的显著水平)发现 5 种荒漠灌丛地上生物量模型均存在显著相关

性，生物量模型拟合效果比较理想。其中，沙冬青灌丛地下生物量最优模型为线性模型，霸王、半日花和红砂灌丛地下生物量最优模型为二次函数模型，四合木灌丛地下生物最优模型为幂函数模型。经回归拟合发现，霸王灌丛、四合木灌丛和半日花灌丛地上生物量与 CH 拟合关系最好，而沙冬青灌丛和红砂灌丛地上生物量与 D^2H 拟合关系最好；四合木灌丛与红砂灌丛地下生物量回归方程达到了极显著相关水平（$R^2 > 0.90$），而沙冬青、霸王及半日花灌丛地下生物量回归方程达到了显著相关水平（$R^2 > 0.80$）。

西鄂尔多斯地区 5 种荒漠灌丛地下生物量模型如下公式：

$$沙冬青灌丛：W = 78.47 + 1.03 \times 10^{-3}(D^2H)$$

$$霸王灌丛：W = 10.64 + 1.00 \times 10^{-4}CH + 5.12 \times 10^{-4}(CH)^2$$

$$四合木灌丛：W = 3.18 \times (CH)^{0.79}$$

$$半日花灌丛：W = 17.79 + 4.43CH + 0.52(CH)^2$$

$$红砂灌丛：W = 12.38 + 3.02 \times 10^{-3}D^2H + 2.15 \times 10^{-6}(D^2H)^2$$

7.1.7.3　荒漠灌丛总生物量模型

通过将西鄂尔多斯地区 5 种荒漠灌丛各器官生物量累加求得单株灌丛总生物量。同样，依据灌丛单株总生物量与冠幅（C, m^2）、丛高（H, cm）和基径（D, mm）作为生长指标参数，在借鉴前人研究的基础上采用 $C \times H$ 和 $D^2 \times H$ 为回归方程自变量分别建立线性函数 $W = a + bCH$ 和 $W = a + bD^2H$、幂指数函数 $W = a(CH)^b$ 和 $W = a(D^2H)^b$ 及二次函数 $W = a + bCH + c(CH)^2$ 和 $W = a + bD^2H + c(D^2H)^2$，并建立单株灌丛总生物量回归拟合方程（表 7-9），其中，CH 反映灌丛投影的纵断面积。通过判定系数（R^2）和标准误差（SEE）的大小及 F 检验显著水平来评价每种灌丛生物量模型的优劣，从中选取拟合度最高、相关性最好的方程模型作为该种灌丛的生物量模型。

由表 7-9 可知，5 种灌丛单株总生物量回归拟合方程判定系数 R^2 均在 0.65 以上，较地上部分生物量回归拟合效果而言，单株总生物量总体拟合效果相对较差，但比地下部分生物量回归拟合要好。5 种灌丛种以 CH 和 D^2H 为自变量拟合回归方程的判定系数 R^2 差异较大，其中半日花灌丛单株生物量回归拟合方程判定系数在 0.756～0.941 范围内，拟合效果最好；而红砂灌丛灌丛单株生物量回归拟合方程判定系数在 0.685～0.823 范围内，拟合效果最差。

表 7-9 西鄂尔多斯地区 5 种荒漠灌丛生物量回归方程

灌丛种类	生物量方程	a	b	c	R^2	F	SEE
沙冬青	$W=a+bCH$	21.5	6.34	—	0.724	34.54	3.29
	$W=a(CH)^b$	0.58	1.52	—	0.791	30.75	2.64
	$W=a+bCH+c(CH)^2$	−52.59	3.18	0.045	0.802	26.44	2.38
	$W=a+b(D^2H)$	15.43	1.93	—	0.935	15.99	1.56
	$W=a(D^2H)^b$	0.95	1.11	—	0.825	46.38	6.33
	$W=a+b(D^2H)+c(D^2H)^2$	5.23	0.19	0.004	0.803	22.01	5.25
霸王	$W=a+bCH$	16.2	0.83	—	0.768	55.84	10.23
	$W=a(CH)^b$	1.05	0.98	—	0.901	60.28	3.95
	$W=a+bCH+c(CH)^2$	−53.63	0.57	0.001	0.683	89.19	8.34
	$W=a+b(D^2H)$	80.21	0.05	—	0.811	120.05	5.57
	$W=a(D^2H)^b$	0.83	0.69	—	0.714	76.33	11.05
	$W=a+b(D^2H)+c(D^2H)^2$	20.34	0.02	2.32×10^{-6}	0.762	157.43	6.26
四合木	$W=a+bCH$	30.08	2.06	—	0.695	80.74	4.42
	$W=a(CH)^b$	0.56	1.2	—	0.855	35.69	3.83
	$W=a+bCH+c(CH)^2$	−130.96	1.05	0.004	0.894	110.33	18.21
	$W=a+b(D^2H)$	150.01	1.15	—	0.813	32.28	7.52
	$W=a(D^2H)^b$	0.94	1.02	—	0.678	69.56	9.35
	$W=a+b(D^2H)+c(D^2H)^2$	145.55	0.14	9.5×10^{-3}	0.701	175.68	6.33
半日花	$W=a+bCH$	−5.27	30.45	—	0.863	71.17	8.74
	$W=a(CH)^b$	1.88	2.09	—	0.941	31.5	13.93
	$W=a+bCH+c(CH)^2$	59.35	3.26	2.12	0.825	92.93	4.88
	$W=a+b(D^2H)$	65.53	0.23	—	0.756	82.28	5.69
	$W=a(D^2H)^b$	0.95	0.76	—	0.589	47.71	2.58
	$W=a+b(D^2H)+c(D^2H)^2$	−56.99	0.06	1.44×10^{-4}	0.842	93.31	5.8
红砂	$W=a+bCH$	10.52	0.23	—	0.788	19.95	7.05
	$W=a(CH)^b$	1.62	0.68	—	0.751	23.46	9.12
	$W=a+bCH+c(CH)^2$	8.21	0.07	5.13×10^{-4}	0.797	39.68	7.87
	$W=a+b(D^2H)$	18.6	0.02	—	0.823	18.89	10.06
	$W=a(D^2H)^b$	1.79	0.48	—	0.869	29.38	8.83
	$W=a+b(D^2H)+c(D^2H)^2$	13.37	0.01	4.05×10^{-6}	0.685	44.63	5.23

注：— 表示无数据，R^2 为判别系数；F 为方差分析的 F 值；SEE 为估计值的标准误差。

  沙冬青和红砂灌丛生物量与 D^2H 相关性最好，其生物量最优模型分别为线性模型 $W=a+b(D^2H)$ 和幂函数模型 $W=a(D^2H)^b$，R^2 分别为 0.935 和 0.869；霸王、四合木及半日花灌丛生物量与 CH 相关性最好，其生物量最优模型分别为幂函数

模型 $W=a(CH)^b$、二次函数模型 $W=a+bCH+c(CH)^2$ 和幂函数模型 $W=a(CH)^b$，R^2 分别为 0.901、0.894、0.941。沙冬青、霸王和半日花生物量模型在 0.01 水平上达到显著水平，而四合木和红砂灌丛在 0.05 水平上达到显著性水平（表 7-10）。

表 7-10　5 种荒漠灌丛生物量最优回归方程

灌丛种类	生物量方程	a	b	c	R^2	F	SEE
沙冬青	$W=a+b(D^2H)$	15.43	1.93	—	0.935	15.99	1.56
霸王	$W=a(CH)^b$	1.05	0.98	—	0.901	60.28	3.95
四合木	$W=a+bCH+c(CH)^2$	−130.96	1.05	0.004	0.894	110.33	18.21
半日花	$W=a(CH)^b$	1.88	2.09	—	0.941	31.5	13.93
红砂	$W=a(D^2H)^b$	1.79	0.48	—	0.869	29.38	8.83

注：— 表示无数据，R^2 为判别系数；F 为方差分析的 F 值；SEE 为估计值的标准误差。

西鄂尔多斯地区 5 种荒漠灌丛生物量模型如下公式：

沙冬青灌丛：$W=15.43+1.93D^2H$

霸王灌丛：$W=1.05(CH)^{0.98}$

四合木灌丛：$W=-130.69+1.05CH+0.004(CH)^2$

半日花灌丛：$W=1.88(CH)^{2.09}$

红砂灌丛：$W=1.79(D^2H)^{0.48}$

7.2　荒漠灌丛含碳率研究

荒漠生态系统中各组分的含碳率对荒漠生态系统碳储量研究具有极其重要的作用，同时也是较为准确计量荒漠地区植被碳储量的必要因子之一。通常情况下，国内外诸多研究人员在进行区域尺度上森林或者草地植被碳储量估算时，常以森林植被平均含碳率 0.50 或 0.45 作为估算依据，很少有研究是依据树种类型的不同或者器官的不同而采用具体的含碳率来计算植被碳储量。但是大量研究认为，由于森林类型的差异或者树种的不同，其树种或同一树种器官间的含碳率差异显著。如果在估算森林植被生物量碳储量时不考虑树种间含碳率差异，将会引起 10% 的偏差。加之植物各器官含碳率分配的差异及其生物量分配格局的不同，故以各器官含碳率结合各器官生物量比例采用加权法求算出该树种的平均含碳率，这一结果与直接采用树种的平均含碳率计算结果存在一定距离，因此有必要对两者的差异性进行准确的分析。

　　以西鄂尔多斯国家级自然保护区——伊克布拉格草原化荒漠区 5 种荒漠灌丛为研究对象，通过野外采样法获得各标准灌丛各器官样品后在实验室利用 Elementar Vario MACRO CUBE 元素自动分析仪测定灌丛各器官平均含碳率，实测了 5 种灌丛各组分的生物量及不同营养器官组分含碳率，分析了各器官组分含碳率的差异性特征，旨在准确把握我国西北荒漠地区植被碳储存能力，充分认识荒漠生态系统服务功能，为进一步进行荒漠地区生态建设提供理论依据，也为在区域或国家尺度上估算灌丛生态系统碳储量提供数据支撑。

7.2.1　样品的采集与测定

　　1)样品采集

　　为了探究不同季节 5 种灌丛各器官含碳率的差异性，本研究进行了两次采样，采样时间分别为夏季(2014 年 8 月)和春季(2015 年 4 月)。伐倒整个标准灌丛后分别采集枝条(沙冬青和霸王分为 $d \geqslant 10$ mm 粗枝条和 $d < 10$ mm 细枝条；四合木和红砂分为 $d \geqslant 5$ mm 粗枝条和 $d < 5$ mm 细枝条；半日花分为 $d \geqslant 3$ mm 粗枝条和 $d < 3$ mm 细枝条)、叶片、根系(沙冬青和霸王分为 $d \geqslant 20$ mm 的粗根和 $d < 20$ mm 的细根；四合木、半日花和红砂分为 $d \geqslant 5$ mm 粗枝条和 $d < 5$ mm 细枝条)等试验样品，带回实验室进行样品处理。首先将采集回来的样品放入 85℃的恒温箱中烘干至恒重。基于干烧法测定植物含碳率所需的样品用量较少，为了确保取样的全面性和均匀性，本研究按照四分法采取 3 次粉碎，然后将粉碎样品过 200 目筛后装瓶备用。在植物样品含碳率测定前需将样品再次放入 85℃的恒温箱中烘干 24 h，在各器官样品中等量称取 3 g 经充分混合后作为其分析样品。

　　2)样品测定

　　目前，植物样品含碳率的测定方法有湿烧法和干烧法。经研究发现，以重铬酸钾-硫酸氧化法为代表的湿烧法的测定误差一般为±2%~±4%，而干烧法的测定误差≤±3%，因此认为干烧法测定植物含碳率的分析精度高于湿烧法。故本研究中植物样品含碳率测定采用干烧法，具体采用 Elementar Vario EL(Germany)有机元素自动分析仪进行样品分析，每个样品测定 3 个重复，测定结果取其均值，误差为±0.4%。

　　3)含碳率计算

　　由于不同灌丛种的各营养器官含碳率存在一定差异，灌丛各器官生物量占单株总生物量的比例也不尽相同，因此以每种荒漠灌丛各器官含碳率的算术平均值作为该灌丛平均含碳率并不能反映该种灌丛的实际含碳率。只有根据各器官生物量权重计算该类灌丛平均含碳率，才能更真实地反映该类灌丛的平均含碳率和各器官在平均含碳率中的贡献大小。

　　单株灌丛平均含碳率计算公式如下：

$$C = \frac{1}{n}\sum_{i=1}^{n} C_i$$

$$C_i = \frac{\sum W_{ij} P_{ij}}{\sum W_{ij}}$$

式中，i 为样地的地块，在本研究中为 1,2,3；j 为单株灌丛各器官，包括叶片、粗枝条、细枝条、粗根和细根；C 为灌丛群落平均含碳率(%)；C_i 为灌丛群落中第 i 块样地的生物量加权平均含碳率(%)；W_{ij} 为第 i 块标准样地的第 j 器官生物量(g)；P_{ij} 为第 i 块标准样地的第 j 器官含碳率(%)。

7.2.2 荒漠灌丛不同季节各器官含碳率

西鄂尔多斯地区 5 种荒漠灌丛各器官含碳率见表 7-11 和表 7-12。从两个季节 5 种灌丛平均含碳率来看，夏季灌丛各器官含碳率高于春季，且差异性达到了显著水平 ($P<0.05$)，各灌丛平均含碳率在夏季表现为：半日花(49.60%)＞沙冬青(43.37%)＞霸王(42.21%)＞四合木(40.51%)＞红砂(37.43%)；在春季表现为半日花(41.44%)＞红砂(41.28%)＞沙冬青(40.12%)＞四合木(40.01%)＞霸王(39.93%)。

表 7-11　西鄂尔多斯地区夏季 5 种荒漠灌丛各器官含碳率　（单位：%）

灌丛种类	叶片	粗枝	细枝	粗根	细根	种内平均
沙冬青	50.26±3.01Aa	35.93±1.25Ed	34.56±0.95Dd	48.29±1.55Bb	47.81±2.41Bbc	43.37±1.95Bc
霸王	33.65±2.14CDd	47.86±2.02Ba	47.52±1.12Ba	41.75±2.10Dbc	40.26±2.50Dc	42.21±1.36Bb
四合木	37.69±1.56Cd	53.22±1.83Aa	50.39±1.26Ab	31.45±1.93Ee	29.78±1.87Ff	40.51±1.42Cc
半日花	43.89±2.09ABd	48.84±1.29Bc	47.12±2.11Bc	56.05±0.85Aa	52.13±1.49Aab	49.60±2.16Ab
红砂	31.71±1.22De	34.25±1.57Fd	33.91±0.75Dde	44.72±0.28Ca	42.55±0.84Cab	37.43±2.17Dc
种间平均	39.44±2.15c	44.02±2.68ab	42.70±1.37b	44.45±0.69a	42.51±1.01b	42.62±3.02Bb

注：表中的数据为平均值±标准差。同列不同大写字母表示种间差异显著($P<0.05$)；同行不同小写字母表示同种灌丛不同器官间差异显著($P<0.05$)。

表 7-12　西鄂尔多斯地区春季 5 种荒漠灌丛各器官含碳率　（单位：%）

灌丛种类	叶片	粗枝	细枝	粗根	细根	种内平均
沙冬青	41.90±3.18Ba	39.57±1.59Db	38.81±2.30Dc	40.63±1.33Eab	39.70±1.42Db	40.12±2.41Cab
霸王	41.44±2.23Ba	41.25±2.02Ca	40.59±2.58CDab	39.14±0.78Ebc	37.22±1.53Ec	39.93±0.86Db
四合木	44.65±2.58ABa	38.81±1.58DEbc	37.30±1.89Dc	40.24±2.14Eb	39.04±0.86Dbc	40.01±0.95Cb
半日花	39.01±1.99BCd	41.25±1.76Cb	40.59±2.02CDbc	45.62±1.85Ca	40.71±1.79CDbc	41.44±1.12Cb
红砂	43.91±2.01ABa	39.83±2.33Dc	38.56±1.66Dc	42.86±1.02Dab	41.26±1.69CDb	41.28±2.03Cb
种间平均	40.69±2.51Bc	42.26±1.89Cab	41.09±2.03Cb	43.20±1.37DEa	41.18±2.30CDb	41.68±1.52Cb

注：表中的数据为平均值±标准差。同列不同大写字母表示种间差异显著($P<0.05$)；同行不同小写字母表示同种灌丛不同器官间差异显著($P<0.05$)。

不同荒漠灌丛同一器官含碳率存在一定差异:①灌丛夏季叶片含碳率表现为沙冬青灌丛＞半日花灌丛＞四合木灌丛＞霸王灌丛＞红砂灌丛,且各灌丛种叶片含碳率间差异显著($P<0.05$);②粗枝中,5种荒漠灌丛含碳率表现为四合木灌丛＞半日花灌丛＞霸王灌丛＞沙冬青灌丛＞红砂灌丛,其中,除霸王灌丛与半日花灌丛、沙冬青灌丛与红砂灌丛粗枝含碳率间差异不显著($P>0.05$)外,其他各灌丛间粗枝含碳率差异显著($P<0.05$);③细枝中,5种荒漠灌丛含碳率差异较大,主要分布在33.91%～50.39%,依据细枝含碳率可将5种荒漠灌丛大致分为3类:[四合木灌丛],[霸王灌丛和半日花灌丛],[沙冬青灌丛和红砂灌丛];④粗根中,半日花灌丛粗根含碳率最高,高达56.05%,其次是沙冬青灌丛,粗根含碳率为48.29%,再次为半日花灌丛,粗根含碳率44.72%,最后是霸王灌丛和四合木灌丛,其粗根含碳率分别为41.75%和31.45%;⑤细根中,5种荒漠灌丛细根含碳率分别在29.78%～52.13%。5种荒漠灌丛细根含碳率差异显著($P<0.05$),其中半日花灌丛细根含碳率最高,四合木灌丛细根含碳率最低。

同一类型荒漠灌丛不同器官间含碳率差异性显著($P<0.05$)。整体而言,夏季5种灌丛各器官平均含碳率表现为粗根(44.45%)＞粗枝(44.02%)＞细枝(42.70%)＞细根(42.51%)＞叶片(39.44%),春季表现为粗根(43.20%)＞粗枝(42.26%)＞细根(41.18%)＞细枝(41.09%)＞叶片(40.69%)。不同类型灌丛各器官含碳率的排序也存在差异:沙冬青灌丛夏季各器官含碳率表现为叶片＞粗根＞细根＞粗枝＞细枝;霸王灌丛夏季各器官含碳率表现为粗枝＞细枝＞粗根＞细根＞叶片;四合木灌丛夏季各器官含碳率表现为粗枝＞细枝＞叶片＞粗根＞细根;半日花灌丛和红砂灌丛夏季各器官含碳率表现为粗根＞细根＞粗枝＞细枝＞叶片。

5种荒漠灌丛各器官含碳率在季节间也表现出不同的规律。夏季5种灌丛叶片平均含碳率较春季高出1.25%,各器官含碳率在31.45%～56.05%,总体上看,粗枝条和细枝条含碳率间差异不显著($P>0.05$),而粗根和细根含碳率间差异显著($P<0.05$)。将灌丛各器官整体分为地上部分和地下部分,比较两者间平均含碳率可以发现:地下部分平均含碳率均高出地上部分,其中春季5种灌丛地上和地下部分平均含碳率分别为42.05%和43.48%,地下部分平均含碳率比地上部分高出1.43%;夏季5种灌丛地上和地下部分平均含碳率为41.35%和42.19%。

7.2.3　荒漠灌丛地上部分与地下部分含碳率

7.2.3.1　春季荒漠灌丛各部分含碳率

从图7-6可以看出,在春季,沙冬青灌丛、半日花灌丛和红砂灌丛地上部分与地下部分含碳率表现为地下部分高于地上部分,霸王灌丛和四合木灌丛则表现为地上部分含碳率高于地下部分。其中,半日花灌丛和红砂灌丛地下部分含碳率显著高于地上部分，两者的差异性达到显著水平($P<0.05$)，而霸王灌丛和四合木灌丛地下部分与地上部分含碳率间差异未达到显著水平($P>0.05$)。春季里，西鄂尔多斯地区 5 种荒漠灌丛地上部分和地下部分含碳率算术平均值分别为 40.50%和 40.64%，两者差异不显著($P>0.05$)。

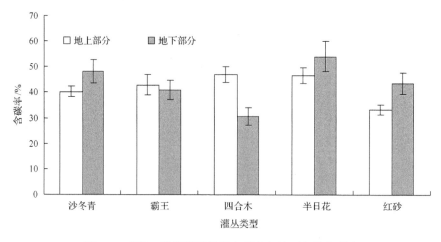

图 7-6　春季 5 种荒漠灌丛地上部分与地下部分含碳率

7.2.3.2　夏季荒漠灌丛各部分含碳率

从图 7-7 可知，西鄂尔多斯地区 5 种荒漠灌丛地上部分与地下部分平均含碳率分别为：沙冬青灌丛 40.25%和 48.05%，霸王灌丛 43.01%和 41.01%，四合木灌丛 47.10%和 30.62%，半日花灌丛 46.62%和 54.09%，红砂灌丛 33.29%和 43.63%。

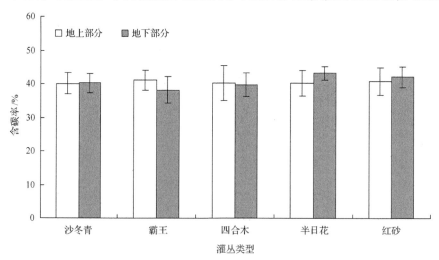

图 7-7　夏季 5 种荒漠灌丛地上部分与地下部分含碳率

在夏季发现，灌丛地上部分和地下部分平均含碳率在 5 种荒漠种间表现出显著差异性($P<0.05$)，其中地上部分平均含碳率分布在 33.29%~47.10%，而地下部分平均含碳率分布在 30.62%~48.05%。5 种荒漠灌丛种，除了霸王灌丛和四合木灌丛表现为地上部分含碳率高于地下部分外，其他 3 种荒漠灌丛均表现为地下部分含碳率显著高于地上部分($P<0.05$)。

7.2.4 各器官含碳率总体特征及差异性分析

将 5 种荒漠灌丛每个样方内标准株各器官含碳率汇总后，采用多重比较分析(LSD)检验其含碳率的差异性，检验结果表明：粗枝、粗根与细枝、叶片平均含碳率间差异显著($\alpha = 0.05$)，春季荒漠灌丛粗枝平均含碳率较细枝和叶片分别高出 2.11%和2.51%(表 7-13)，夏季粗枝平均含碳率分别较细枝和叶片高出 1.75%和5.01%(表 7-14)。

表 7-13 春季灌丛各器官含碳率统计特征值

器官	样本数	平均值	最小值	最大值	标准差	变异系数(CV)
粗枝	15	44.02a	34.25	53.22	2.68	6.09
细枝	15	42.70b	34.56	50.39	1.37	3.21
粗根	15	44.45a	31.45	56.05	0.69	1.55
细根	15	42.51ab	29.78	52.13	1.01	2.38
叶片	15	39.44c	31.71	50.26	2.15	5.45

注：不同小写字母表示各器官间含碳率差异不显著。

表 7-14 夏季灌丛各器官含碳率统计特征值

器官	样本数	平均值	最小值	最大值	标准差	变异系数(CV)
粗枝	9	42.26a	38.81	42.26	1.89	4.47
细枝	9	41.09b	37.30	41.09	2.03	4.94
粗根	9	43.20a	39.14	45.62	1.37	3.17
细根	9	41.18b	37.22	41.26	2.30	5.59
叶片	9	40.69c	39.01	44.65	2.51	6.17

注：不同小写字母表示各器官含碳率间差异显著。

而灌丛粗枝和粗根平均含碳率间差异不显著。从变异系数(CV)来看，各器官平均含碳率变异系数在 1.55%~6.99%；同一季节各器官含碳率变异系数不一致，春季变异系数从大到小排序为粗枝>叶片>细枝>细根>粗根，夏季为叶片>细根>细枝>粗枝>粗根；同一灌丛种不同季节平均含碳率变异系数差别较大，其差别大小排序为细根>细枝>粗枝>粗根>叶片。

7.2.5 荒漠灌丛综合含碳率

按照生物量调查结果，计算出 5 种荒漠灌丛各器官生物量比例，按照灌丛平均含碳率与各器官生物量比重相乘获得 5 种荒漠灌丛生物量加权平均含碳率。从表 7-15 中可以看出，同一灌丛种在不同季节的加权平均含碳率差异不显著，其差值除了半日花外，其他 4 种荒漠灌丛加权平均含碳率差值均在 2%以内。春季 5 种荒漠灌丛加权平均含碳率分布在 39.25%～48.78%，而夏季加权平均含碳率分布在 39.86%～44.35%，平均含碳率与加权平均含碳率的差异值在 0.50%～2.91%。

表 7-15　5 种荒漠优势灌丛各器官生物量比重及加权平均含碳率

季节	灌丛种类	各器官生物量所占比例/%					加权平均含碳率/%	平均含碳率/%	差异值/%
		叶片	枝条		根系				
			粗枝	细枝	粗根	细根			
春季	沙冬青	6.78	16.39	15.41	51.38	8.50	44.25	43.37	0.88
	霸王	5.44	30.61	13.50	28.25	19.12	41.65	42.21	0.56
	四合木	11.69	27.05	26.71	20.07	14.48	42.39	40.51	1.88
	半日花	6.11	51.33	21.36	12.27	8.70	48.78	49.60	0.82
	红砂	4.20	18.29	22.33	30.53	24.65	39.25	37.43	1.82
夏季	沙冬青	19.42	36.91	15.44	20.16	8.08	42.31	40.12	2.19
	霸王	5.25	26.82	17.66	36.74	13.53	40.42	39.93	0.50
	四合木	14.65	28.25	24.09	18.65	14.36	41.37	40.01	1.36
	半日花	5.26	30.42	16.41	38.25	9.66	44.35	41.44	2.91
	红砂	16.68	19.56	12.55	30.69	20.52	39.86	41.28	1.42

7.3　荒漠灌丛生态系统碳储量

为了估算西鄂尔多斯地区荒漠灌丛生态系统碳储量并揭示碳储量在不同层片（灌丛层、草本层、枯落物层及土壤层）、灌丛各器官间的分配规律，以 5 种荒漠灌丛为研究对象，按照典型取样法收集灌丛层、草本层、枯落物层及土壤层样品，结合内业测定各层片含碳率的基础上计算出西鄂尔多斯地区 5 种荒漠灌丛生态系统碳储量。

7.3.1 荒漠灌丛生态系统碳储量计算方法

7.3.1.1 土壤有机碳测定

采用重铬酸钾-硫酸氧化法。

7.3.1.2 碳密度计算

(1)灌丛层碳密度计算方法:

$$POC = \frac{\sum_{i=1}^{n}\sum_{j=1}^{m}(W_{ij} \times C_{ij}) \times N_i}{n}$$

式中,POC 为灌丛有机碳密度($g \cdot m^{-2}$);i 为各灌丛群落样方数(个);j 为灌丛器官数,本研究为 5(包括叶片、粗枝条、细枝条、粗根、细根);W_j 为各器官生物量(g);C_j 为各器官含碳率(%);N 为单位面积灌丛株数(株·m^{-2})。

(2)草本层碳密度计算方法:

$$GOC = \frac{\sum_{j=1}^{m} W_{AGm} \times C_{AGm} + W_{BGm} \times C_{BGm}}{m}$$

式中,GOC 为草本层碳密度($g \cdot m^{-2}$);j 为各灌丛群落草本样方数(个);W_{AGm} 为草本层地上部分生物量($g \cdot m^{-2}$);W_{BGm} 为草本层地下部分生物量($g \cdot m^{-2}$);C_{AGm} 为草本层地上部分平均含碳率(%);C_{BGm} 为草本层地下部分平均含碳率(%)。

(3)枯落物层碳密度计算方法:

$$LOC = \frac{\sum_{j=1}^{n} W_{Lj} \times C_{Lj}}{n}$$

式中,LOC 为枯落物层有机碳密度($g \cdot m^{-2}$);j 为各灌丛群落枯落物样方数(个);W_{Lj} 为枯落物生物量($g \cdot m^{-2}$);C_{Lj} 为枯落物平均含碳率(%)。

(4)土壤层碳密度计算方法采用程先富等的计算方法:

$$SOC = \sum_{i=1}^{n} D_i \times \theta_i \times C_i \times (1 - \delta_i) / 10$$

式中,SOC 为土壤有机碳密度($g \cdot m^{-2}$);i 为土层数,本文为 5;D_i 为不同土层的厚度(cm);θ_i 为土壤容重($g \cdot m^{-3}$);C_i 为不同土层土壤有机碳含量($g \cdot kg^{-1}$);δ_i 为>2 mm 砾石所占体积含量比(%)。由于半日花群落和红砂群落土壤表层砾石较多;四合木群落表层土壤为漠钙土,砾石含量较少;而沙冬青、霸王和半日花为风沙土,砾石含量少,因此公式中 δ_i 为 0。

(5)灌丛生态系统碳密度计算公式:

$$SEOC = POC + GOC + LOC + SOC$$

式中,SEOC 为灌丛生态系统碳密度($t \cdot hm^{-2}$)。

7.3.2　荒漠灌丛植被层生物量密度

由表 7-16 可以看出,西鄂尔多斯地区 5 种荒漠灌丛植被层生物量密度存在较大差异。沙冬青群落、霸王群落、四合木群落、半日花群落和红砂群落的植被层生物量密度在 $(183.62 \pm 22.17) \sim (352.23 \pm 40.27)\,\mathrm{g \cdot m^{-2}}$,沙冬青群落灌丛植被碳储量较半日花和红砂群落分别高出 0.92 倍和 0.87 倍,而较霸王和四合木群落高出 $0.49 \sim 0.52$ 倍,且沙冬青灌丛群落植被层生物量密度显著高于其他 4 种荒漠灌丛群落($P < 0.05$)。由此可见,西鄂尔多斯地区 5 种荒漠灌丛群落植被层生物量密度沿着距离黄河西北东南方向呈现递减的趋势。

此外,这 5 种荒漠灌丛植被层生物量密度垂直分布格局不同,各植被层植被生物量碳密度由大到小顺序为灌丛层、草本层、枯落物层。5 种荒漠灌丛层生物量密度占植被层生物量密度比例为沙冬青(92.16%)＞霸王(89.44%)＞红砂(62.67%)＞半日花(62.42%)＞四合木(56.75%);灌丛层生物量密度占灌丛总生物量密度百分比除了红砂灌丛外表现为根生物量密度显著高于枝条和叶片外,其他 4 种荒漠灌丛表现为枝条(43.94%～64.45%)＞根系(20.00%～33.53%)＞叶片(2.02%～24.54%);草本层生物量密度除红砂灌丛外,其他 4 种荒漠灌丛草本层表现为地下部分显著高于地上部分;枯落物层生物量密度从大到小为四合木灌丛、半日花灌丛、红砂灌丛、霸王灌丛、沙冬青灌丛。

7.3.3　荒漠灌丛植被层碳密度

由表 7-17 可以看出,5 种荒漠灌丛单株碳储量差异显著($P < 0.05$),其单株碳储量在 $(37.44 \pm 9.56) \sim (571.70 \pm 85.02)\,\mathrm{g \cdot 株^{-1}}$。单株灌丛地下部分/地上部分碳储量比值为红砂(1.37)＞半日花(1.08)＞霸王(0.91)＞沙冬青(0.48)＞四合木(0.31)。粗枝条和粗根是单株灌丛碳储量的主要贡献者,且在灌丛种间差异显著($P < 0.05$),5 种荒漠灌丛粗枝条和粗根碳储量占单株灌丛碳储量百分比为 42.82%～81.46%。

各部分生物量碳密度在灌丛种间分布差异显著($P < 0.05$);叶片和枝条生物量碳密度沿着距离黄河由近到远表现出降低的趋势,其中沙冬青叶片生物量碳密度极显著高于其他 4 种灌丛;根系生物量碳密度表现出先降低后增高的趋势,在四合木灌丛群落根系生物量碳密度最低,仅为 $11.29\,\mathrm{g \cdot m^{-2}}$;草本层生物量相对较小,其大致分布在 $13.69 \sim 65.20\,\mathrm{g \cdot m^{-2}}$,平均为 $37.59\,\mathrm{g \cdot m^{-2}}$。草本地上部分生物量碳密度与叶片和枝条生物量碳密度趋势恰好相反,草本地下部分和枯落物生物量碳密度趋势一致,表现为四合木灌丛群落＞半日花群落＞红砂群落＞沙冬青群落＞霸王群落(图 7-8)。

表 7-16 西鄂尔多斯地区荒漠灌丛植被层生物量密度

(单位: g·m^{-2})

灌丛种	灌丛层				草本层			枯落物层	合计
	叶片	枝条	根	小计	地上部分	地下部分	小计		
沙冬青	63.04±5.16A	169.93±34.73A	91.66±12.09A	324.63±50.07A	8.63±2.10C	10.35±2.12C	18.98±4.16C	8.62±1.03D	352.23±40.27A
霸王	4.26±0.51D	136.10±22.15B	70.81±10.08B	211.17±28.91B	5.28±1.45D	8.41±1.35D	13.69±3.88C	11.24±2.50C	236.10±29.81B
四合木	16.36±3.82C	78.45±10.28C	36.87±8.75C	131.68±15.66C	26.97±6.99AB	38.23±9.10A	65.20±10.24A	35.16±4.15A	232.04±30.50B
半日花	28.13±4.60B	50.36±9.75D	36.13±5.64C	114.62±20.53C	19.29±7.25B	22.06±5.27B	41.35±6.75B	27.65±6.83AB	183.62±22.17C
红砂	19.73±3.52BC	37.99±10.13E	60.57±11.23BC	118.29±19.20C	33.89±6.28A	14.82±3.94BC	48.71±5.69B	21.74±3.55B	188.74±19.46C

注: 表中的数据均是均值±标准误差; 不同大写字母表示灌丛同一部分生物量密度在灌丛种间差异显著($P<0.05$)。

表 7-17 西鄂尔多斯地区荒漠灌丛单株碳储量

(单位: g·株$^{-1}$)

灌丛种类	叶片	粗枝条	细枝条	粗根	细根	地上部分	地下部分	合计
沙冬青	79.84±8.95a	106.52±12.43b	45.53±6.72b	105.21±8.90a	6.27±1.05c	231.89±40.68b	111.48±15.83b	343.37±50.28b
霸王	11.52±3.01c	83.18±9.12c	55.36±8.53ab	109.19±10.44a	26.79±3.12b	150.06±29.90c	135.98±26.39a	286.04±37.81c
四合木	72.88±10.02b	290.48±30.15a	73.10±7.41a	102.51±6.92a	32.72±4.54a	436.46±75.27a	135.23±18.17a	571.70±85.02a
半日花	7.53±1.24cd	49.95±6.33d	23.77±4.04c	87.57±7.25b	—	81.25±9.42d	87.57±9.50c	168.82±18.83d
红砂	5.13±0.69d	4.27±1.16e	6.34±1.25d	11.76±2.03c	9.95±1.89c	15.74±3.61e	21.70±3.78d	37.44±9.56e

注: 数据为均值±标准误差; 同列不同小写字母表示灌丛各部分碳储量在灌丛种间差异显著($P<0.05$)。

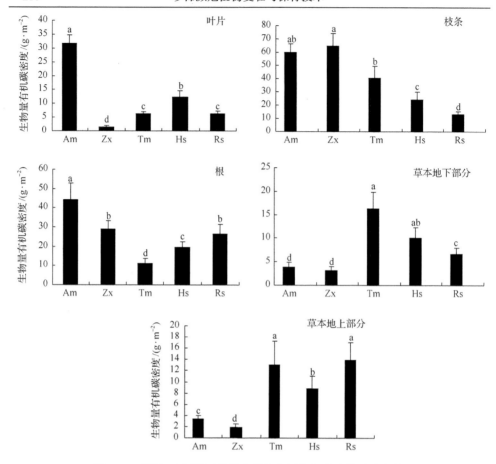

图 7-8　西鄂尔多斯地区荒漠灌丛植物层各部分生物量碳密度

Am，沙冬青；Zx，霸王；Tm，四合木；Hs，半日花；Rs，红砂。数据=均值±标准差；

不同字母表示同一部分生物量碳密度在各灌丛种间差异显著（$P<0.05$）

7.3.4　荒漠灌丛群落植被层年固碳量

7.3.4.1　荒漠灌丛群落灌丛层年固碳量

1) 荒漠灌丛当年新生枝叶生物量

对西鄂尔多斯地区 5 种荒漠灌丛当年新生叶片、枝条进行收集，在本研究中由于无法确定灌丛根系当年生物量，所以仅研究地上部分当年生物量。其中，除了常绿阔叶灌丛沙冬青叶片收集当年新生叶片外，其他 4 种落叶荒漠灌丛均以当年叶片生物量与当年新生枝条生物量总量记为灌丛当年新生枝叶生物量（图 7-9）。

从图 7-9 中可以发现，西鄂尔多斯地区 5 种荒漠灌丛当年生物量最高为四合木灌丛，为 86.51 g·丛$^{-1}$·a^{-1}，红砂灌丛当年生物量最低，仅为 19.13 g·丛$^{-1}$·a^{-1}，霸王灌丛当年生物量为79.24 g·丛$^{-1}$·a^{-1},沙冬青灌丛当年生物量为74.18 g·丛$^{-1}$·a^{-1},半日花灌丛当年生物量为28.77 g·丛$^{-1}$·a^{-1}。

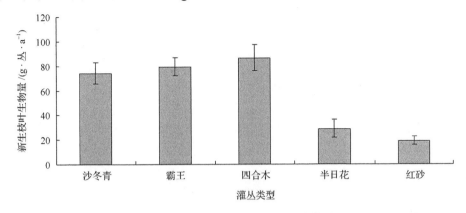

图7-9　5种荒漠灌丛年新生枝叶生物量

2)荒漠灌丛当年新生枝叶含碳率

通过对西鄂尔多斯地区2014~2015年间5种荒漠灌丛当年叶片及新生枝条生物量充分混合后测定灌丛当年生物量含碳率,以此来研究灌丛当年生物量含碳率在灌丛种间分布的差异性(图7-10)。

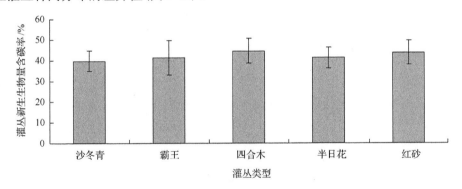

图7-10　5种荒漠灌丛当年新生生物量含碳率

由图7-10可知,5种荒漠灌丛当年新生枝叶生物量含碳率间差异不显著($P>$0.05),其当年新生枝叶生物量含碳率在39.70%~43.91%范围内。5种荒漠灌丛年新生生物量含碳率从大到小的排序为:四合木灌丛(44.65%)>红砂灌丛(43.91%)>霸王灌丛(41.44%)>半日花灌丛(41.25%)>沙冬青灌丛(39.70%)。

3)荒漠灌丛当年新生枝叶固碳量

灌丛的年固碳量是指荒漠灌丛植被在一年中通过生物量增加而从大气中吸收CO$_2$的量。本研究通过将西鄂尔多斯地区5种荒漠灌丛当年生枝、叶等生物量结合各部分含碳率，估算出 5 种荒漠灌丛当年生物量固碳量(图 7-11)。

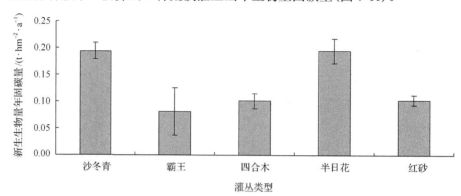

图 7-11　5 种荒漠灌丛当年新生枝叶年固碳量

由图 7-11 可以看出，西鄂尔多斯地区 5 种荒漠灌丛当年新生枝叶固碳量在灌丛种间差异显著($P<0.05$)。其中，半日花灌丛当年新生枝叶固碳量最高，为 $0.195\ t\cdot hm^{-2}\cdot a^{-1}$；灌丛当年新生枝叶固碳量最低的是四合木，其年固碳量为 $0.081\ t\cdot hm^{-2}\cdot a^{-1}$。西鄂尔多斯地区 5 种荒漠灌丛年固碳量从大到小排序为：半日花灌丛($0.195\ t\cdot hm^{-2}\cdot a^{-1}$)＞沙冬青灌丛($0.194\ t\cdot hm^{-2}\cdot a^{-1}$)＞红砂灌丛($0.102\ t\cdot hm^{-2}\cdot a^{-1}$)＞四合木灌丛($0.101\ t\cdot hm^{-2}\cdot a^{-1}$)＞霸王灌丛($0.081\ t\cdot hm^{-2}\cdot a^{-1}$)。

7.3.4.2　荒漠灌丛群落草本层年固碳量

1)草本层年生物量

西鄂尔多斯地区 5 种荒漠灌丛群落草本层基本均为 1 年生草本，同时由于草本层地下生物量累积，无法求算地下生物量年增长量，因此本研究仅通过样方法对灌丛群落内草本层地上部分生物量进行收集，然后采用烘干法测定草本层生物量(图 7-12)。

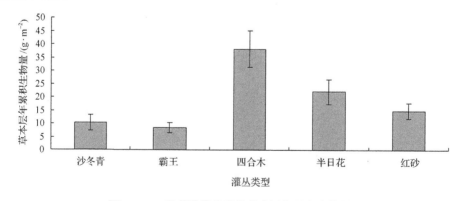

图 7-12　5 种荒漠灌丛群落草本层年累积生物量

由图 7-12 可知，5 种荒漠灌丛群落草本层年生物量间差异显著（$P<0.05$），其中四合木灌丛群落草本层年生物量最高，为 38.23 g·m^{-2}，霸王灌丛群落草本层年生物量最低，仅为 8.41 g·m^{-2}。不同的灌丛群落分布有不同类型的草本植物。其中，霸王灌丛和沙冬青灌丛群落以风沙土为主，草本层主要以沙葱、沙米及少量戈壁针茅和油蒿为主，且沙葱和沙米主要在降水后生长迅速；半日花灌丛和红砂灌丛群落地表分布有大量砾石，土壤主要以栗钙土为主，群落间分布有戈壁针茅、无芒隐子草、糙隐子草和沙蓬等草本植物，因此导致西鄂尔多斯地区 5 种荒漠灌丛群落草本层年生物量由高到低的排序为四合木灌丛群落（38.23 g·m^{-2}）＞半日花灌丛群落（22.06 g·m^{-2}）＞红砂灌丛群落（14.82 g·m^{-2}）＞沙冬青灌丛群落（10.35 g·m^{-2}）＞霸王灌丛群落（8.41 g·m^{-2}）。

2）草本层含碳率

通过对前文中提到的 5 种荒漠灌丛群落草本层进行收集、烘干处理，采用干烧法进行草本层综合含碳率计算，得到西鄂尔多斯地区 5 种荒漠灌丛群落草本层年累积生物量含碳率（图 7-13）。

由图 7-13 可知，由于 5 种荒漠灌丛群落草本层种类的差异，导致草本层年累积生物量含碳率出现一定差异性。依据草本层年累积生物量含碳率可以将 5 种荒漠灌丛群落分为三类：红砂灌丛和半日花灌丛群落（45.52%）、四合木灌丛群落（42.45%）、沙冬青灌丛和霸王灌丛群落（37.06%）。

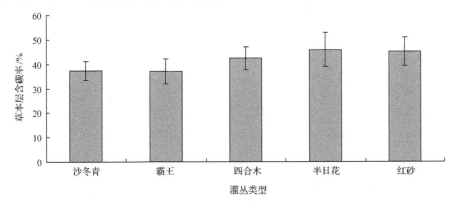

图 7-13　5 种荒漠灌丛群落草本层含碳率

3）草本层年固碳量

草本层是荒漠灌丛生态系统的重要组分之一，在荒漠灌丛生态系统调节区域碳平衡、吸收大气 CO_2 及维持荒漠灌丛生态系统稳定性方面具有不可替代的作用。一方面，荒漠灌丛生态系统草本的分布与生长受限于灌丛类型；另一方面，灌丛林下草本也可以改善灌丛生态系统微环境，从而对整个荒漠灌丛生态系统的稳定、演替等发挥着重要的生态作用。基于 5 种荒漠灌丛群落林下草本层年累积生物量及其含碳率的测定,估算出灌丛生态系统草本层年固碳量(图 7-14)。

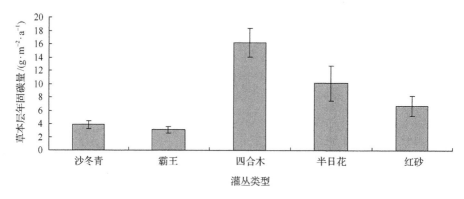

图 7-14　5 种荒漠灌丛群落草本层年固碳量

由图 7-14 可以看出,西鄂尔多斯地区 5 种荒漠灌丛生态系统草本层年固碳量中四合木灌丛群落最高,其年固碳量为 0.16 t·hm^{-2}·a^{-1};霸王灌丛群落草本层年固碳量最低,其年固碳量仅为 0.03 t·hm^{-2}·a^{-1}。5 种荒漠灌丛生态系统草本层年固碳量由高到低排序依次为四合木灌丛群落(0.16 t·hm^{-2}·a^{-1})、半日花灌丛群落(0.10 t·hm^{-2}·a^{-1})、红砂灌丛群落(0.07 t·hm^{-2}·a^{-1})、沙冬青灌丛群落(0.04 t·hm^{-2}·a^{-1})、霸王灌丛群落(0.03 t·hm^{-2}·a^{-1})。

7.4　荒漠灌丛地枯落物固碳量

7.4.1　荒漠灌丛地枯落物生物量

枯落物是分解者亚系统的重要组成部分,其生态意义主要在于将枯死的有机体内的营养元素通过微生物分解和雨水淋溶归还于土壤中,完成生态系统中营养元素的物质循环过程。灌丛群落中的枯落物主要来自于灌丛凋落的树叶、枯枝及灌丛周围聚集的草本枯死物。从图 7-15 可知,西鄂尔多斯地区 5 种荒漠灌丛地枯落物生物量在灌丛种间表现出明显的差异性($P<0.05$)。四合木灌丛群落中枯落物生物量最高,为 35.16 g·m^{-2}。四合木灌丛群落枯落物生物量分别是沙冬青灌丛、霸王灌丛、半日花灌丛和红砂灌丛群落枯落物生物量的 4.08 倍、3.13 倍、1.27 倍和 1.62 倍。沙冬青灌丛群落枯落物生物量最低,仅为 8.62 g·m^{-2},这是由于沙冬青群落中风沙活动较为强烈,一些枯落物在风力作用下被吹走所导致。

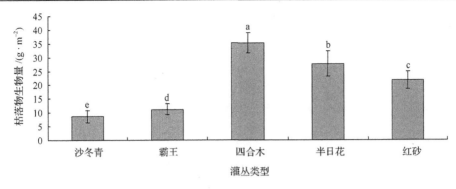

图 7-15 西鄂尔多斯地区 5 种荒漠灌丛地枯落物生物量

7.4.2 荒漠灌丛地枯落物含碳率

西鄂尔多斯地区 5 种荒漠灌丛地枯落物含碳率间存在显著性差异（$P<0.05$）。由图 7-16 可知，沙冬青灌丛地枯落物含碳率最高，为 46.96%。沙冬青灌丛地枯落物含碳率分别为霸王灌丛、四合木灌丛、半日花灌丛和红砂灌丛地枯落物含碳率的 1.09 倍、1.05 倍、1.03 倍和 1.15 倍。5 种荒漠灌丛地枯落物含碳率由高到低排序依次为沙冬青灌丛＞半日花灌丛＞四合木灌丛＞霸王灌丛＞红砂灌丛。

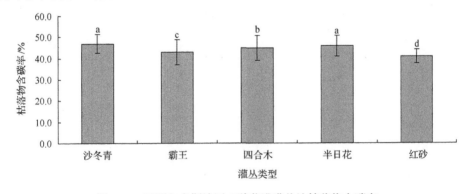

图 7-16 西鄂尔多斯地区 5 种荒漠灌丛地枯落物含碳率

通过对西鄂尔多斯地区 5 种荒漠灌丛地枯落物含碳率进行方差分析（表 7-18），结果表明：5 种荒漠灌丛地中，沙冬青灌丛地和半日花灌丛地枯落物含碳率显著高于其他 3 种荒漠灌丛地枯落物（$P<0.001$）。

表 7-18 荒漠灌丛地枯落物含碳率方差分析

灌丛类型	自由度	平方和	均方	F 值	P
5	4	9938.4	1982.03	1860.2	0.001

7.4.3 荒漠灌丛地枯落物固碳量

西鄂尔多斯地区 5 种荒漠灌丛地枯落物较灌丛层和草本层而言，其固碳量最低。从图 7-17 可以看出，四合木灌丛群落枯落物固碳量最高，年固碳量为 15.76 g·m^{-2}·a^{-1}，分别是沙冬青灌丛群落枯落物、霸王灌丛群落枯落物、半日花灌丛群落枯落物和红砂灌丛群落枯落物年固碳量的 3.89 倍、3.27 倍、1.25 倍和 1.78 倍。经方差分析认为，沙冬青灌丛群落和霸王灌丛群落枯落物年固碳量差异不显著（$P>0.05$）。5 种荒漠灌丛群落枯落物年固碳量由大到小依次为四合木灌丛群落（15.76 g·m^{-2}·a^{-1}）＞半日花灌丛群落（12.65 g·m^{-2}·a^{-1}）＞红砂灌丛群落（8.87 g·m^{-2}·a^{-1}）＞霸王灌丛群落（4.82 g·m^{-2}·a^{-1}）＞沙冬青灌丛群落（4.05 g·m^{-2}·a^{-1}）。

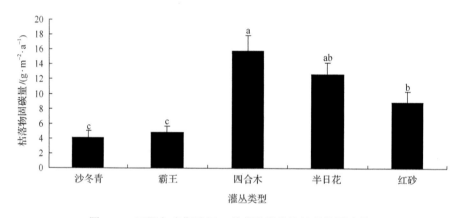

图 7-17 西鄂尔多斯地区 5 种荒漠灌丛地枯落物固碳量

7.5 西鄂尔多斯地区荒漠灌丛土壤碳储量

7.5.1 荒漠灌丛地土壤有机碳含率

由图 7-18 可知，5 种荒漠灌丛地土壤碳含率随着土壤深度的增加而显著减少，且在各灌丛群落间差异不显著（$P<0.05$）。在 0～10 cm 土壤层，土壤有机碳含量分别占沙冬青、霸王、四合木、半日花和红砂灌丛 50 cm 土层剖面土壤有机碳总含量的 44.84%、23.86%、23.51%、23.85%、23.36%。土壤总碳储量在灌丛种间表现为四合木灌丛（40.40 g·kg^{-1}）＞红砂灌丛（35.10 g·kg^{-1}）＞沙冬青灌丛（31.00 g·kg^{-1}）＞霸王灌丛（28.50 g·kg^{-1}）＞半日花灌丛（26.00 g·kg^{-1}）。

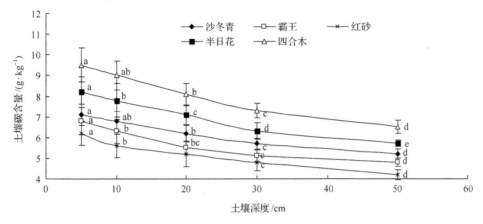

图 7-18 土壤有机碳含量随着土壤深度的垂直分布

数据=均值±标准差；不同字母表示同一部分生物量碳密度在各灌丛种间差异显著($P < 0.05$)

7.5.2 荒漠灌丛地不同土层土壤容重

整体而言，西鄂尔多斯多斯地区 5 种荒漠灌丛地同一灌丛类型地土壤容重表现为随着土层的加深而增加的趋势(表 7-19)。其中，沙冬青灌丛地土壤平均容重最大，为 1.70 g·cm^{-3}，四合木灌丛地土壤平均容重最小，仅为 1.42 g·cm^{-3}，其最大值与最小值相差 0.28 g·m^{-3}。荒漠灌丛地土壤平均容重由大到小排序为沙冬青灌丛>半日花灌丛>红砂灌丛>霸王灌丛>四合木灌丛。

表 7-19　5 种荒漠灌丛地不同土层土壤容重　　　　(单位：g·cm^{-3})

灌丛种类	土层/cm				
	0～5	5～10	10～20	20～30	30～50
沙冬青	1.66±0.05Cab	1.67±0.06Ca	1.70±0.07Ba	1.73±0.08Aa	1.75±0.11Aa
霸王	1.26±0.04Dd	1.41±0.05Cd	1.47±0.04Bc	1.51±0.04ABc	1.59±0.07Ac
四合木	1.31±0.06Cc	1.39±0.08Bd	1.42±0.05Bd	1.48±0.06ABc	1.52±0.08Ad
半日花	1.69±0.02Aa	1.60±0.02Bb	1.61±0.10Bb	1.58±0.07Cb	1.63±0.04Bb
红砂	1.61±0.04Ab	1.51±0.04Bc	1.37±0.03De	1.47±0.04Cd	1.60±0.03Ac

注：数据=均值±标准差；同行不同大写字母表示土壤层间差异显著，同列不同小写字母表示灌丛种间差异显著($P < 0.05$)。

比较 5 种荒漠灌丛地各土层土壤容重发现，同一土层不同灌丛种地土壤容重存在显著差异性($P < 0.05$)。其中，在 0～5 cm 层 5 种荒漠灌丛地土壤容重分布在 1.26～1.66 g/cm^3 范围内，其中半日花灌丛地土壤容重最高；5～50 cm 层沙冬青灌丛土壤容重均最高。

7.5.3 荒漠灌丛地土壤碳密度

在西鄂尔多斯地区 5 种荒漠灌丛群落样地土壤碳储量由大到小依次为四合木灌丛($54.48\ t \cdot hm^{-2}$)、沙冬青灌丛($50.15\ t \cdot hm^{-2}$)、红砂灌丛($49.74\ t \cdot hm^{-2}$)、霸王灌丛($39.81\ t \cdot hm^{-2}$)、半日花灌丛($39.40\ t \cdot hm^{-2}$);5 种荒漠灌丛地土壤碳储量均表现随着土壤深度的增加而增加的趋势,由 $0 \sim 5\ cm$ 霸王灌丛的 $4.29\ t \cdot hm^{-2}$ 增加到 $50 \sim 60\ cm$ 四合木灌丛的 $19.70\ t \cdot hm^{-2}$,且在土壤深度 $20\ cm$ 处出现了第一个峰值后土壤碳储量出现了降低,随后在 $50\ cm$ 深度处达到第二次峰值(图 7-19)。

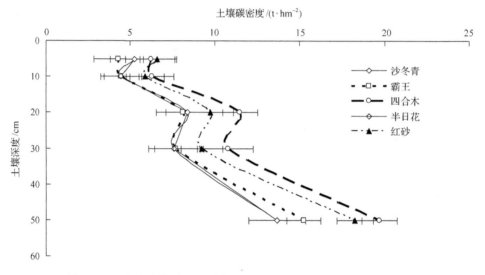

图 7-19　西鄂尔多斯地区 5 种荒漠灌丛地土壤碳密度随土壤深度变化

由图 7-20 可知,整体而言,在 $0 \sim 50\ cm$ 土壤剖面中 5 种荒漠灌丛地土壤碳累积密度表现为四合木灌丛(54.48%)>沙冬青灌丛(50.15%)>红砂灌丛(49.74%)>霸王灌丛(39.81%)>半日花灌丛(39.40%)。其中每一土层 5 种荒漠灌丛土壤碳累积密度均表现出不同的分布特征:在 $0 \sim 5\ cm$ 层红砂灌丛地土壤累积碳密度最高,为 6.62%,霸王灌丛地土壤累积碳密度最低,为 4.29%;在 $5 \sim 10\ cm$、$10 \sim 20\ cm$ 和 $20 \sim 30\ cm$ 层均表现为四合木灌丛地土壤累积碳密度最高,分别为 12.51%、24.01% 和 34.78%,霸王灌丛地土壤累积碳密度最低,分别为 8.74%、16.85% 和 24.56%。

随着土壤深度的增加,5 种荒漠灌丛地土壤碳储量占剖面层总碳储量百分比呈现增加的趋势,5 种荒漠灌丛地土壤碳密度在土层间表现为 $30 \sim 50\ cm > 10 \sim 20\ cm > 20 \sim 30\ cm > 0 \sim 5cm > 5 \sim 10\ cm$,且不同灌丛各深度土壤层碳储量占总碳储量比例间整体上表现出差异不显著($P > 0.05$)。按照土壤碳密度在垂直方向的分布来看，表层 0～5 cm 和 5～10 cm 土壤碳密度差异不显著（$P>0.05$）；10～20 cm 和 20～30 cm 层土壤碳密度差异不显著（$P>0.05$）；30～50 cm 土层土壤碳密度显著高于各层土壤碳密度（$P<0.05$）（图 7-21）。

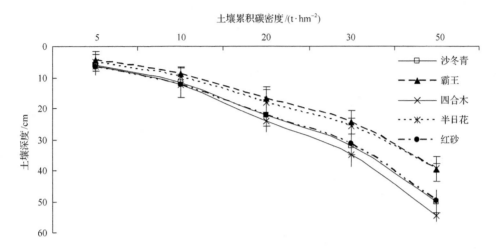

图 7-20　西鄂尔多斯地区 5 种荒漠灌丛地土壤累积碳密度

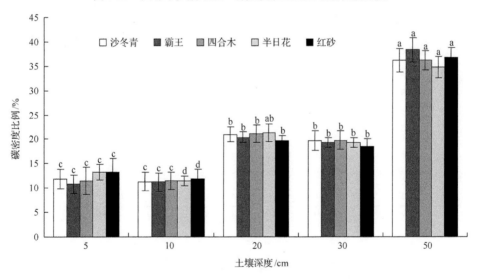

图 7-21　西鄂尔多斯地区 5 种荒漠灌丛地土壤碳密度比例
数据=均值±标准差；不同字母表示同一部分生物量碳密度在各灌丛种间差异显著（$P<0.05$）

7.6　荒漠灌丛生态系统碳储量

由表 7-20 可以看出，西鄂尔多斯地区 5 种荒漠灌丛生态系统碳储量相近。距乌兰布和沙漠和黄河西北-东南方向由近及远分别是沙冬青灌丛、霸王灌丛、四合木灌丛、半日花灌丛、红砂灌丛生态系统，碳储量在 $(40.28\pm9.55)\sim$ (55.51 ± 10.20) t·hm^{-2}；5 种荒漠灌丛生态系统以碳储量大小可分为三个等级，即四合木灌丛、沙冬青和红砂灌丛、霸王和半日花灌丛，三个等级灌丛生态系统碳储量间差异显著($P<0.05$)；此外，各荒漠灌丛生态系统碳储量组成结构基本相似，均表现为土壤层＞灌丛层＞草本层＞枯落物层，5 种荒漠灌丛生态系统碳储量均以土壤层碳储量占绝对优势(97.15%～98.51%)，5 种荒漠灌丛植被层碳储量分别为沙冬青灌丛 1.43 t·hm^{-2}、霸王灌丛 1.05 t·hm^{-2}、四合木灌丛 0.87 t·hm^{-2}、半日花灌丛 0.85 t·hm^{-2} 和红砂灌丛 0.67 t·hm^{-2}；灌丛层碳储量所占比例基本沿距乌兰布和沙漠和黄河西北-东南方向由近及远在 5 种灌丛间出现降低的趋势，其中沙冬青灌丛层占生态系统碳储量比例最大，为 2.63%，红砂灌丛层占生态系统碳储量比例最小，仅为 0.90%，这说明 5 种荒漠灌丛生态系统主要以土壤和灌丛生物量积累来固存碳量。

表 7-20　西鄂尔多斯地区荒漠灌丛生态系统碳储量及其分配

指标	层次	碳储量/(t·hm^{-2})				
		沙冬青	霸王	四合木	半日花	红砂
碳储量	灌丛层	1.36±0.21A	0.95±0.20B	0.58±0.14C	0.56±0.14C	0.46±0.15D
	草本层	0.07±0.02A	0.05±0.02AB	0.29±0.08B	0.19±0.06C	0.21±0.04BC
	枯落物层	0.04±0.01C	0.05±0.01C	0.16±0.05A	0.13±0.04AB	0.09±0.03B
	土壤层	50.15±8.35AB	39.81±10.10C	54.48±7.89A	39.40±10.18C	49.74±8.59AB
	生态系统	51.62±5.16B	40.86±9.55C	55.51±10.20A	40.28±9.55C	50.49±10.31B
分配比/%	灌丛层	2.63±0.49A	2.33±0.53AB	1.05±0.09D	1.39±0.23C	0.90±0.21E
	草本层	0.14±0.05D	0.12±0.03D	0.53±0.14A	0.47±0.12B	0.41±0.16C
	枯落物层	0.08±0.03C	0.12±0.04BC	0.28±0.09AB	0.31±0.07A	0.18±0.03B
	土壤层	97.15±12.46A	97.43±10.88A	98.14±7.96A	97.82±13.56A	98.51±8.84A

注：数据=均值±标准差；不同字母表示同一部分生物量碳密度在各灌丛种间差异显著($P<0.05$)。

7.7　荒漠灌丛光合固碳能力

以西鄂尔多斯地区 5 种荒漠灌丛为研究对象，利用 LI-6400 便携式光合测定仪测定了 5 种荒漠灌丛叶片的光合生理生态指标，分析其光合固碳能力及光合速率影响因子。对不同灌丛种光合日变化和不同季节的光合生理特征参数进行分析，从单位叶面积、单位冠幅投影面积及整株层面量化探讨不同灌丛种植物光合生理特性及固碳能力差异，为荒漠生态系统固碳潜力研究提供理论依据。

7.7.1 试验材料、设计与方法

1) 研究材料

试验于 2014 年 8 月至 2015 年 5 月在西鄂尔多斯国家级自然保护区伊克布拉格草原化荒漠试验区进行，选取试验区内长势良好的、无病虫害的沙冬青、霸王、四合木、半日花和红砂灌丛作为试验材料，每个树种选择 3 株长势相近的灌丛。

2) 试验设计

试验于 2014 年 8 月中旬(夏季)、10 月下旬(秋季)、2015 年 5 月上旬(春季)进行，选择光照充足、无风晴朗的天气，每种灌丛选取 3~5 株样丛，利用美国 Li-Cor 公司制造的 Li-6400 便携式光合测定系统(Li-Cor, Inc., USA)于每日 7：00~20：00 (具体开始测定和结束时间依据不同季节日出和日落的时间而定)每 1 h 测定 1 次自然状态下灌丛植物叶片的气体交换参数，每次测定记录 10 次重复，取其均值为该时刻的实测值。按照 4 个方向(东、西、南、北)和 3 个层次(上、中、下)选取叶片大小基本一致、生长健壮完全展开的叶片进行离体测定，每株选取 3 片叶片，每个叶片选取 5~8 个瞬时光合速率(P_n)，同时测定蒸腾速率(T_r)、气孔导度(G_s)、胞间 CO_2 浓度(C_i)及光合有效辐射(PAR)、大气 CO_2 浓度(C_a)、气温(T_a)、空气相对湿度(RH)、叶片水压亏缺(V_{pdl})。

灌丛叶面积测定：在 8 月、10 月和 5 月天气晴朗的清晨，选择能够代表整个灌丛样地的标准灌丛 3 株，采集其全部叶片带回室内用 Li-3000 型滚动式叶面积仪(Li-Cor，Inc. Lincoln，NE，USA)测定各灌丛叶面积，取其均值为灌丛单叶叶面积，取其累积叶面积为单株灌丛叶面积。

光合固碳量测试：在灌丛光合作用日变化曲线中，其日光合作用总量是净光合速率>0 的曲线部分与 x 轴时间围成的闭合区域的面积。以此为基础计算出西鄂尔多斯地区 5 种天然荒漠灌丛测定当日的净同化量，可以使用简单积分法计算各灌丛种在测定当日的净同化量。

日净同化量计算公式：

$$P = \sum_{i=1}^{j}[(P_{i+1} + P_i) \div 2 \times (t_{i+1} - t_i) \times 3600 \div 1000]$$

式中，P 为灌丛测定日的净同化量(mmol·m^{-2}·d^{-1})；P_i 为测试初始时间瞬时光合速率(μmol·m^{-2}·s^{-1})；P_{i+1} 为测试结束时间瞬时光合速率(μmol·m^{-2}·s^{-1})；t_i 为测试初始时间(h)；t_{i+1} 为测试结束时间(h)；j 为测试次数，3600 是指 3600 s/h，1000 是指 1 mmol 为 1000 μmol。

一般植物夜间的暗呼吸消耗量为白天同化量的 20% 计算，用测定的同化总量换算成测定的日固定 CO_2 的量：

$$W_{CO_2} = P \times (1 - 0.2) \times 44 / 1000$$

式中，W_{CO_2} 为灌丛单位叶面积固定 CO_2 量 $(g \cdot m^{-2} \cdot d^{-1})$；44 为 CO_2 的摩尔质量。

单株灌丛单位面积上每天固定 CO_2 量：

$$Q_{CO_2} = Y \times W_{CO_2}$$

式中，Q_{CO_2} 为单株灌丛单位面积上日固定 CO_2 的量 $(g \cdot m^{-2} \cdot d^{-1})$；$Y$ 为单株灌丛总叶面积 (m^2)。

单株灌丛平均每天固定 CO_2 量的计算公式：

$$Q_{CO_2 平均} = Y \times \sum_{i=1}^{n} P_i \times (1 - 0.2) \times 44 / 1000$$

式中，$Q_{CO_2 平均}$ 为单株灌丛平均日固定 CO_2 的量 $(g \cdot d^{-1})$；P_i 为平均单位面积的日同化量 $(mmol \cdot m^{-2} \cdot d^{-1})$；$Y$ 为叶面积总量 (m^2)；在本研究中 $i=3$，包括春季、夏季和秋季。

单株灌丛年光合固碳量估算：依据西鄂尔多斯地区 5 种荒漠灌丛自身特性，其中除沙冬青灌丛是常绿灌丛外，其他 4 种灌丛为落叶灌丛。分别以 5 月、8 月、10 月代表春、夏、秋季，以各季节日均固碳量分别乘以相应灌丛的生长天数，获得 5 种荒漠灌丛生长初期、旺盛期及生长末期的光合固碳量，然后将不同生长期光合固碳量累加来估算出单株灌丛年光合固碳量。

光合作用-光响应测定：选择在 2014 年 8 月中旬的一个无风、阳光充足的晴天，利用 Li-6400 内置红蓝光源叶室，在每个标准灌丛上选取中上部 3～5 片当年生叶片用于测定光响应曲线。光响应测试条件控制在叶室 CO_2 浓度为 380 $\mu mol \cdot mol^{-1}$，空气流速为 500 $\mu mol \cdot s^{-1}$，气温控制带 (25 ± 2) ℃，相对湿度 15%。结合预实验并依据西鄂尔多斯地区的太阳辐射将本试验的光合有效辐射 (PAR) 强度由高到低依次设置为 2000 $\mu mol \cdot m^{-2} \cdot s^{-1}$、1800 $\mu mol \cdot m^{-2} \cdot s^{-1}$、1600 $\mu mol \cdot m^{-2} \cdot s^{-1}$、1400 $\mu mol \cdot m^{-2} \cdot s^{-1}$、1200 $\mu mol \cdot m^{-2} \cdot s^{-1}$、1000 $\mu mol \cdot m^{-2} \cdot s^{-1}$、800 $\mu mol \cdot m^{-2} \cdot s^{-1}$、600 $\mu mol \cdot m^{-2} \cdot s^{-1}$、400 $\mu mol \cdot m^{-2} \cdot s^{-1}$、200 $\mu mol \cdot m^{-2} \cdot s^{-1}$、100 $\mu mol \cdot m^{-2} \cdot s^{-1}$、50 $\mu mol \cdot m^{-2} \cdot s^{-1}$、0 $\mu mol \cdot m^{-2} \cdot s^{-1}$。在每个有效光合辐射强度下适应 2～3 min 后测定生理指标。

Farquhar 模型：

$$P_n = (\text{Light} \times Q + A_{max} - \text{sqrt}((Q \times \text{Light} + A_{max}) -$$
$$4 \times Q \times A_{max} \times \text{Light} \times K)) / (2 \times K) - RD$$

式中，P_n 为净光合速率（$\mu mol \cdot m^{-2} \cdot s^{-1}$）；Light 为光合辐射强度（$\mu mol \cdot m^{-2} \cdot s^{-1}$）；$A_{max}$ 为最大净光合速率（$\mu mol \cdot m^{-2} \cdot s^{-1}$）；$Q$ 为表观量子效率；K 为曲角；RD 为暗呼吸速率（$\mu mol \cdot m^{-2} \cdot s^{-1}$）。

7.7.2 荒漠灌丛叶片净光合速率动态及影响因子

光合作用是植物重要的生理功能，光合作用的强弱直接影响植物固碳能力的发挥。本研究所涉及的 5 种荒漠灌丛长期生活在西鄂尔多斯地区特定的草原化荒漠环境条件下，由于影响灌丛植物光合作用的外界环境因子（大气温湿度、太阳光照、降水等）在各季节和一天中不同时刻的波动剧烈，其灌丛叶片净光合速率也会呈现出相应的变化规律。

7.7.2.1 荒漠灌丛叶片净光合速率动态

西鄂尔多斯地区 5 种天然荒漠灌丛春、夏、秋季叶片净光合速率日动态（图 7-22）。从图 7-22 可以看出，同一季节不同类型荒漠灌丛叶片净光合速率存在差异。在春季（5 月），5 种荒漠灌丛净光合速率（P_n）曲线基本都呈现"双峰"型，其日均净光合速率大小顺序为四合木灌丛（2.507 $\mu mol \cdot m^{-2} \cdot s^{-1}$）＞沙冬青灌丛（2.413 $\mu mol \cdot m^{-2} \cdot s^{-1}$）＞霸王灌丛（2.211 $\mu mol \cdot m^{-2} \cdot s^{-1}$）＞半日花灌丛（2.149 $\mu mol \cdot m^{-2} \cdot s^{-1}$）＞红砂灌丛（1.751 $\mu mol \cdot m^{-2} \cdot s^{-1}$）；在夏季（8 月），5 种荒漠灌丛净光合速率（$P_n$）也是呈现"双峰"型曲线，只是不同类型灌丛峰的形态各异，且峰值出现的时刻存在差异。依据 5 种荒漠灌丛中日均叶片净光合速率大小，可以将 5 种荒漠灌丛分为三种类型：最大为日均净光合速率沙冬青灌丛（4.209 $\mu mol \cdot m^{-2} \cdot s^{-1}$）和四合木灌丛（3.711 $\mu mol \cdot m^{-2} \cdot s^{-1}$）；其次是半日花（3.061 $\mu mol \cdot m^{-2} \cdot s^{-1}$）和霸王灌丛（2.872 $\mu mol \cdot m^{-2} \cdot s^{-1}$），最小的是红砂灌丛（2.088 $\mu mol \cdot m^{-2} \cdot s^{-1}$）。在秋季（10 月），5 种荒漠灌丛净光合速率（P_n）曲线表现与春、夏季不同，其曲线特征基本表现为"单峰"型。秋季沙冬青灌丛和四合木灌丛的日均净光合速率差异极不显著，其净光合速率分别为 3.722 $\mu mol \cdot m^{-2} \cdot s^{-1}$ 和 3.720 $\mu mol \cdot m^{-2} \cdot s^{-1}$，其次为霸王灌丛，其日均净光合速率为 2.981 $\mu mol \cdot m^{-2} \cdot s^{-1}$，最后是红砂灌丛，其日均净光合速率为 1.743 $\mu mol \cdot m^{-2} \cdot s^{-1}$。

大气温度与植物叶片净光合速率存在正相关关系。温度对植物光合作用的影响分为两种情况：大气环境温度低于植物光合作用的最适温度时，温度增加对植物光合作用是一种协同作用，即温度增加植物光合速率加快；当大气环境温度高于植物光合作用的最适温度，随着大气温度的增加，植物叶片光合速率不再增加

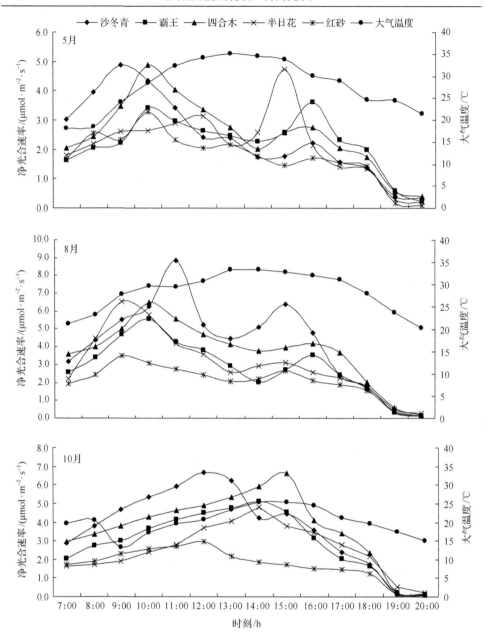

图 7-22　西鄂尔多斯地区 5 种荒漠灌丛不同季节净光合速率日动态

反而出现降低。在秋季，5 种荒漠灌丛叶片净光合速率曲线的趋势基本与大气温度的趋势一致，均表现出随着大气温度的增加，叶片净光合速率呈现增加的趋势，随着大气温度降低，叶片净光合速率呈现降低的趋势；而在春季和夏季，5 种荒漠灌丛叶片净光合速率均表现出"双峰"曲线，在第一个峰值之前，灌丛净光合速率随着大气温度的增加而增加，而在第一个峰值后净光合速率表现出随着温度的增加而降低直至出现"午休"，之后随着温度降低灌丛光合作用再次增加达到第二峰值后光合速率持续降低直至日落。

图 7-23 为西鄂尔多斯地区 5 种荒漠灌丛净光合速率日动态变化。沙冬青灌丛净光合速率曲线在不同季节表现出不同的形态特征，其净光合速率表现为夏季>秋季>春季。在春、夏、秋季呈现"双峰"曲线，且夏季较为明显，其中夏季的峰值分别出现在 11:00 和 15:00，净光合速率分别为 8.846 $\mu mol \cdot m^{-2} \cdot s^{-1}$、6.394 $\mu mol \cdot m^{-2} \cdot s^{-1}$；而秋季的第一峰值较夏季有所推迟，出现在 12:00，其净光合速率为 6.670 $\mu mol \cdot m^{-2} \cdot s^{-1}$；在春季峰值分别出现在 9:00 和 16:00，其净光合速率分别为 4.873 $\mu mol \cdot m^{-2} \cdot s^{-1}$、2.212 $\mu mol \cdot m^{-2} \cdot s^{-1}$。

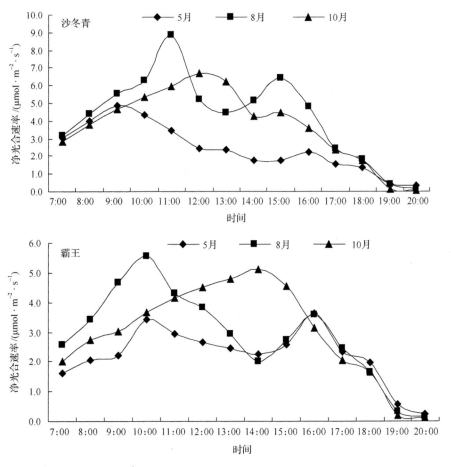

图 7-23 西鄂尔多斯地区 5 种荒漠灌丛净光合速率日变化的季节动态

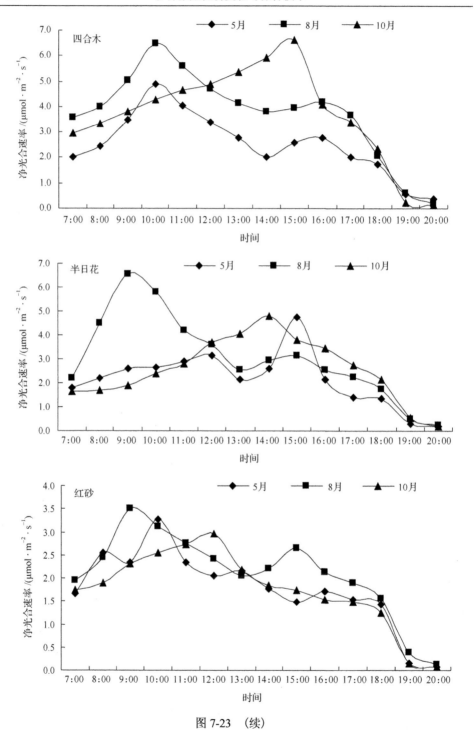

图 7-23 （续）

霸王、四合木和半日花灌丛日均净光合速率表现出夏季＞秋季＞春季。霸王、四合木和红砂灌丛净光合速率在春、夏季表现出"双峰"曲线特征，霸王和四合木灌丛峰值均出现在 10：00 和 16：00，而半日花灌丛的春季峰值出现在 12：00 和 15：00；霸王、四合木和半日花灌丛在秋季表现为"单峰"曲线，其峰值出现在 14：00、15：00 和 14：00，净光合速率为 5.110 $\mu mol \cdot m^{-2} \cdot s^{-1}$、6.623 $\mu mol \cdot m^{-2} \cdot s^{-1}$ 和 4.814 $\mu mol \cdot m^{-2} \cdot s^{-1}$。

7.7.2.2 净光合速率影响因子分析

通过对西鄂尔多斯地区 5 种荒漠灌丛的净光合速率与其影响因子进行相关性分析（表 7-21），结果表明气孔导度（G_s）、蒸腾速率（T_r）和叶温（T_a）是影响灌丛净光合速率的主要因子。5 种荒漠灌丛净光合速率均与胞间 CO_2 浓度和相对湿度成负相关关系，与气孔导度呈现极显著正相关关系，其中除半日花灌丛外，其他 4 种灌丛净光合速率均与胞间 CO_2 浓度呈显著或极显著负相关关系；除了四合木灌丛净光合速率与叶片水压亏缺 V_{pdl} 呈显著相关性外，其他 4 种荒漠灌丛表现出相关性较差。

表 7-21　荒漠灌丛的净光合速率（P_n）与各影响因子的相关性分析

灌丛种类	G_s	C_i	T_r	T_a	RH	PAR	V_{pdl}
沙冬青	0.971**	−0.875*	0.579	0.835*	−0.638	0.833*	0.039
霸王	0.935**	−0.903**	0.846*	0.868*	−0.755	0.437	0.516
四合木	0.996**	−0.924**	0.915**	0.902**	−0.892**	0.810*	0.793*
半日花	0.972**	−0.643	0.748	0.731*	−0.914**	0.727	0.455
红砂	0.874**	−0.017	0.805	0.429	0.028	0.732*	0.314

**表示在 0.01 水平双侧显著相关，*表示在 0.05 水平双侧显著相关。

7.7.3　荒漠灌丛叶面积与单株固碳能力

7.7.3.1　荒漠灌丛叶面积

叶面积是光合作用、叶面积指数的形态特征，也是表征植物碳同化能力的重要指标。叶面积的大小和分布直接影响灌丛截获与利用光的能力。西鄂尔多斯地区 5 种荒漠灌丛不同季节单叶片叶面积（图 7-24）和不同季节单株灌丛总叶面积如图 7-25 所示。

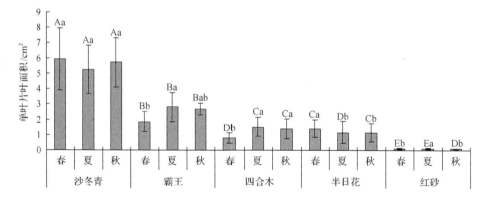

图 7-24　西鄂尔多斯地区 5 种优势荒漠灌丛不同季节单叶片叶面积

不同大写字母表示同一季节不同灌丛单叶片叶面积差异显著($P<0.05$)；
不同小写字母表示同一灌丛不同季节单叶片叶面积差异显著($P<0.05$)

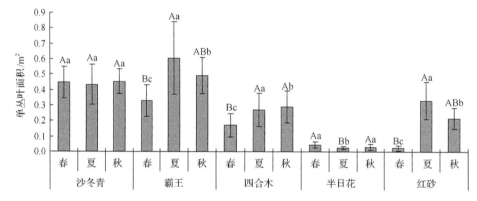

图 7-25　西鄂尔多斯地区 5 种荒漠灌丛不同季节单丛叶面积

不同大写字母表示同一季节不同灌丛单丛叶片叶面积差异显著($P<0.05$)；
不同小写字母表示同一灌丛不同季节单丛片叶面积差异显著($P<0.05$)

由图 7-24 可知，5 种荒漠灌丛单叶片叶面积差异显著($P<0.05$)，单叶片叶面积表现为：沙冬青＞霸王＞四合木＞半日花＞红砂，其中沙冬青灌丛单叶片叶面积显著大于其他 4 种荒漠灌丛，且沙冬青灌丛单叶片叶面积在春、夏、秋季差异不显著($P>0.05$)。霸王灌丛和红砂灌丛单叶片叶面积在季节分布上表现为夏季明显大于春、秋季，四合木灌丛单叶片叶面积表现为夏季与秋季间差异不显著，而显著大于春季($P<0.05$)；半日花灌丛单叶片叶面积却表现为春季显著大于夏、秋季，且夏季和秋季差异不显著($P>0.05$)。

由图 7-25 结合 5 种荒漠灌丛单叶片叶面积可以看出，灌丛单叶片叶面积大，单株灌丛总叶面积未必大。从 5 种荒漠灌丛平均单株灌丛总叶面积比较可知，霸王灌丛(0.476)＞沙冬青灌丛(0.446)＞四合木灌丛(0.244)＞红砂灌丛(0.190)＞半日花灌丛(0.032)。从季节分布来看，沙冬青灌丛单株总叶面积在各季节间差异不显著($P>0.05$)，而霸王和红砂灌丛单株总叶面积表现为夏季显著大于春、秋季($P<0.05$)，而四合木灌丛单株总叶面积表现为夏、秋季显著大于春季($P<0.05$)，且夏、秋季间差异不显著($P>0.05$)，半日花灌丛单株总叶面积表现为春、秋季显著大于夏季($P<0.05$)，且春、秋季间差异不显著($P>0.05$)。

7.7.3.2 荒漠灌丛单株光合固碳能力

净同化量是灌丛植物单位时间内通过光合作用产生的有机物与呼吸作用消耗的有机物的差值。灌丛净同化量越大，灌丛从大气中固定的碳越多，同时固碳量的多少表征了灌丛叶片与环境进行气体、水分交换活动的强弱。由表 7-22 可知，同一灌丛种在不同季节单位叶面积固碳量存在差异。在春季，四合木灌丛的固碳量最大。灌丛叶片固碳量由大到小顺序为：四合木＞沙冬青＞霸王＞半日花＞红砂；夏季 5 种荒漠灌丛叶片固碳量均有所增加，各灌丛叶片固碳量增加量为：沙冬青 120.91%、霸王 47.03%、四合木 71.33%、半日花 70.98%和红砂 37.66%，灌丛叶片固碳量由大到小顺序为：沙冬青＞四合木＞半日花＞霸王＞红砂；秋季，除霸王和四合木灌丛较夏季叶片灌丛固碳量出现小幅增加外，其他 3 种灌丛叶片固碳量均不同程度降低，其固碳量由大到小顺序为沙冬青、四合木、霸王、半日花和红砂。

由图 7-25 可知西鄂尔多斯地区 5 种荒漠灌丛单株总叶面积存在差异，导致不同灌丛种单株灌丛单位面积固定 CO_2 的量与单位面积固碳量表现规律不一致。春季，沙冬青具有较强的固碳能力，5 种荒漠灌丛单株单位面积上固定 CO_2 大小顺序为沙冬青＞霸王＞四合木＞半日花＞红砂；夏、秋季，5 种荒漠灌丛单株单位面积上固定 CO_2 由大到小为沙冬青、霸王、四合木、红砂、半日花（表 7-22）。

表 7-22　鄂尔多斯地区 5 种荒漠灌丛不同季节日固碳能力

季节	灌丛种类	净日同化量 /(mmol·m⁻²·s⁻¹)	单位面积固碳量 /(g·m⁻²·d⁻¹)	单株灌丛固定 CO_2 量 /(g·m⁻²·d⁻¹)
春季	沙冬青	116.19±10.57Bab	4.09±0.59Bab	1.83±0.26Ba
	霸王	108.55±12.19Bb	3.82±0.47Bb	1.26±0.19Cab
	四合木	122.68±8.93Ba	4.32±0.82Ba	0.74±0.17Bb
	半日花	105.12±7.52Cc	3.70±0.44Bb	0.16±0.03Ac
	红砂	85.25±5.61Bb	3.00±0.32Bc	0.07±0.01Bd
夏季	沙冬青	206.46±30.98Aa	7.27±0.89Aa	3.16±0.69Aa
	霸王	140.09±11.25ABc	4.93±0.76Ab	2.98±0.46Aa
	四合木	180.59±24.47Aab	6.36±0.78Aab	1.72±0.41Ab
	半日花	150.26±18.32Ab	5.29±0.54Ab	0.13±0.03Ac
	红砂	101.72±7.20Ac	3.58±0.29Ac	1.18±0.12Ac

续表

季节	灌丛种类	净日同化量/(mmol·m⁻²·s⁻¹)	单位面积固碳量/(g·m⁻²·d⁻¹)	单株灌丛固定 CO₂ 量/(g·m⁻²·d⁻¹)
秋季	沙冬青	182.44±24.51Aa	6.42±1.02ABa	2.92±0.36Aa
	霸王	146.61±13.96Ab	5.16±0.60Aab	2.54±0.29Bb
	四合木	182.15±19.22Aa	6.41±1.03Aa	1.86±0.37Ab
	半日花	126.56±10.40Bc	4.46±0.67ABb	0.13±0.02Ad
	红砂	84.75±8.31Bd	2.98±0.43Bc	0.76±0.18Bc

注：数据=均值±标准差；每个参数中不同大写字母表示同一灌丛类型在不同季节的差异显著($P<0.05$)，而每个参数中不同小写字母表示同一季节不同灌丛种间差异显著($P<0.05$)。

同种灌丛叶片在不同季节固碳能力也存在差异(表 7-22)。5 种荒漠灌丛除四合木和半日花灌丛外，其他 3 种灌丛叶片均表现出夏季固碳能力最强。其中，沙冬青、霸王和红砂灌丛叶片固碳能力表现为夏季＞秋季＞春季；四合木灌丛表现为秋季＞夏季＞春季；半日花灌丛表现为春季＞夏季=秋季。

通过 7.7.1 中单株灌丛平均日固定 CO₂ 量计算公式，计算求得 5 种荒漠灌丛单株平均日固定 CO₂ 量(图 7-26)。从图 7-26 可以看出，5 种荒漠灌丛单株日均固定 CO₂ 量差异显著($P<0.05$)。其中，沙冬青灌丛固碳能力最强，日均固定 CO₂ 量为 $(2.64±1.03)$ g·d⁻¹；其次为霸王灌丛，其日均固定 CO₂ 量为 $(2.26±0.87)$ g·d⁻¹，而后依次是四合木、红砂和半日花灌丛，其日均固定 CO₂ 量分布为 $(1.44±0.54)$ g·d⁻¹、$(0.63±0.30)$ g·d⁻¹ 和 $(0.14±0.06)$ g·d⁻¹。

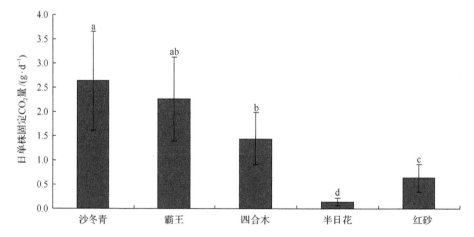

图 7-26　西鄂尔多斯地区 5 种荒漠灌丛单丛日均固定 CO₂ 能力

不同小写字母表示灌丛间单丛日均固定 CO₂ 量存在显著性差异($P<0.05$)

依据 5 种荒漠灌丛叶片不同季节日光合固碳量，结合不同季节的天数，估算了灌丛叶片全年净光合固定 CO₂ 的量(表 7-23)。由表 7-23 可知，5 种荒漠灌丛年固碳量种间差异显著($P<0.05$)。其中，沙冬青灌丛年固碳量显著大于其他4种灌丛，其年固碳量 8.892 t·hm^{-2}·a^{-1}；其次是霸王、四合木和红砂灌丛；年光合净固碳量最小的是半日花灌丛，仅为 0.386 t·hm^{-2}·a^{-1}。从不同季节日净光合固碳量比较发现，除四合木灌丛外，其他4种灌丛均表现为夏季日净光合固碳量最高。

表 7-23　西鄂尔多斯地区 5 种荒漠灌丛固碳能力比较

序号	灌丛种类	日光合固碳量 /(g CO$_2$ m^{-2}·d^{-1})			年固碳量 /(t·hm^{-2}·a^{-1})
		5 月	8 月	10 月	
1	沙冬青	1.830±0.263Ab	3.157±0.685Aa	2.919±0.363Aa	8.892±0.359A
2	霸王	1.256±0.194Bb	2.985±0.459Aa	2.543±0.288ABab	6.216±0.510B
3	四合木	0.735±0.192Cb	1.729±0.411Ba	1.862±0.37B4a	3.962±0.289C
4	半日花	0.160±0.030Db	0.131±0.028Da	0.130±0.021Da	0.386±0.069E
5	红砂	0.068±0.014Ec	1.185±0.121Ca	0.7647±0.184Cb	1.742±0.205D

注：数据=均值±标准差；大写字母表示不同灌丛种间固碳量差异显著($P<0.05$)，小写字母表示同一灌丛种不同季节固碳量差异显著($P<0.05$)；其中沙冬青灌丛是常绿灌丛，由于缺失冬季光合数据，本研究中将以秋季固碳量代替冬季来估算整年固碳量。

7.7.4　荒漠灌丛光响应拟合参数分析

7.7.4.1　生理特性拟合参数分析

(1)光饱和点(LSP)和光补偿点(LCP)。灌丛叶片光饱和点和光补偿点可以反映灌丛植株对光照强度的需求及光强利用范围，也反映了灌丛维持正常生长的需光性和需光量。光饱和点值越大，说明灌丛对光照的接受程度越高，在达到光饱和点之前，净光合速率随着光照强度的增加而增加，灌丛固碳量也随之增大；光饱和点与光补偿点间差值越大，说明灌丛适应光照强度范围更广，净光合同化量越大，灌丛光合固碳能力越强。由表 7-24 可知，沙冬青灌丛光饱和最高(909±36.30)μmol·m^{-2}·s^{-1}，光补偿点较高 63.86 μmol·m^{-2}·s^{-1}，两者差值最大为 845.28 μmol·m^{-2}·s^{-1}，光照强度可利用范围最广，沙冬青灌丛在光照充足条件下光合固碳量最大。其次是霸王灌丛(425.23 μmol·m^{-2}·s^{-1})、四合木灌丛(394.56 μmol·m^{-2}·s^{-1})、红砂灌丛(169.80 μmol·m^{-2}·s^{-1})和半日花灌丛(158.86 μmol·m^{-2}·s^{-1})。

(2)最大净光合速率(P_{max})。由表 7-24 可知，沙冬青最大净光合速率最高，为 7.85 μmol·m^{-2}·s^{-1}，说明沙冬青灌丛利用光能潜力最大。其次是半日花灌丛、四合木灌丛、霸王灌丛，而红砂灌丛对光能利用潜力最小，为 2.51 μmol·m^{-2}·s^{-1}。

(3)表观量子效率(AQY)。表观量子效率反映了灌丛光合作用时，特别是弱光条件下对光能的利用效率。表观量子效率越高，说明灌丛对利用弱光能力越强。从表 7-24 中可以看出，红砂和沙冬青灌丛表观量子效率较高(0.076 和 0.064)，说明红砂和沙冬青灌丛对光的响应比较敏感，在弱光下依然可以进行同化作用来固碳；其次为霸王和半日花灌丛，其表观量子效率为 0.043 和 0.036；最后是四合木灌丛表观量子效率最低，仅为 0.018，说明四合木灌丛对弱光的利用率较差。

表 7-24　西鄂尔多斯地区 5 种荒漠灌丛叶片光合-光响应参数的差异性比较

灌丛种类	光饱和点(LSP) /(μmol·m^{-2}·s^{-1})	光补偿点(LCP) /(μmol·m^{-2}·s^{-1})	最大净光合速率 P_{max} /(μmol·m^{-2}·s^{-1})	表观量子效率 (AQY)	暗呼吸速率(DSR) /(μmol·m^{-2}·s^{-1})
沙冬青	909.14±36.30a	63.86±8.29a	7.85±0.32a	0.064±0.025a	0.62±0.04bc
霸王	469.08±18.07c	43.55±1.38c	4.57±0.63bc	0.043±0.002b	0.48±0.06c
四合木	470.36±10.44c	75.80±6.04b	5.49±0.28b	0.018±0.003b	1.56±0.23a
半日花	218.69±6.21b	59.83±3.10bc	5.54±0.77b	0.036±0.002b	0.73±0.11b
红砂	220.66±23.80ab	50.86±1.93c	2.51±0.49c	0.076±0.001c	0.38±0.09c

注：数据=均值±标准差，同一列不同小写字母表示各参数在灌丛种间差异显著（$P < 0.05$），相同小写字母表示差异不显著（$P < 0.05$）。

(4)暗呼吸速率(DER)。暗呼吸速率表明灌丛植物在无光照条件下灌丛呼吸速率及通过呼吸作用消耗有机物的强弱。表 7-24 中比较了 5 种荒漠灌丛暗呼吸速率，结果发现：暗呼吸速率最大的是四合木灌丛，为 1.56 μmol·m^{-2}·s^{-1}，表明四合木灌丛在夜间进行呼吸作用消耗积累的有机物量最大；其次分别是半日花灌丛(0.73 μmol·m^{-2}·s^{-1})、沙冬青灌丛(0.62 μmol·m^{-2}·s^{-1})、霸王灌丛(0.48 μmol·m^{-2}·s^{-1})，红砂灌丛暗呼吸速率最低，仅为 0.38 μmol·m^{-2}·s^{-1}，这表明红砂灌丛夜间呼吸强度最小，在夜间通过呼吸作用消耗的累积有机物最少。按照暗呼吸速率大小，可以将西鄂尔多斯地区 5 种荒漠灌丛分为以下 3 组：[四合木灌丛]、[半日花和沙冬青灌丛]、[霸王和红砂灌丛]，组内暗呼吸速率差异不显著（$P > 0.05$），组间差异显著（$P < 0.05$）。

7.7.4.2　灌丛生理拟合参数综合分析

以上 5 个光响应参数仅可以从其单一方面反映西鄂尔多斯地区 5 种荒漠灌丛光能利用的优劣，而不能对各灌丛种自身生理特性进行综合评价。基于此，本研究对各因子进行进一步分析，提取主要影响因子，探索影响灌丛光合固碳的因子的贡献率大小(表 7-25)。

表 7-25　西鄂尔多斯地区 5 种荒漠灌丛叶片光合特征拟合参数总方差解释表

主成分	特征值		
	λ	方差贡献率/%	累积贡献率/%
1	1.754	35.718	35.718
2	1.381	30.985	66.703
3	1.175	26.342	93.045

利用 SPSS 17.0 对荒漠灌丛 5 个光响应参数进行因子分析，通过分析旋转后的因子载荷矩阵，提取特征值大于 1 的 3 个因子作为公因子。同时，依据旋转后的因子载荷矩阵(表 7-26)分析：与第 1 公因子相关性较好的是最大净光合速率和表观量子效率，相关系数分别为 0.835 和 0.806，反映了植物灌丛利用光能的潜力；与第 2 公因子相关性较好的是暗呼吸速率和光饱和点，相关系数分别为 0.905 和 0.873，反映了植物灌丛光合作用有机物的积累和呼吸作用有机物的消耗；与第 3 公因子相关性较好的是光饱和点和光补偿点，相关系数分别为 0.759 和 0.826，可以反映植物灌丛利用光能的范围。其中，这 3 个公因子累积贡献率高达 93.045%(表 7-26)，基本可以反映出所有参数的绝大部分信息。

表 7-26 旋转后的因子载荷矩阵

因素	主成分		
	1	2	3
LSP	0.680	0.873	0.759
LCP	0.039	0.142	0.826
A_{max}	0.835	0.614	0.431
R_d	−0.471	0.905	−0.340
AQY	0.806	−0.269	0.655

7.8 荒漠灌丛地土壤碳排放及影响因子

为了进一步厘定西鄂尔多斯地区荒漠灌丛地土壤碳排放的主控因子，更为精确地估算出灌丛地土壤碳排放并分析 5 种灌丛地碳排放差异，以位于乌兰布和沙漠东北缘的西鄂尔多斯荒漠与草原化荒漠过渡区为研究区域，利用 ACE (automated soil CO_2 exchange station)土壤呼吸自动监测系统对 5 种荒漠灌丛地土壤呼吸速率、土壤温度、土壤含水率进行动态监测，分析不同灌丛地土壤呼吸日与季节动态特征，研究不同类型灌丛地土壤碳排放规律及主控因素，为揭示荒漠生态系统碳平衡和碳汇特点及其对气候变化的响应提供科学依据。

7.8.1 试验设计与方法

采用典型样地调查数据与相关分析、回归模拟及情景分析相结合的方法，研究西鄂尔多斯地区 5 种荒漠灌丛地土壤碳排放速率及其主要环境因子的关系。

在 5 种灌丛地观测点周围相对平坦地面上，选择设置灌丛地边作为土壤呼吸观测点、有灌丛地土壤呼吸为总土壤呼吸。具体设计如下：分别于 2014 年 8 月 15 日(夏季)、2014 年 10 月 20 日(秋季)、2015 年 5 月 1 日(春季)采用英国 ADC 公司生产的 ACE 土壤碳通量自动监测系统在 7:00～20:00 期间逐日测定 5 种荒漠灌丛地土壤呼吸速率,测量步长为 30 min(一个样地测完之后再测下一个样地)。在每种灌丛群落标准株冠幅边缘下设置土壤呼吸观测点。每次测量前 24 h 将钢圈(直径 30 cm、高 8 cm)埋设在土壤呼吸监测点,垂直压入土壤 4～5 cm,保证钢圈与周边土壤无缝贴合,同时剪去圈内草本地上部分并清理干净枯枝落叶,并尽量不破坏土壤,以减少因土壤扰动及根系损伤对测量结果的影响。安装 ACE 土壤碳通量自动测定系统,将系统附带的土壤水分和温度探头插入土壤 5 cm 深度处同步测量土壤温湿度,连接线缆,启动仪器。为了使得本试验具有代表性,本研究所选择的测量日天气均为晴朗无风或微风。

Q_{10} 值计算:

$$Q_{10} = R_{T+10} / R_T$$

式中,R_T 为温度为 T℃时的土壤碳排放速率($\mu mol \cdot s^{-1} \cdot m^{-2}$);$R_{T+10}$ 为温度为 $T+10$℃时土壤碳排放速率($\mu mol \cdot s^{-1} \cdot m^{-2}$)。

土壤 CO_2 排放速率(Rs)与土壤温度、土壤含水量间关系分别采用线性模型、指数模型、对数模型、多项式函数模型进行拟合,最后应用赤池系统(Akaike information criterion, AIC)准则和决定系数 R^2 筛选出最优拟合方程,通过回归方程的极大似然值判定拟合方程的优劣。

$$AIC = -2\ln(L) + 2p$$

式中,L 为回归方程的极大似然函数;p 为回归方程的独立参数个数;AIC 值越小,说明拟合方程越优。

7.8.2 灌丛地土壤碳排放速率及环境因子日动态

图 7-27 为西鄂尔多斯地区 5 种荒漠灌丛地土壤碳排放速率及环境因子日动态。从图 7-27 可以看出:5 种荒漠灌丛地土壤碳排放速率及环境因子日动态曲线存在一定的差异性,日变化幅度因灌丛种类的不同而不同。5 种荒漠灌丛地中,以沙冬青灌丛地土壤碳排放日变幅最大(0～3.59 $\mu mol \cdot m^{-2} \cdot s^{-1}$),以半日花灌丛地土壤碳排放速率日变幅最小(0～2.29 kg C·$hm^{-2} \cdot d^{-1}$)。5 种荒漠灌丛地土壤碳排放速率的日变化曲线特征基本一致,呈现"单峰"曲线特性,其中沙冬青、霸王、红砂灌丛地土壤碳排放速率"峰值"出现在 13:30,而四合木灌丛和半日花灌丛地土壤碳排放速率"峰值"分别出现在 11:30 和 12:00。5 种荒漠灌丛地生长季平均土壤碳排放速率存在一定差异性(表 7-27)。5 种荒漠灌丛地土壤平均碳排放速率由大到小依次为霸王灌丛(1.40 kg C·$hm^{-2} \cdot d^{-1}$)＞红砂灌丛(1.30 kg C·$hm^{-2} \cdot d^{-1}$)＞四合木灌丛(1.28 kg C·$hm^{-2} \cdot d^{-1}$)＞沙冬青灌丛(1.26 kg C·$hm^{-2} \cdot d^{-1}$)＞半日花灌丛(1.12 kg C·$hm^{-2} \cdot d^{-1}$)。

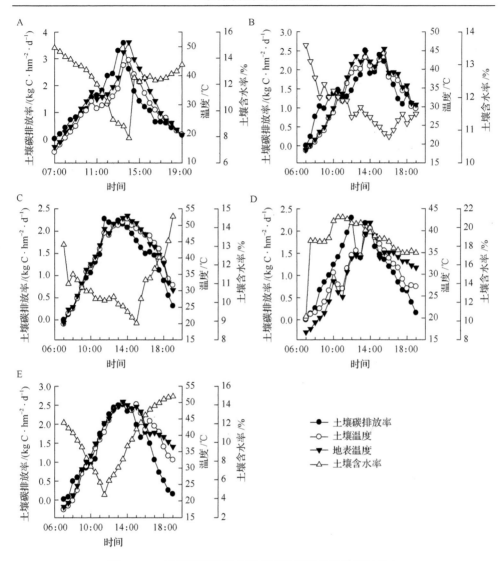

图 7-27　5 种荒漠灌丛地土壤碳排放率及环境因子日动态

A. 沙冬青群落；B. 霸王群落；C. 四合木群落；D. 半日花群落；E. 红砂群落

5 种荒漠灌丛地中，沙冬青灌丛、四合木灌丛、半日花灌丛地土壤温度均在 14:00 达到最高温度，且灌丛种间土壤温度峰值存在差异，其中，沙冬青灌丛地土壤日温度峰值为 51.5℃，四合木灌丛地土壤日温度峰值为 52.0℃，半日花灌丛地土壤日温度峰值为 39.8℃；而霸王灌丛、红砂灌丛地土壤温度分别在 15:30 和 13:30 达到峰值，其土壤日温度峰值分别为 44.3℃和 49.8℃。整体而言，5 种荒漠灌丛地土壤 5 cm 温度和地表温度呈现出相同的趋势，表现为四合木灌丛＞红砂灌丛＞霸王灌丛＞沙冬青灌丛＞半日花灌丛。5 种荒漠灌丛地土壤含水量均表现为随着时间呈现先降低后升高的趋势，为清晨和傍晚灌丛地土壤含水量较高，而随着气温的升高土壤含水量逐渐降低，且土壤含水量最低值出现的时间也不尽相同，其中，红砂灌丛土壤含水量的"谷值"时间最早，在 11:30 达到最低值；其次是沙冬青灌丛地土壤含水量在 14:00 达到"谷值"，四合木灌丛土壤含水量在 15:00 达到"谷值"，霸王灌丛地土壤含水量在 16:00 达到"谷值"，最后半日花灌丛地土壤含水量"谷值"时间最晚，在 18:00 达到最低值(表 7-27)。整体而言，5 种荒漠灌丛地平均土壤含水量因灌丛种类不同而存在差异，表现半日花($0.187\pm0.035\ \text{m}^3\cdot\text{m}^{-3}$)>沙冬青($0.122\pm0.018\ \text{m}^3\cdot\text{m}^{-3}$)>霸王($0.117\pm0.026\ \text{m}^3\cdot\text{m}^{-3}$)>四合木($0.110\pm0.023\ \text{m}^3\cdot\text{m}^{-3}$)>红砂灌丛($0.103\pm0.012\ \text{m}^3\cdot\text{m}^{-3}$)。

表 7-27 5 种荒漠灌丛地土壤碳排放速率及温湿度比较

灌丛类型	土壤碳排放速率 /($\mu\text{mol}\cdot\text{m}^{-2}\cdot\text{s}^{-1}$)		5 cm 土壤温度/℃		地表温度/℃		10 cm 土壤含水量 /($\text{m}^3\cdot\text{m}^{-3}$)	
	均值	标准误	均值	标准误	均值	标准误	均值	标准误
沙冬青	1.26	0.31	30.41	2.17	31.12	4.02	0.122	0.018
霸王	1.40	0.24	33.28	3.15	34.50	5.21	0.117	0.026
四合木	1.28	0.19	40.47	3.68	40.81	3.83	0.110	0.023
半日花	1.12	0.22	27.58	2.84	30.08	2.95	0.187	0.035
红砂	1.30	0.15	37.64	3.21	38.54	4.14	0.103	0.012

7.8.3 荒漠灌丛地土壤碳排放季节特征

西鄂尔多斯地区 5 种荒漠灌丛地土壤碳排放情况(图 7-28)。由图 7-28 可知，5 种荒漠灌丛地土壤碳排放速率在季节变化上，还表现出一定的规律性。该区域

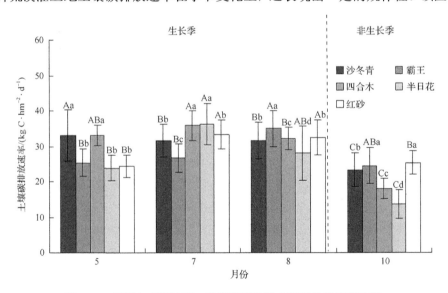

图 7-28 西鄂尔多斯地区 5 种荒漠灌丛地土壤碳排放速率比较

在季风气候的影响下具有雨热同期的气候特征，西鄂尔多斯地区可以分为以 5~8 月为降水较多的植物生长季和 10 月至次年 4 月为降水稀少的植物非生长季。5 种荒漠灌丛地土壤碳排放速率均表现为在生长季显著大于非生长季，其中生长季（5~8 月）土壤碳排放速率与非生长季（10 月）土壤碳排放速率比值表现为：半日花灌丛（2.17）>四合木灌丛（1.88）>沙冬青灌丛（1.38）>红砂灌丛（1.19）>霸王灌丛（1.18）。同一灌丛地不同月份土壤碳排放速率差异显著（$P<0.05$），沙冬青灌丛表现为 5 月>7 月>8 月；霸王灌丛表现为 8 月>7 月>5 月；四合木、半日花和红砂灌丛均表现为 7 月>8 月>5 月。同一月份不同灌丛地土壤碳排放速率差异显著（$P<0.05$），但各灌丛地土壤碳排放速率大小排序没有表现出一定的规律性。

分别以 5 月、7~8 月和 10 月灌丛地土壤碳排放速率代表春、夏和秋季灌丛地土壤碳排放速率，结合 2014 年不同季节的天数估算出 5 种荒漠灌丛地土壤碳排放量（表 7-28）。通过比较发现 5 种荒漠灌丛地土壤碳排放量与土壤碳排放速率的规律基本一致，除了沙冬青灌丛外，其他 4 种荒漠灌丛均表现出夏季土壤碳排放量显著高于春、秋季节（$P<0.05$）。从灌丛地土壤年碳排放量比较可以发现：沙冬青灌丛>四合木灌丛>红砂灌丛>霸王灌丛>半日花灌丛，其中土壤年碳排放量最高的沙冬青灌丛地是年碳排放量最低半日花灌丛的 1.24 倍。

表 7-28 不同季节 5 种荒漠灌丛地土壤碳排放量估算　　　　（单位：$kg \cdot hm^{-2}$）

灌丛类型	季节			合计
	春季	夏季	秋季	
沙冬青	2977.06±150.83Aa	2744.71±310.55Bb	2439.45±107.27Ca	8161.22±420.57a
霸王	2079.65±216.50Bb	1852.35±214.76Ac	1751.29±130.59Ba	5683.29±352.14d
四合木	1370.00±182.61Aa	1511.76±195.63Aa	1248.78±95.24Bb	4130.55±285.30b
半日花	1151.18±105.44Bb	1215.88±243.52Aa	1046.51±205.22Cc	3413.57±260.43e
红砂	1095.29±162.57Bb	1177.06±182.48Aa	1030.67±137.56Ba	3303.02±315.76c

注：同列不同小写字母表示同一季节土壤碳排放量在灌丛地间差异显著（$P<0.05$）；同行不同大写字母表示同一灌丛地土壤碳排放速率在季节间差异显著（$P<0.05$）。

7.8.4 土壤碳排放速率与主要环境因子的关系

一般情况下，林下土壤通过呼吸作用排放碳主要由植物根系及土壤动物、微生物呼吸作用释放 CO_2 构成。林下土壤各组分通过呼吸作用释放 CO_2 的多少随土壤温度等环境因子的变化而变化，具有一定的规律性；同时，由于各组分过程的复杂性导致出现了一定的无规律变化和不确定性。分析土壤碳排放与其环境因子间的关系是土壤碳排放的基础，研究表明，土壤温度和土壤含水量能够解释土壤碳排放速率的绝大部分信息。基于此，本研究主要分析西鄂尔多斯地区 5 种荒漠灌丛地土壤碳排放速率与土壤温湿度间的关系。

7.8.4.1　土壤碳排放速率与其温度的关系

温度是影响和调控诸多生态发生过程的决定性因素，也是影响土壤碳排放速率的关键因子之一。采用土壤碳排放速率与距地表 5 cm 深度土壤温度的监测数据，分析了 5 种荒漠灌丛地土壤碳排放速率与 0~5 cm 深度土壤平均温度的日动态过程，并探讨了两者的回归关系。

如图 7-29 所示，土壤碳排放速率日动态变化与表层土壤温度变化趋势基本吻合，均在 8:00 日出以后，随着表层土壤温度的升高，土壤碳排放速率骤然升高，而在午后随着土壤温度的降低土壤碳排放速率逐渐降低直至日落后土壤碳排放速率将至接近负值。除了红砂灌丛地外，其他 4 种荒漠灌丛土壤碳排放速率最大值出现的时间均早于土壤温度，两者出现时间上的滞后现象，其中四合木灌丛地土壤碳排放速率达到峰值时间最早，在 11:30 达到日土壤碳排放速率的最大值 2.27 kg C·hm^{-2}·d^{-1}；其次是沙冬青、红砂灌丛地，土壤碳排放速率在 13:30 达到了日峰值，其土壤碳排放速率分别为 3.59 kg C·hm^{-2}·d^{-1} 和 2.51 kg C·hm^{-2}·d^{-1}；再次是半日花灌丛地，土壤碳排放速率在 14:00 达到最大值 2.29 kg C·hm^{-2}·d^{-1}；土壤碳排放速率日峰值出现最晚的是霸王灌丛地，其在 15:00 达到土壤碳排放速率最大值 2.51 kg C·hm^{-2}·d^{-1}。

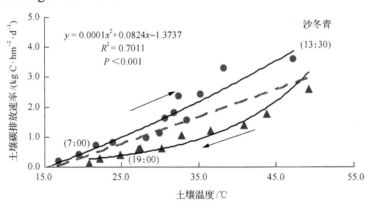

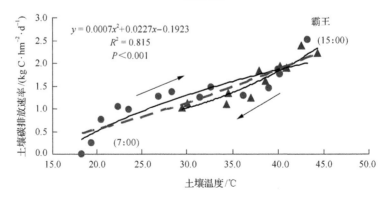

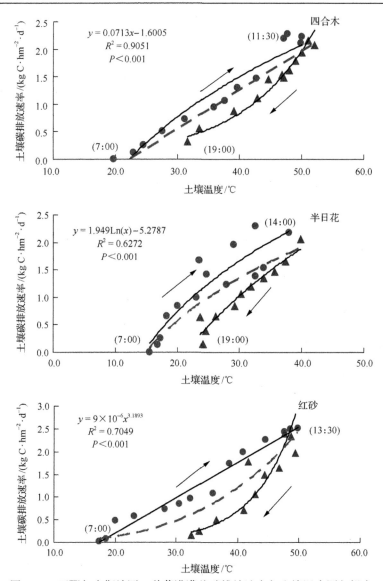

图 7-29 西鄂尔多斯地区 5 种荒漠灌丛碳排放速率与土壤温度回归拟合

对 5 种荒漠灌丛地土壤碳排放速率与表层土壤温度进行回归拟合发现，5 种荒漠灌丛地因土壤质地和立地条件的不同，其土壤碳排放速率与表层土壤温度的拟合关系也不同；土壤碳排放速率与表层土壤温度的散点呈现出明显的顺时针环形分布特征，其中以四合木和红砂灌丛地更为明显。以 5 种灌丛地土壤碳排放速率的日峰值为界限，将土壤碳排放速率和土壤表层温度进行分段拟合(图 7-29)。同一表层土壤温度情况下，上升阶段的土壤碳排放速率显著大于下降阶段($P<0.01$)，

导致这种现象是由于土壤日温度和土壤呼吸速率均呈现先升高后降低的趋势导致时间滞后效应。

如表 7-29 所示，由于各灌丛地土壤碳排放速率对温度的敏感性不一致而导致分段拟合的回归关系决定系数均好于整体拟合的回归关系，且 5 种灌丛整体拟合的最优回归关系也存在差异。其中，沙冬青和霸王灌丛地土壤碳排放速率与表层土壤温度呈现二次函数关系，其决定系数 R^2 分别达到了 0.701 和 0.815 的极显著水平（$P<0.01$）；四合木和半日花灌丛地土壤碳排放速率与表层土壤温度呈现对数函数关系，其决定系数 R^2 分别为 0.905 和 0.627，达到了极显著水平（$P<0.01$）；而红砂灌丛地土壤碳排放速率与表层土壤温度呈现幂函数关系，其决定系数 R^2 也是达到了 0.705 的极显著水平（$P<0.01$）。

表 7-29 土壤碳排放速率与土壤温度的回归方程

灌丛类型	阶段	拟合方程	R^2	F	P
沙冬青	总体	$y=0.0001x^2+0.0824x-1.3737$	0.701	814.06	<0.001
	上升阶段	$y=0.0009x^2+0.0637x-1.1912$	0.912	1094.35	<0.001
	下降阶段	$y=0.0431e^{0.0874x}$	0.896	940.65	<0.001
霸王	总体	$y=0.0007x^2+0.0227x-0.192$	0.815	736.58	<0.001
	上升阶段	$y=1.948\text{Ln}(x)-5.3277$	0.820	811.5	<0.001
	下降阶段	$y=0.1749e^{0.0585x}$	0.861	948.29	<0.001
四合木	总体	$y=0.0713x-1.6005$	0.905	980.72	<0.001
	上升阶段	$y=2.5699\text{Ln}(x)-7.9738$	0.934	1420.53	<0.001
	下降阶段	$y=0.0269e^{0.086x}$	0.960	1780.69	<0.001
半日花	总体	$y=1.949\text{Ln}(x)-5.2787$	0.627	315.62	<0.001
	上升阶段	$y=2.3\text{Ln}(x)-6.1527$	0.824	795.49	<0.001
	下降阶段	$y=3.0055\text{Ln}(x)-9.1886$	0.935	1210.35	<0.001
红砂	总体	$y=9\times10^{-6}x^{3.1893}$	0.705	683.25	<0.001
	上升阶段	$y=0.0778x-1.3449$	0.964	1890.58	<0.001
	下降阶段	$y=0.0018e^{0.1487x}$	0.900	1150.34	<0.001

7.8.4.2 土壤碳排放速率与其含水量的关系

除了土壤温度外，土壤含水量也是影响土壤碳排放速率的主要因素。通过分析 5 种荒漠灌丛地土壤碳排放速率与对应表层土壤含水量间的关系（图 7-30）发现，西鄂尔多斯地区 5 种荒漠灌丛地土壤含水量较低且变幅较小，其中沙冬青灌丛地 $0.0079\sim0.148$ $m^3\cdot m^{-3}$、霸王灌丛地 $0.108\sim0.136$ $m^3\cdot m^{-3}$、四合木灌丛地 $0.089\sim0.146$ $m^3\cdot m^{-3}$、半日花灌丛地 $0.105\sim0.211$ $m^3\cdot m^{-3}$ 和红砂灌丛地 $0.044\sim$

$0.129 \ \mathrm{m^3 \cdot m^{-3}}$，与之对应的土壤碳排放速率间存在一致的日动态变化，且两者存在显著的负相关关系（$P<0.05$）。

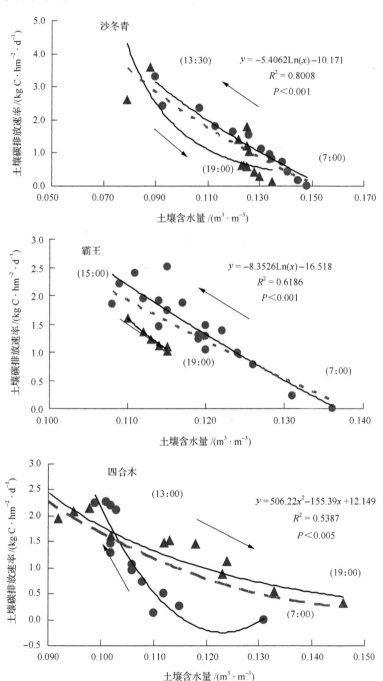

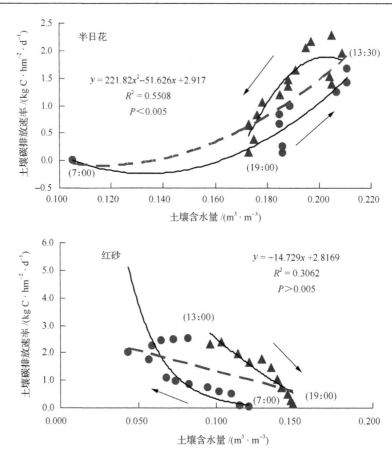

图 7-30　西鄂尔多斯地区 5 种荒漠灌丛碳排放速率与土壤含水量回归拟合

从 5 种荒漠灌丛地土壤含水量与土壤碳排放速率整体拟合回归发现，不同灌丛类型地土壤碳排放速率与土壤含水量间的拟合关系存在一定差异。其中，沙冬青和霸王灌丛地土壤碳排放速率与土壤含水量间最优拟合关系为对数函数关系，其决定系数 R^2 分别达到了 0.801 和 0.619 极显著水平（$P<0.01$）；四合木和半日花灌丛地土壤碳排放速率与土壤含水量间最优拟合关系为二次函数关系，其决定系数 R^2 分别达到了 0.539 和 0.551 的显著水平（$P<0.05$）；而红砂灌丛地土壤碳排放速率与土壤含水量间最优拟合方程为 $y=-14.729x+2.8169$，其决定系数 R^2 为 0.306，未达到显著水平（$P>0.05$）。

同样，以土壤碳排放速率日峰值将土壤碳排放速率与土壤含水量进行分段拟合（表 7-30），结果发现：由于灌丛地土壤含水量日动态呈现先降低后升高的曲线特性，使得分段拟合的最优函数关系要好于整体拟合关系。与土壤温度相比，土壤含水量与表层土壤碳排放速率的分段拟合关系出现了不同的分布特性：随着 8:00 日出后气温升高，土壤蒸发强烈导致土壤含水量整体逐渐降低直至午后随着温度的降低至傍晚时分土壤含水量逐渐恢复。也正是由于土壤含水量的日变化特征，导致土壤碳排放速率与土壤含水量间呈现出显著的负相关关系。其中，沙冬青、霸王和半日花灌丛地土壤碳排放速率与土壤含水量散点分布呈现出逆时针环形分布，以半日花灌丛最为明显；而四合木和红砂灌丛则出现了顺时针的环形分布，但这种环形分布特征整体上较土壤温度与土壤碳排放速率散点环形分布特征相对较弱。这说明西鄂尔多斯地区灌丛地土壤含水量是影响土壤碳排放速率的关键性因子之一，同时土壤含水量对土壤碳排放速率的影响如同土壤温度一样也具有时间上的滞后效应。

表 7-30　土壤碳排放速率与土壤含水量的回归方程

灌丛类型	阶段	拟合方程	R^2	F	P
沙冬青	总体	$y = -5.4062\mathrm{Ln}(x) - 10.171$	0.8008	738.15	<0.001
	上升阶段	$y = -5.7727\mathrm{Ln}(x) - 10.756$	0.942	1156.32	<0.001
	下降阶段	$y = 0.0001x - 4.1069$	0.529	203.42	<0.005
霸王	总体	$y = -8.3526\mathrm{Ln}(x) - 16.518$	0.619	518.04	<0.005
	上升阶段	$y = -10.114\mathrm{Ln}(x) - 20.137$	0.821	895.29	<0.001
	下降阶段	$y = 17465e^{-84.529x}$	0.975	1780.42	<0.001
四合木	总体	$y = 506.22x^2 - 155.39x + 12.149$	0.539	380.44	<0.005
	上升阶段	$y = 4490.2x^2 - 1106.7x + 67.947$	0.861	975.11	<0.001
	下降阶段	$y = 38.289e^{-30.55x}$	0.847	753.41	<0.001
半日花	总体	$y = 221.82x^2 - 51.626x + 2.917$	0.551	161.57	<0.005
	上升阶段	$y = 289.81x^2 - 77.342x + 4.9254$	0.799	438.48	<0.001
	下降阶段	$y = -1616.7x^2 + 655.65x - 64.585$	0.825	1368.22	<0.001
红砂	总体	$y = -14.729x + 2.8169$	0.306	119.51	>0.005
	上升阶段	$y = -321.82x^2 + 23.982x + 1.6653$	0.651	247.14	<0.005
	下降阶段	$y = -4.9362\mathrm{Ln}(x) - 8.845$	0.853	765.28	<0.001

7.8.4.3　土壤碳排放速率与其温度、含水量的协同关系

在干旱、半干旱的荒漠地区，天然降水较少，土壤温度与土壤含水量间有一定关系。基于土壤碳排放速率与土壤温度和土壤含水量间回归拟合关系较好，土壤温度、土壤含水量对土壤碳排放速率的协同作用受到了人们越来越多的关注。基于 5 种荒漠灌丛地同步监测的土壤 5 cm 深度处温度和土壤含水量的大量数据，以土壤温度(T)和土壤含水量(W)为因变量，分别采用方程(1)、(2)和(3)回归拟合了土壤碳排放速率与土壤温度和土壤含水量之间的关系(表 7-31)。

$$R_s = a + bT + cW \qquad (1)$$

$$R_s = a + bT + cW + dTW \qquad (2)$$

$$R_s = aT^bW^c \qquad (3)$$

表 7-31 土壤碳排放速率与土壤温度和含水量的回归拟合关系

灌丛类型	方程类型	回归方程	R^2	AIC
沙冬青	1	$R_s = 4.61 + 0.03\,T - 0.357\,W$	0.846**	−417.83
	2	$R_s = 4.72 + 0.03\,T - 0.365\,W + 0.00022\,TW$	0.857**	−528.59
	3	$R_s = 0.0092\,T^{2.223}W^{-1.171}$	0.782*	−260.27
霸王	1	$R_s = 0.481 + 0.061\,T - 0.094\,W$	0.814**	−605.26
	2	$R_s = 2.289 - 0.011\,T - 0.249\,W + 0.006\,TW$	0.817**	−637.12
	3	$R_s = 0.572\,T^{4.400}W^{-1.649}$	0.731*	−315.86
四合木	1	$R_s = 0.124 + 0.061\,vT - 0.120\,vW$	0.937***	−830.71
	2	$R_s = -1.448 - 0.102\,T - 0.0200\,W - 0.004\,TW$	0.940***	−895.26
	3	$R_s = 2.61 \times 10^{-4}\,T^{2.864}W^{-0.947}$	0.927***	−785.35
半日花	1	$R_s = -0.287 + 0.058\,T - 0.128\,W$	0.766*	−433.82
	2	$R_s = 3.270 - 0.255\,T - 0.198\,W + 0.016\,TW$	0.859**	−575.24
	3	$R_s = 2.29 \times 10^{-10}\,T^{4.941}W^{5.336}$	0.744*	−401.99
红砂	1	$R_s = -0.028 + 0.065\,T - 0.110\,W$	0.900***	−903.24
	2	$R_s = -1.457 + 0.101\,T - 0.023\,W - 0.0034\,TW$	0.905***	−917.81
	3	$R_s = 2.63 \times 10^{-4}\,T^{2.942}W^{-1.074}$	0.795*	−692.35

由表 7-31 可知，3 个回归拟合方程均可以描述西鄂尔多斯地区 5 种荒漠灌丛地土壤碳排放速率与地表 0～5 cm 土壤温度和土壤含水量的协同关系，且所有的回归拟合方程相关系数 R^2 均大于 0.70，这说明西鄂尔多斯地区 5 种荒漠灌丛地土壤碳排放速率均受到了土壤温度和土壤含水量的协同作用。5 种荒漠灌丛地土壤碳排放速率与土壤温度和土壤含水量拟合方程均表现出方程(3)的变异解释量最小，可见其在土壤碳排放速率对土壤温度和土壤含水量的综合响应研究中适用性最差。与之相对应的拟合方程(1)和(2)拟合效果比较理想，其中方程(2)的拟合效果最好，5 种荒漠灌丛地土壤含水量和土壤温度可以解释碳排放速率的 81.7%～94.0%。进一步通过 AIC 值比较发现，在西鄂尔多斯地区 5 种荒漠灌丛地土壤碳排放研究中，拟合方程(1)和(2)可以较好地解释土壤碳排放速率情况，其解释系数为 76.6%以上。

7.8.5 Q₁₀值分析

Q_{10}值是温度敏感系数,表示土壤碳排放速率与地表$0\sim5$ cm深度土壤平均温度间的关系,具体是指当土壤温度每增加10℃土壤碳排放速率变化的倍数。

通过对西鄂尔多斯地区5种荒漠灌丛地不同灌丛季节Q_{10}值(表7-32)计算发现,5种荒漠灌丛地Q_{10}值分布在$0.88\sim3.45$范围内;以Q_{10}值年均值将5种荒漠灌丛排序为沙冬青灌丛(2.50 ± 0.23)>红砂灌丛(2.33 ± 0.26)>半日花灌丛(2.27 ± 0.30)>四合木灌丛(2.19 ± 0.08)>霸王灌丛(1.33 ± 0.17)。

表 7-32　西鄂尔多斯地区 5 种荒漠灌丛地 Q₁₀ 值

灌丛类型	不同季节			
	春季	夏季	秋季	年均值
沙冬青	1.94±0.16Cc	3.45±0.15Aa	2.12±0.10Ab	2.50±0.23A
霸王	1.69±0.07Da	1.42±0.04Db	0.88±0.03Cc	1.33±0.17D
四合木	2.24±0.11BCb	3.06±0.09ABa	1.27±0.08Bc	2.19±0.08C
半日花	3.04±0.08Aa	1.59±0.06Dc	2.18±0.14Ab	2.27±0.30B
红砂	2.64±0.25Ba	2.29±0.12Cb	2.07±0.06ABc	2.33±0.26B

注: 表中同列不同大写字母表示同一季节不同灌丛地Q_{10}值存在显著性差异($P<0.05$);同行不同小写字母表示同一灌丛地在不同季节Q_{10}值存在显著性差异($P<0.05$)。

从Q_{10}值季节变化来看,5种荒漠灌丛地Q_{10}值表现出不同的规律。沙冬青灌丛和四合木灌丛地表现为夏季>春季>秋季;霸王灌丛和红砂灌丛表现为春季>夏季>秋季;半日花灌丛表现为春季>秋季>夏季。

7.8.6 气候情景模拟条件下灌丛地土壤碳排放分析

依据 IPCC《排放情景特别报告》(SRES)公布的一系列温室气体排放情景,本研究将其中的3种未来气候情景作为本研究的模拟条件:基准情景(baseline)与低排放情景(B1)、中等排放情景(A1B)和高排放情景(A2)。基准情景$2010\sim2015$年间气候的平均状态,B1、A1B和A2情景将比基准情景的气温增加1.8℃、2.8℃和3.4℃。

为了建立西鄂尔多斯地区荒漠灌丛地土壤碳排放与气温的关系,首先根据试验地监测数据建立土壤温度与气温间的关系:

$$T_a = 0.38T + 2.53,\quad R^2 = 0.81,\quad P < 0.05$$

$$T_b = 0.45T + 2.85,\quad R^2 = 0.73,\quad P < 0.05$$

$$T_c = 0.57T + 3.28,\quad R^2 = 0.79,\quad P < 0.05$$

$$T_d = 0.26T + 1.84，R^2 = 0.91，P < 0.05$$

$$T_e = 0.31T + 4.50，R^2 = 0.87，P < 0.05$$

式中，T_a、T_b、T_c、T_d、T_e 分别代表沙冬青、霸王、四合木、半日花、红砂灌丛土壤温度（℃）；T 代表气温（℃）。

再将公式分别代入表 7-33 中 5 种灌丛总体回归方程中，即可拟合出 5 种荒漠灌丛地土壤碳排放速率与气温的关系，进而模拟出未来不同气候情景下 5 种荒漠灌丛地土壤全年碳排放速率的动态变化。

表 7-33　不同气候情景下西鄂尔多斯高原地区 5 种荒漠灌丛地年土壤排放量　　　　　　（单位：kg·hm⁻²·a⁻¹）

灌丛类型	Baseline	B1	A1B	A2
沙冬青	8161.22	8700.11	8705.27	8708.58
霸王	5683.29	6268.47	6280.75	6288.17
四合木	4130.55	4651.00	4660.63	4666.41
半日花	3413.57	3904.22	3910.38	3914.05
红砂	3303.02	3748.14	3759.27	3765.84

注：DOY 为年序列累积日数；Baseline 和 B1、A1B、A2 分别代表基准情景和未来低排放情景（增温 1.8℃）、中等排放情景（增温 2.8℃）和高排放情景（增温 3.4℃）。

结果表明，在未来不同气候情景下（B1、A1B 和 A2），5 种荒漠灌丛地土壤碳排放量将会出现不同程度的增加，其中半日花灌丛地土壤碳排放量增加幅度最大，较基准情景分别高出 14.37%、14.55% 和 14.66%，这是由于半日花灌丛地表分布大量的砾石，砾石较其他土壤类型对气温升高更为敏感，使得土壤碳排放活动更为活跃；沙冬青灌丛地土壤碳排放量增幅最小，较基准情景分别高出 6.60%、6.67% 和 6.71%，这可能是沙冬青灌丛样地植被盖度低，地表流沙活动频发，土壤养分贫瘠，进而使得土壤中根系生物量、微生物量数量均较少而导致土壤碳排放量低的原因；其他 3 种荒漠灌丛地土壤碳排放量增幅表现为红砂灌丛＞四合木灌丛＞霸王灌丛（表 7-33）。

7.9　西鄂尔多斯地区荒漠灌丛生态系统碳收支

7.9.1　荒漠生态系统碳收支估算方法

基于 5 种荒漠灌丛生态系统植被层年固碳量、灌丛叶片年光合固碳量、灌丛地土壤年碳排放量，估算西鄂尔多斯地区 5 种荒漠灌丛生态系统碳收支平衡（图 7-31）。

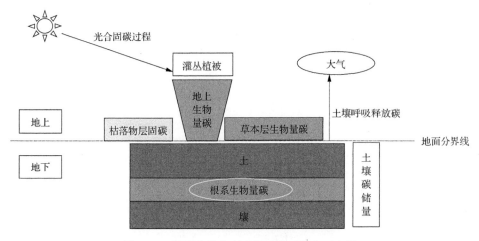

图 7-31　荒漠灌丛生态系统碳收支平衡支示意图

西鄂尔多斯地区天然荒漠灌丛生态系统碳收支包括两个过程：碳收入和碳支出，两者的差值为荒漠灌丛生态系统的净碳交换量。如果该值为正，表明荒漠灌丛生态系统为碳汇；如果该值为负，表明荒漠灌丛生态系统为碳源。基于上述研究结果，西鄂尔多斯地区荒漠灌丛生态系统碳收入主要有植被层(包括灌丛层和草本层)固碳、枯落物层固碳、灌丛光合固碳 3 个碳收入通道；碳支出为荒漠灌丛地土壤呼吸碳排放。以下为荒漠灌丛生态系统碳收支计算公式：

$$\Delta C = N_i + L + P - R_s$$

式中，ΔC 为荒漠灌丛生态系统净碳交换量；N_i 为荒漠灌丛生态系统植被层年固碳量$(t \cdot hm^{-2} \cdot a^{-1})$；$L$ 为枯落物层年固碳量$(t \cdot hm^{-2} \cdot a^{-1})$；$P$ 为荒漠灌丛净光合年固碳量$(t \cdot hm^{-2} \cdot a^{-1})$；$R_s$ 为灌丛地土壤呼吸年碳排放量$(t \cdot hm^{-2} \cdot a^{-1})$。

7.9.2　荒漠灌丛生态系统碳收支平衡

20 世纪 80～90 年代，中国陆地生态系统平均每年从大气中净吸收 1.9×10^8～2.6×10^8 t C，其中灌丛生态系统占我国陆地生态系统碳汇的 30%左右。基于以上章节的分析，本研究对西鄂尔多斯地区 5 种荒漠灌丛生态系统碳收支进行了估算(表 7-34)。西鄂尔多斯地区 5 种荒漠生态系统的碳收支中沙冬青灌丛、霸王灌丛和四合木灌丛生态系统碳收支为正，其净固碳量分别为 1.004 $t \cdot hm^{-2} \cdot a^{-1}$、0.693 $t \cdot hm^{-2} \cdot a^{-1}$ 和 0.252 $t \cdot hm^{-2} \cdot a^{-1}$，均表现生态系统收入项大于支出项，具有较高的"碳汇"能力；而半日花灌丛和红砂灌丛生态系统碳收支值为负，其净固碳量分别为–2.605 $t \cdot hm^{-2} \cdot a^{-1}$ 和–1.303 $t \cdot hm^{-2} \cdot a^{-1}$，属于相对较弱的"碳源"，这与张冬梅对阿拉善荒漠灌木群落碳收支平衡研究结果不一致，其研究认为梭梭、红砂、白刺等 6 种荒漠灌木均表现为具有较强的"碳汇"能力，净生态系统生产力

在 $0.07 \sim 0.90$ t·hm^{-2}·a^{-1} 范围内，这主要是因为张冬梅的研究在荒漠灌木群落碳收入项中仅考虑了灌丛层和枯落物层年固碳量，同时也是由于灌丛群落生长环境差异导致其年固碳量的不同。丁晨曦通过对山东省药乡小流域结缕草暖性草丛生态系统固碳特性进行分析，认为该草丛生态系统年碳通量为 2.37 t·hm^{-2}·a^{-1}。

表 7-34　西鄂尔多斯地区 5 种荒漠灌丛生态系统碳平衡估算　　（单位：t·hm^{-2}·a^{-1}）

灌丛类型	收入项			支出项	碳收支 (NEP)
	植被层年固碳量	枯落物层年固碳量	灌丛层光年合固碳量	土壤呼吸	
沙冬青	0.232	0.041	8.892	8.161	1.004
霸王	0.112	0.048	6.216	5.683	0.693
四合木	0.263	0.158	3.962	4.131	0.252
半日花	0.296	0.127	0.386	3.414	-2.605
红砂	0.169	0.089	1.742	3.303	-1.303

注：碳收支（NEP）量为负值，表示荒漠灌丛生态系统碳支出，即碳源；碳收支（NEP）量为正值，表示荒漠灌丛生态碳收入，即碳汇。

在表 7-34 西鄂尔多斯地区 5 种荒漠灌丛生态系统碳平衡估算表中，比较 5 种荒漠灌丛生态系统碳平衡收入项可以发现：5 种荒漠灌丛生态系统收入项各组分表现为灌丛层年光合固碳量所占收入项比例最高，其次是植被层年固碳量，最后是枯落物层年固碳量。其中，5 种荒漠灌丛层年光合固碳量分别占各灌丛层碳收入项的 97.06%、97.49%、90.39%、47.41% 和 87.10%；半日花灌丛群落植被层年固碳量最高，为 0.296 t·hm^{-2}·a^{-1}，枯落物层年固碳量为 0.127 t·hm^{-2}·a^{-1}，植被层年固碳量是枯落物层年固碳量的 2.33 倍；霸王灌丛群落植被层年固碳量最低，仅为 0.112 t·hm^{-2}·a^{-1}，枯落物层年固碳量为 0.048 t·hm^{-2}·a^{-1}；植被层年固碳量从大到小的顺序为半日花灌丛群落＞四合木灌丛群落＞沙冬青灌丛群落＞红砂灌丛群落＞霸王灌丛群落；而枯落物层年固碳量从大到小依次为四合木灌丛群落＞半日花灌丛群落＞红砂灌丛群落＞霸王灌丛群落＞沙冬青灌丛群落。

小　　结

（1）5 种荒漠灌丛单株生物量干鲜比差异显著（$P < 0.05$），且在各器官间差异性达到了显著水平（$P < 0.05$）；灌丛根冠比种间差异显著（$P < 0.05$），其根冠比为红砂（1.05）＞霸王（1.01）＞半日花（0.92）＞沙冬青（0.90）＞四合木（0.49）；根系和枝条是灌丛生物量的主要贡献者，其生物量所占灌丛总生物量比例均在 80% 以上，根系生物量分配随径级的增加而增加；荒漠灌丛地上、地下部分及单株灌丛生物量预测模型预测精度较高（$R^2 > 0.80$），可应用于区域尺度荒漠灌丛生产力评估。

(2) 5 种荒漠灌丛各器官平均含碳率高低分布具有一定的随机性，各器官含碳率在 29.78%～56.05%，地下部分平均含碳率均高于地上部分；夏季灌丛各器官含碳率显著高于春季(P<0.05)；最终确定了 5 种灌丛在夏季和春季加权平均含碳率分别为沙冬青 44.25%和 42.31%，霸王 41.65%和 40.32%，四合木 42.39%和 41.37%，半日花 48.78%和 44.35%，红砂 39.25%和 39.86%。

(3) 5 种荒漠灌丛生态系统碳储量相近，其碳储量为 40.28～55.51 t·hm^{-2}，土壤层碳储量为 39.40～54.48 t·hm^{-2}；植被层生物量密度垂直分布表现为灌丛层＞草本层＞枯落物层，灌丛层生物量密度空间上表现为距离黄河越近灌丛层碳储量所占植被层碳储量比例越大，而草本层生物量密度表现出与之相反的规律；草本层根系生物量碳也是灌丛生态系统重要组成部分，其生物量密度占植被层碳密度的 5.36%～45.18%；除红砂灌丛外，灌丛草本层地下部分碳储量显著高于地上部分(P<0.05)；灌丛个体碳储量分布表现为枝条＞根系＞叶片，粗枝条和粗根是单株灌丛碳储量的主要贡献者，根系生物量碳占植被层碳储量的 20.00%～33.53%，叶片生物量碳占总植被层碳储量的 2.02%～24.54%。

(4) 单株灌丛日均光合固碳能力由强到弱为沙冬青＞霸王＞四合木＞红砂＞半日花灌丛；依据年光合固碳量将 5 种荒漠灌丛分为 3 类：年光合固碳高灌丛(沙冬青、霸王灌丛，其值为 6.216～8.892 t·hm^{-2}·a^{-1})、年光合固碳中等灌丛(四合木、红砂灌丛，其值为 1.742～3.962 t·hm^{-2}·a^{-1})和年光合固碳低等灌丛(半日花灌丛，其值为 0.386 t·hm^{-2}·a^{-1})；气孔导度 G_s、蒸腾速率 C_i 和气温 T_a 是影响灌丛净光合速率的主要因子；除了霸王、四合木和红砂灌丛在秋季呈现"单峰"曲线外，5 种荒漠灌丛净光合速率在各季节日动态均呈现"双峰"曲线，有明显的"午休"现象；5 种荒漠灌丛均属于喜阳植物，沙冬青、霸王和红砂灌丛的光能利用效率相对较高。

(5) 5 种荒漠灌丛地土壤碳排放速率均表现为生长季显著高于非生长季，其日动态总体上呈现"不对称钟形"单峰曲线特征，峰值在 11:30～13:30。土壤碳排放速率与土壤温度散点呈现顺时针环形分布，其整体拟合的最优回归方程达到了极显著正相关水平(R^2=0.627～0.905，P<0.01)。灌丛地土壤含水量较低且变幅较小，与之对应的土壤碳排放速率间存在一致的日动态变化，但两者存在显著的负相关关系；在 IPCC 不同气候情景下(B1、A1B 和 A2)，5 种荒漠灌丛地土壤碳排放量将比基准情景高出 6.94%～14.66%，其中霸王灌丛地对气温变化最为敏感。

(6) 沙冬青、霸王和四合木灌丛生态系统碳收支为正，其净固碳量分别为 1.004 t·hm^{-2}·a^{-1}、0.693 t·hm^{-2}·a^{-1} 和 0.252 t·hm^{-2}·a^{-1}，均表现生态系统收入项大于支出项，说明在监测期内具有较高的"碳汇"能力；而半日花灌丛和红砂灌丛生态系统碳收支值为负，其净固碳量分别为–2.605 t·hm^{-2}·a^{-1} 和–1.303 t·hm^{-2}·a^{-1}，表现为生态系统支出项大于收入项之和，说明在监测期内属于相对较弱的"碳源"。

主要参考文献

棠发盛, 雷云丹. 2008. 不同基质对霸王出苗及地上部分生长的影响[J]. 甘肃农业, (10): 86-88.

常学礼, 李胜功, 赵学勇. 1992. 平茬对黄柳灌丛的影响的研究[J]. 中国沙漠, 17(增刊): 54-59.

陈鸿洋. 2014. 荒漠区红砂灌丛"肥岛"效应及其固碳特征[D]. 兰州: 兰州大学.

陈灵芝. 1993. 中国的生物多样性——现状及其保护对策[M]. 北京: 科学出版社.

陈全胜, 李凌浩, 韩兴国, 等. 2003. 水热条件对锡林河流域典型草原退化群落土壤呼吸的影响[J]. 植物生态学报, 27(2): 202-209.

崔向新, 张瀚文, 高永, 等. 2013. 不同留茬高度对荒漠植物霸王营养生长的影响[J]. 科技导报, 31(31): 25-30.

党晓宏. 2016. 西鄂尔多斯地区荒漠灌丛生态系统固碳能力研究[D]. 呼和浩特: 内蒙古农业大学.

党晓宏, 高永, 蒙仲举, 等. 2017a. 西鄂尔多斯地区 5 种荒漠优势灌丛生物量分配格局及预测模型[J]. 中国沙漠, 37(1): 100-108.

党晓宏, 高永, 蒙仲举, 等. 2017b. 西鄂尔多斯地区 5 种天然荒漠优势灌丛含碳率的研究[J]. 中南林业科技大学学报, 37(5): 74-79.

党晓宏, 高永, 蒙仲举, 等. 2018. 西鄂尔多斯荒漠灌丛生态系统碳密度[J]. 中国沙漠, 38(2): 352-360.

党晓宏, 高永, 虞毅, 等. 2015. 新型生物可降解 PLA 沙障与传统草方格沙障防风效益研究[J]. 北京林业大学学报, 37(3): 118-125.

党晓宏, 蒙仲举, 高永, 等. 2017c. 西鄂尔多斯地区 5 种荒漠灌丛光合固碳能力研究[J]. 干旱区资源与环境, 31 (11): 128-135.

丁晨曦. 2013. 山东省结缕草暖性草丛生态系统固碳特征及影响因子[D]. 泰安: 山东农业大学.

董道瑞, 李霞, 万红梅, 等. 2012. 塔里木河下游柽柳灌丛地上生物量估测[J]. 西北植物学报, 32(2): 384-390.

董雪. 2013. 沙冬青平茬技术及刈割后生理生化特性研究[D]. 呼和浩特: 内蒙古农业大学.

董雪, 高永, 虞毅, 等. 2015. 平茬措施对天然沙冬青生理特性的影响[J]. 植物科学学报, 33(3): 388-395.

董雪, 杨永华, 高永, 等. 2013. 西鄂尔多斯沙冬青(*Ammopiptanthus mongolicus*)平茬效应初探[J]. 中国沙漠, 33(06): 1723-1730.

董雪, 虞毅, 高永, 等. 2014. 天然沙冬青平茬复壮技术研究[J]. 科技导报, 32(23): 55-61.

方精云, 郭兆迪. 2007. 寻找失去的陆地碳汇[J]. 自然杂志, 29(1): 1-6.

方精云, 郭兆迪, 朴世龙, 等. 2007. 1981-2000 年中国陆地植被碳汇的估算[J]. 中国科学(D 辑), 37(6): 804-812.

方向文, 王万鹏, 何小琴, 等. 2006. 扰动环境中不同刈割方式对柠条营养生长补偿的影响[J]. 植物生态学报, 30(5): 810-816.

冯丽, 张景光, 张志山, 等. 2009. 腾格里沙漠人工固沙植被油蒿的生长及生物量分配动态[J]. 植物生态学报, 33(6): 1132-1139.

冯薇. 2014. 毛乌素沙地生物结皮光合固碳过程及对土壤碳排放的影响[D]. 北京: 北京林业大学.

傅立国. 1989. 中国珍稀濒危植物[M]. 上海: 上海教育出版社: 18-26.

高艳红, 李新荣, 刘立超, 等. 2015. 腾格里荒漠红砂-珍珠群落 CO2 收支变化及其不同观测方法间的比较[J]. 生态学报, 07: 2085-2093.

高永, 党晓宏, 虞毅, 等. 2015. 乌兰布和沙漠东南缘白沙蒿灌丛沙堆形态特征与固沙能力研究[J]. 中国沙漠. 35(1): 1-7.

高志海, 崔建国. 1994. 唐古特白刺非休眠枝扦插繁殖研究[J]. 园艺学报. 21(3): 299-301.

高志海, 刘生龙. 1995. 矮沙冬青引种栽培试验研究[J]. 甘肃林业科技, (1): 28-31.

韩广轩, 周广胜. 2009. 土壤呼吸作用时空动态变化及其影响机制研究与展望[J]. 植物生态学报, 33(1): 197-205.

郝润梅. 2000. 西鄂尔多斯自然保护区生态环境保护问题研究[J]. 科学管理研究, 18(5): 73-74.

何丽君, 慈忠玲. 2001. 濒危植物四合木(Tetraena mongolica Maxim.)悬浮培养下体细胞胚胎发生[J]. 内蒙古农业大学学报(自然科学版), (02): 16-22.

胡会峰, 王志恒, 刘国华, 等. 2006. 中国主要灌丛植被碳储量[J]. 植物生态学报, 30(4), 542-543.

胡小龙, 薛博, 袁立敏, 等. 2012. 科尔沁沙地人工黄柳林平茬复壮技术研究[J]. 干旱区资源与环境, 26(5): 135-139.

黄劲松, 邸雪颖. 2001. 帽儿山地区6种灌木地上生物量估算模型[J]. 东北林业大学学报, 39(5): 54-57.

季蒙, 童成仁, 莎仁. 1996. 五种荒漠珍稀濒危树种引种与育苗试验研究[J]. 内蒙古林学院学报, (01): 16-21.

贾成朕. 2013. 阿拉善典型荒漠生态系统呼吸与光合动态及其影响因子研究[D]. 呼和浩特: 内蒙古大学.

贾艳红, 张志山, 刘立超, 等. 2009. 水热因子对沙漠地区土壤呼吸的影响[J]. 生态学报, 29(11): 5995-6001.

贾玉华, 刘果厚, 周峰冬, 等. 2006. 四合木扦插繁殖的研究[J]. 内蒙古农业大学学报自然科学版, 27(2): 71-74.

蒋志荣, 安力, 王立, 等. 1997. 不同激素对沙冬青组织培养生芽的影响[J]. 中国沙漠, 17(2): 209-211.

蒋志荣, 王立, 金芳, 等. 1996. 沙冬青茎段组织培养技术[J]. 甘肃林业科技, (1): 70-71.

靳虎甲, 马全林, 何明珠, 等. 2013. 石羊河下游白刺灌丛演替过程中群落结构及数量特征[J]. 生态学报, 33(7): 2248-2259.

李博. 1990. 内蒙古鄂尔多斯高原自然资源与环境研究[M]. 北京: 科学出版社.

李博, 杨持, 林鹏. 2000. 生态学[M]. 北京: 高等教育出版社: 338-356.

李昌龙, 尉秋实, 李爱德, 等. 2004. 孑遗植物沙冬青的研究进展与展望[J]. 中国野生植物资源, 23(5): 21-23.

李钢铁, 贾守义. 1998. 旱生灌木生物量预测模型的研究[J]. 内蒙古林学院学报, 20(2): 24-31.

李佳佳. 2015. 霸王硬枝扦插繁殖技术研究[D]. 呼和浩特: 内蒙古农业大学.

李佳佳, 汪季, 高永, 等. 2015. 吲哚乙酸对霸王硬枝扦插的影响[J]. 西部林业科学, 1: 92-97.

李怒云, 杨炎朝, 陈叙图. 2010. 发展碳汇林业应对气候变化--中国碳汇林业的实践与管理[J]. 中国水土保持科学, 8(1): 13-16.

李升, 刘强. 2009. 二种天牛对濒危植物四合木的危害[J]. 昆虫知识, 46(03): 407-410, 496.

李卫朋, 孙建, 沙玉坤, 等. 2015. 西南地区亚高山典型林区土壤碳排放及其影响因子[J]. 农业工程学报, 31(1): 255-263.

李新荣, 陈仲新, 陈旭东, 等. 1998. 鄂尔多斯高原西部几种荒漠灌丛群落种间联结关系的研究[J]. 植物学通报, 15(1): 57-59, 61-63.

李毅, 屈建军, 安黎哲. 2008. 霸王种子萌发的生理条件[J]. 植物生理学报, 44(2): 276-278.

李玉强, 赵哈林, 陈银萍. 2005. 陆地生态系统碳源与碳汇及其影响机制研究进展[J]. 生态学杂志, 24(1): 37-42.

李媛, 查天山, 贾昕, 等. 2015. 半干旱区典型沙生植物油蒿(Artemisia ordosica)的光合特性[J]. 生态学杂志, 34(1): 86-93.

林丽, 李以康, 张法伟, 等. 2012. 青藏高原高寒矮嵩草草甸退化演替主成分分析[J]. 中国草地学报, 34(1): 24-30.

刘果厚. 1998. 阿拉善沙漠特有植物沙冬青濒危原因的研究[J]. 植物研究, 18(3): 341-345.

刘美芹, 卢存福, 尹伟伦. 2004. 珍稀濒危植物沙冬青生物学特性及抗逆性研究进展[J]. 应用与环境生物学报, 10(3): 384-388.

刘绍辉, 方精云. 1997. 土壤呼吸的影响因素及全球尺度下温度的影响[J]. 生态学报, 17(5): 469-476.

刘生龙, 王理德, 高志海. 1995. 八种珍稀濒危植物引种试验[J]. 甘肃林业科技, (03): 10-14.

刘速, 刘晓云. 1996. 琵琶柴地上生物量的估测模型[J]. 干旱区研究, 13(1): 36-41.

刘晓东, 侯萍. 1998. 青藏高原及其邻近地区近30年气候变暖与海拔高度的关系[J]. 高原气象, 17(3): 245-249.

刘颖茹, 杨持. 2001. 濒危物种四合木(Tetraena mongolica Maxim)种子活力时空变异的比较研究[J]. 内蒙古大学学报(自然科学版), 32(3): 297-300.

刘跃辉, 买买提艾力·买买提依明, 杨帆, 等.2015. 塔克拉玛干沙漠腹地冬季土壤呼吸及其驱动因子分析[J]. 生态学报, 35(20): 6711-6719.

卢琦, 李新荣, 肖洪浪, 等.2004. 荒漠生态系统观测方法[M]. 北京: 中国环境科学出版社.

马毓泉. 1988. 内蒙古植物志(第 2 版)[M]. 呼和浩特: 内蒙古人民出版社.

孟祥利, 陈世平, 魏龙, 等. 2009. 库布齐沙漠油蒿灌丛土壤呼吸速率时空变异特征研究[J]. 环境科学, 30(4): 1152-1158.

年奎, 王彬. 2012. 霸王硬枝扦插育苗技术研究[J]. 青海农林科技, 2: 21-23.

彭少麟, 李跃林, 任海, 等. 2002. 全球变化条件下的土壤呼吸效应[J]. 地球科学进展, 17(5): 705-713.

邱国玉, 吴晓, 王帅, 等. 2006. 三温模型——基于表面温度测算蒸散和评价环境. 质量的方法IV. 植被蒸腾扩散系数[J]. 植物生态学报, 30(5): 852-860.

仇瑶, 常顺利, 张毓涛, 等. 2015. 天山地区六种灌木生物量的建模及其器官分配的适应性[J]. 生态学报, 35(23): 7842-7851.

陶冶, 张元明. 2013. 中亚干旱荒漠区植被碳储量估算[J]. 干旱区地理, 36(4): 615-622.

王峰, 杨持. 2003. 四合木自然更新及就地保护途径的研究[J]. 内蒙古大学学报自然科学版, 34(2): 196-202.

王建伟, 苓建强, 骆有庆, 等. 2009. 不同植被条件下两种天牛对四合木的危害[J]. 中国森林病虫, 28(06): 9-11.

王蕾, 张宏, 哈斯, 等. 2004. 基于冠幅直径和植株高度的灌木地上生物量估测方法研究[J]. 北京师范大学学报(自然科学版), 40(5): 700-704.

王庆锁. 1994. 油蒿、中间锦鸡儿生物量估测模式[J]. 中国草地, 1: 49-51.

王如松. 1996. 现代生态学的热点问题研究[M]. 北京: 中国科学技术出版社.

王珊. 2017. 珍稀濒危植物沙冬青衰退与真菌群落结构的耦合关系研究[D]. 呼和浩特: 内蒙古农业大学.

王文栋, 白志强, 阿里木·买买提, 等. 2016. 天山林区 6 种优势灌木林生物量比较及估测模型[J]. 生态学报, 36(09): 2695-2704.

王效科, 白艳莹, 欧阳志云, 等. 2002. 全球碳循环中的失汇及其形成原因[J]. 生态学报, 22 (1): 94-103.

王效科, 冯宗炜, 欧阳志云. 2001. 中国森林生态系统植物碳储量和含碳率研究[J]. 应用生态学报, 12(1): 13-16.

王新源, 李玉霖, 赵学勇, 等. 2012. 干旱半干旱区不同环境因素对土壤呼吸影响研究进展[J]. 生态学报, 32(15): 4890-4901.

王彦阁, 杨晓晖, 慈龙骏. 2010. 西鄂尔多斯高原干旱荒漠灌木群落空间分布格局及其竞争关系分析[J]. 植物资源与环境学报, 19(2): 8-14.

王烨, 尹林克. 1991. 沙冬青属植物种子特性初步研究[J]. 干旱区研究, (2): 12-16.

王迎春, 马虹, 征荣. 2000. 四合木繁殖特性的研究[J]. 西北植物学报, 20(4): 661-665.

王友德, 何全发, 王兴东, 等. 2004. 珍稀濒危植物沙冬青育苗、造林试验研究[J]. 宁夏农林科技, (3): 32-36.

王震. 2013. 不同留茬高度对四合木生长季生理生化特性的影响研究[D]. 北京: 中国林业科学院.

尉秋实, 王继和, 李昌龙, 等. 2005. 不同生境条件下沙冬青种群分布格局与特征的初步研究[J]. 植物生态学报, 29(4): 591-598.

吴波, 苏志珠, 陈仲新. 2007. 中国荒漠化潜在发生范围的修订[J]. 中国沙漠, 27(6): 911-917.

吴昊. 2016. 西鄂尔多斯地区沙冬青群落退化特征研究[D]. 呼和浩特: 内蒙古农业大学.

吴树彪, 屠骊珠. 1990. 四合木胚胎学研究[J]. 内蒙古大学学报(自然科学版), 21(02): 277-283, 299-301.

吴素琴, 李克昌, 扬瑞全, 等. 1994. 四合木种子特性的测定研究[J]. 草业科学, 11(03): 29-31.

熊育久, 邱国玉, 谢芳. 2014. 内蒙古太仆寺旗退耕草荒地植物种类变化与水分收支[J]. 植物生态学报, 38(5): 425-439.

徐庆, 郭泉水, 刘世荣, 等. 2003. 濒危植物四合木结实特性与植株年龄和生境关系的研究[J]. 林业科学, 39(6): 26-32.

徐庆, 臧润国, 刘世荣, 等. 2000. 中国特有植物四合木种群结构及动态研究[J]. 林业科学研究, 13(5): 485-492.

闫志坚, 杨持, 高天明, 等. 2006. 平茬对岩黄芪属植物生物学性状的影响[J]. 应用生态学报, 17(12): 2311-2315.

闫志坚, 杨持, 高天明, 等. 2007. 岩黄芪属 3 种固沙灌木或半灌木生物量蓄积特性研究[J]. 吉林农业大学学报, 29(2): 173-180.

杨爱莲. 1996. 国家重点保护野生植物名录(农业部分)通过专家论证[J]. 草业科学, 13(4): 68-73.

杨持, 王迎春, 刘强, 等. 2002. 四合木保护生物学[M]. 北京: 科学出版社: 52-56, 141-150.

杨尚功, 李向义, 雷加强, 等. 2009. 昆仑山前山带植物群落调查及相似性初步研究. 西北植物学报, 29(4): 809-817.

杨鑫光, 傅华, 张洪荣, 等. 2006. 水分胁迫对霸王苗期叶水势和生物量的影响[J]. 草业学报, 15(2): 37-41.

杨永华, 冯海燕. 2010. 西鄂尔多斯自然保护区沙冬青群落优势种种间关联性[J]. 内蒙古林业科技, 36(3): 27-31, 47.

于贵瑞. 2006. 陆地生态系统通量观测的原理与方法[M]. 北京: 高等教育出版社.

余进德, 胡小文, 王彦荣, 等. 2009. 霸王果翅及其浸提液对种子萌发的影响[J]. 西北植物学报, 29(1): 143-147.

曾彦军, 王彦荣, 庄光辉, 等. 2004. 红砂和霸王种子萌发对干旱与播深条件的响应[J]. 生态学报, 24(8): 1629-1634.

张东秋, 石培礼, 张宪洲. 2005. 土壤呼吸主要影响因素的研究进展[J]. 地球科学进展, 20(7): 778-785.

张冬梅. 2012. 阿拉善荒漠灌木群落碳收支及影响因子分析研究[D]. 呼和浩特: 内蒙古农业大学.

张冬梅, 王美莲, 张鸿翎, 等. 2013. 阿拉善荒漠功能灌木群的土壤呼吸动态研究[J]. 干旱区资源与环境, 27(6): 116-122.

张瀚文. 2014. 平茬对西鄂尔多斯地区荒漠植物霸王补偿生长的影响[D]. 呼和浩特: 内蒙古农业大学.

张佳音, 丁国栋, 余新晓, 等. 2010. 北京山区人工侧柏林的径级结构和空间分布格局[J], 浙江林学院学报, 27(l): 30-35.

张景波, 郝玉光, 苏智, 等. 2009. 唐古特白刺嫩枝扦插繁殖技术研究[J]. 内蒙古农业大学学报, 34(4): 80-86.

张士才. 1989. 柠条锦鸡儿人工灌丛地生物量预测模型的选择[J]. 中国沙漠, 9(4): 52-61.

张颖娟, 阿里穆斯, 杨持. 1997. 四合木有性繁殖能力的观测[J]. 内蒙古大学学报: 自然科学版, 28(2): 268-270.

张云飞, 杨持, 李博, 等. 2003. 鄂尔多斯高原特有种四合木生长和繁殖的种群间变异与濒危机制[J]. 生态学报, 23(3): 436-443.

张志勇, 胡相伟. 2007. 霸王的组织培养和植株再生[J]. 植物生理学报, 43(3): 495.

张智俊, 杨瑞光, 贺永光, 等. 2009. 霸王容器育苗技术[J]. 内蒙古林业调查设计, 32(3): 42.

赵伟, 刘强. 2010. 中国特有植物四合木的昆虫群落与多样性特征[J]. 应用昆虫学报, 47(1): 177-182.

郑淑霞. 2004. 强旱生灌木树种——霸王容器播种育苗技术[J]. 河北林业科技, (2): 46-47.

钟泽兵, 周国英, 杨路存, 等. 2014. 柴达木盆地几种荒漠灌丛植物生物量分配格局[J]. 中国沙漠, 34(4): 1042-1048.

周广胜. 2003. 全球碳循环[M]. 北京: 气象出版社.

周志刚, 刘果厚, 杨利祥, 等. 2009. 四合木硬枝扦插生根特性的研究[J]. 中国沙漠, 29(3): 519-523.

庄亚辉. 1997. 全球生物地球化学循环研究的进展[J]. 地学前缘, 4(122): 163-168.

Fang J Y, Zhu J L, Wang S P, et al. 2011. Global warming, human-induced carbon emissions, and their uncertainties[J]. Sci China Earth Sci, 54(10): 1458-1468.

附录 A　沙冬青平茬技术规范

1　范围

本标准规定了珍稀濒危植物沙冬青 [*Ammopiptanthus mongolicus*（Maxim.）Cheng f.] 平茬复壮技术的内容和要求。

本标准主要适用于中国西北干旱区沙冬青适宜分布的地区。

2　术语和定义

2.1

平茬　stumping

在树木的休眠期，将植株地上部分全部或者部分丛生枝条截去，使之在伐桩或留茬上萌发新芽，进而形成新的主干或枝条，促进树木更新复壮的方法。

2.2

留茬高度　height of the stubbles

平茬后留下的伐桩或茬口的高度。

2.3

平茬周期　stumping cycle

相邻两次平茬作业的间隔时间。

2.4

萌芽数　bud number

平茬后一个植株或灌丛在伐桩或留茬上萌发形成新芽的数量。

2.5

萌条数　coppice shoot number

平茬后一个植株或灌丛在伐桩或留茬上形成枝条的数量。

3　平茬对象选择

3.1　病虫害严重林分

通过病虫害防治难以达到彻底清除目的的植株或林分。

3.2　长势衰退植株或林分

(1)树木生长势开始衰弱，结实变小、变少，叶片变黄变小变薄等症状；
(2)树冠枝叶干枯、稀少或只有顶部有小部分绿叶等症状；
(3)主枝、主干过长，并有严重的光秃现象；
(4)死亡枝下部及主枝基部的休眠芽会发育成徒长枝。

4　平茬作业

4.1　平茬时间

平茬时间一般应选择在冬末春初土壤冻结期进行。

4.2　平茬方式

4.2.1　块状平茬

适用于大面积出现斑块状衰退的地块。先把整个林分划分为平茬地块和保留地块，然后把平茬地块内的目标植物种全部平茬。应注意，同一年度的平茬地块间应有一定的间隔距离。平茬地块的形状可根据地形和林分生长状况而改变。平茬地块的面积一般为 $100 \, m^2$，可根据沙冬青生长状况、盖度及生境等条件来确定，以防造成新的土地退化。在不同年龄的林分成片混交的条件下，多采用这种方式。

4.2.2　单株丛平茬

对枯枝、病虫害严重的及生长严重衰退的单株进行全部平茬。

4.3　留茬高度

(1)留茬高度选择 0～3 cm 比较适宜。
(2)有主干害虫危害的、采用生物措施和药物防治难以达到彻底清除目的植株或林分，应采用低平茬技术，即刨开土层，在地表以下 5 cm 左右进行平茬。

5　平茬后管理

5.1　平茬区域管护

实施围封，加强管护，避免人为破坏及牲畜啃食、践踏破坏而造成死茬现象。

5.2　病虫害防治

对发生的病虫害，要及时除治，可用人工、光、电、热等办法对害虫进行捕杀、诱杀；使用药物防治时，用 90%敌百虫 800 倍液防治虫害。具体有害生物防治常见药剂施用办法参见附录 B。

6　平茬枝条的处理

(1)对于病虫危害比较严重的植株，平茬枝条可选择就地焚烧，可以清除病虫害的源头。

(2)没有病虫害的植株，应将平茬枝条设置成机械沙障，可以减轻土壤风蚀，为植物的更新生长提供比较良好的生境。

附录 B 有害生物防治常见药剂及其防治对象
（资料性附录）

表 B.1 有害生物防治常见药剂及其防治对象

名称	防治对象	备注
抗根癌菌剂 k84	核果类果树的果树根癌病(根肿病、恶性根瘤)的防治	按照说明书使用
硫酸铜	立枯病、菌核性根腐病	
波多尔液	立枯病、叶枯病、赤枯病、叶斑病、叶锈病、白粉病、落叶病、炭疽病、轮纹病、烂果病、霉心病、黑疽病、霜霉病	
硫酸亚铁	立枯病、炭疽病	
石硫合剂	可防治白粉病、锈病、褐烂病、褐斑病、黑星病及红蜘蛛、蚧壳虫等多种病虫害	
70%代森锰锌可湿性粉剂	炭疽病、黑星病、白星病、灰星病、赤星病、黑点病、斑点病、叶斑病、轮斑病、角斑病、叶枯病、晚腐病、轮纹病、灰斑病、斑枯病、花腐病、褐斑病、穿孔病、疮痂病、苗疫病、铃疫病、红腐病、锈病、早疫病、叶霉病、疮痂病、立枯病、黑胫病、赤星病、白粉病、霜霉病、落叶病、腐烂病、茎枯病等	
75%百菌清可湿性粉剂	锈病、炭疽病、白粉病、霜霉病	
15%粉锈宁可湿性粉剂	锈病、炭疽病、白粉病	
50%退菌特可湿性粉剂	白粉病、霜霉病、炭疽病、黑星病、疮痂病、立枯病等	
50%甲基托布津可湿性粉剂	黑穗病、赤霉病、稻瘟病、纹枯病、菌核病、黑斑病、白粉病、炭疽病、灰霉病、褐斑病及花卉病害	
2.5%溴氰菊酯乳油	与辛硫磷混用防治小菜蛾等害虫；与阿维菌素、杀虫单等混用防治斑潜蝇；与啶虫脒、吡虫啉等混用防治蚜虫；与哒螨灵、阿维菌素等混用防治螨类	
10%氯氰菊酯乳油	适用于防治棉花、蔬菜、果树、森林等多种植物上的害虫，如棉蚜、蓟马、棉蛉虫、红蛉虫、菜青虫、小菜蛾、菜蚜、柑橘潜叶蛾、柑橘红蜡蚧、茶尺蠖、烟青虫、各种松毛虫、杨树舟蛾、美国白蛾等	
24.5%北农爱福丁乳油	对小菜蛾、菜青虫、梨木虱、斑潜蝇，红蜘蛛、白蜘蛛、挑小食心虫、潜叶蝇、潜叶蛾、蚜虫等有特效	
10%决螨乳油	红蜘蛛、白蜘蛛、茶黄螨等	
灭幼脲 3 号	对鳞翅目幼虫表现为很好的杀虫活性,对益虫和蜜蜂等膜翅目昆虫和森林鸟类几乎无害,但对赤眼蜂有影响。主要用于防治桃树潜叶蛾、茶黑毒蛾、茶尺蠖、菜青虫、甘蓝夜蛾、小麦粘虫、玉米螟及毒蛾类、夜蛾类等鳞翅目害虫,还可有效地杀死地蛆	
5%虱虫立宁乳油	蚜虫、棉铃虫等	
25%特得特乳油	小菜蛾、菜青虫、棉铃虫、棉蚜、二化螟、三化螟等螟虫、食心虫、蚜虫	
40%田盛乳油	稻飞虱、水稻螟虫、果树食心虫、棉花红蜘蛛、棉铃虫、蚜虫、盲蝽象、菜青虫、小菜蛾、茶尺蠖、茶毛虫、茶翅蛾、小麦粘虫、大豆食心虫、花生地下害虫、斜纹夜蛾等多种害虫	
15%欧戈宝微乳剂	菜青虫、小菜蛾、斑潜蝇、蚜虫、甜菜夜蛾、二、三化螟等螟虫、飞虱、粉虱、蚜虫	
粘虫胶	红蜘蛛、尺蠖、粉蚧、食芽象甲、蚂蚁、松毛虫、春尺蠖、草履蚧、棉铃虫、绿盲蝽象、大灰象甲	
信息素	蚜虫、棉铃虫,以及蛾类等害虫	

附　图

附图 1　热成像仪监测现场

附图 2　温室扦插试验

附图 3　沙冬青种子试验

附图 4　沙冬青群落植被调查